Dirk Bartel

Simulation von Tribosystemen

Dirk Bartel

Simulation von Tribosystemen

Grundlagen und Anwendungen

VIEWEG+TEUBNER RESEARCH

Bibliografische Information der Deutschen Nationalbibliothek
Die Deutsche Nationalbibliothek verzeichnet diese Publikation in der
Deutschen Nationalbibliografie; detaillierte bibliografische Daten sind im Internet über
<http://dnb.d-nb.de> abrufbar.

Habilitationsschrift Universität Magdeburg, 2009

1. Auflage 2010

Lektorat: Dorothee Koch | Anita Wilke

Vieweg+Teubner ist Teil der Fachverlagsgruppe Springer Science+Business Media.
www.viewegteubner.de

Umschlaggestaltung: KünkelLopka Medienentwicklung, Heidelberg
Gedruckt auf säurefreiem und chlorfrei gebleichtem Papier.
Printed in Germany

ISBN 978-3-8348-1241-4

Vorwort

Zur Erhöhung der Lebensdauer von Triboystemen ist es wichtig, Reibung und Verschleiß zu optimieren. Hierzu ist die Kenntnis der wirksamen Reibungskräfte notwendig. Die Reibungskräfte können durch eine Änderung der Betriebsbedingungen, des Werk- und des Schmierstoffs oder der Oberflächengeometrie verändert werden. Aus Mangel an geeigneten Berechnungsverfahren werden Tribosysteme häufig noch nach dem Trial- and Error-Verfahren, basierend auf langjähriger Erfahrung und einer Vielzahl von Versuchen, ausgelegt. Dieses Vorgehen stößt wegen der damit verbundenen hohen Kosten und den immer kürzer werdenden Produktentwicklungszyklen an praktische Grenzen.

Einen Ausweg bietet die virtuelle Produktentwicklung in Form des Computer Aided Engineerings (CAE) und damit die Simulation von Tribosystemen. Diese wird in Zukunft einen immer höheren Stellenwert einnehmen, um Produkte in immer kürzerer Zeit zu immer geringeren Kosten in immer höherer Qualität entwickeln zu können. Die Simulation hat mittlerweile Verbreitung sowohl in der Forschung und Entwicklung als auch in der Konstruktion bis hin zum Versuch gefunden. Die Bedeutung der Simulation von Tribosystemen wird in dem Maße zunehmen, wie neue Modelle zu den verschiedenen tribologischen Fragestellungen entwickelt werden (wichtig sind z.B. Modelle zur Bildung und zum Abtrag von Reaktionsschichten), es der Mathematik gelingt, noch effizientere numerische Lösungsverfahren bereitzustellen, die Hardwareindustrie die Rechnerleistung weiter steigern kann und die Softwareindustrie kostengünstige und benutzerfreundliche Programme einschließlich durchgängiger Produkt- und Simulationsdatenmanagementsysteme anbietet. Da die Programme derzeit noch nicht über eine vollständige technisch/physikalische Plausibilitätskontrolle der Berechnungsergebnisse verfügen, dürfen die erhaltenen Ergebnisse keinesfalls ungeprüft übernommen werden.

Bis wir allerdings dem vollständig virtuell entwickelten Produkt hundertprozentig vertrauen können, wird es noch eine Weile dauern. Aktuell ist noch eine Kombination von Rechnung und Versuch notwendig. Zum einen zur Absicherung des Produkts bzw. der Simulationsprogramme und zum anderen zur Berechnung von Größen, die derzeit noch nicht gemessen werden können. In dieser Zwischenphase ermöglichen durch Versuche abgesicherte Simulationsprogramme bereits kosten- und zeiteffizientere Strategien in Forschung und Entwicklung durch Reduzierung einer Vielzahl von kostenintensiven Versuchen. Weiterhin sind „numerische Experimente" möglich, die für das Verständnis der im Reibkontakt ablaufenden Prozesse sehr wichtig sind.

Nicht jede tribologische Fragestellung ist derzeit mit kommerziellen Simulationsprogrammen zu beantworten, da die Fragestellung entweder zu speziell ist oder die Entwicklung entsprechender Programme bei kommerziellen Softwareanbietern bisher noch keine allzu große Aufmerksamkeit gefunden hat. Außerdem werden von manchen Anwendern spezielle Einzellösungen gewünscht, sodass eine eigenständige Umsetzung der Programme durch den Anwender notwendig wird. Die hierfür erforderlichen Grundlagen müssen häufig aus unterschiedlichen Quellen zusammengetragen werden, sind nicht immer ausführlich dargestellt und behindern so einen schnellen Einstieg in die Materie. Hier will die vorliegende Arbeit ansetzen.

Das Ziel dieser Arbeit ist es daher, wichtige theoretische Grundlagen zur Simulation von geschmierten und trockenlaufenden Tribosystemen in ausführlicher Form darzustellen. Die behandelten Grundlagen basieren im Wesentlichen auf der Kontinuumsmechanik. Molekulardynamische oder quantenmechanische Grundlagen stehen nicht im Fokus dieser Arbeit. In Kapitel 1 werden die Grundgleichungen der Hydrodynamik (Kontinuitätsgleichung, Navier-Stokes-Gleichungen und Energiegleichung) und in Kapitel 2 die in der Tribologie weit verbreitete Reynolds'sche Differenzialgleichung in verallgemeinerter Form hergeleitet. Weiterhin wird in diesem Kapitel das Thema Kavitation und die Einbindung von Kavitationsmodellen in die Reynolds'sche Differenzialgleichung besprochen. Das Kapitel 3 behandelt den Einfluss von rauen Oberflächen auf den Festkörperkontakt, die Werkstoffbeanspruchung und die Mikrohydrodynamik sowie Modelle zu deren Berücksichtigung. Kapitel 4 beschäftigt sich mit den Grundlagen zur Berechnung von Festkörper-, Flüssigkeits- und Mischreibung. Die Berechnung der Temperaturen vom Fluid und von den Reibkörpern behandelt Kapitel 5. Der Beschreibung der die Hydrodynamik beeinflussenden Schmierstoffeigenschaften widmet sich Kapitel 6. Die Elastohydrodynamik wird in Kapitel 7 angesprochen. Eine Anwendung der dargelegten theoretischen Grundlagen erfolgt für einige ausgewählte Beispiele in Kapitel 8.

Diese Arbeit erhebt keinen Anspruch auf Vollständigkeit. So werden Themen, wie turbulente Strömungen, Verschleiß, Mehrkörpersimulation oder Numerik, nicht oder nicht detailliert behandelt, da diese Themen jeweils ein sehr großes und eigenständiges Kapitel einnehmen und so den Rahmen dieser Arbeit sprengen würden. Hier sei noch auf andere Literaturquellen verwiesen. Es besteht aber beim Autor der Wunsch, die vorliegende Arbeit weiterzuentwickeln, indem bereits angesprochene Themen komplettiert und neue Themen aufgenommen werden sollen, um so dem interessierten Leser zukünftig ein umfassendes und hilfreiches Buch zur Simulation von Tribosystemen bereitzustellen. Trotz aller Sorgfalt bei der Erstellung des Manuskriptes sind Fehler leider nicht auszuschließen. Für Hinweise auf Fehler oder aber auch gewünschte Themenerweiterungen ist der Autor dankbar.

Beim vorliegenden Manuskript handelt es sich um eine Habilitationsschrift. Eine solche Arbeit kann nicht ohne ein entsprechendes Umfeld gelingen. Ich möchte mich daher bei Prof. Dr.-Ing. L. Deters, Leiter des Lehrstuhls für Maschinenelemente und Tribologie der Otto-von-Guericke-Universität Magdeburg, für die vertrauensvolle und freundschaftliche Zusammenarbeit bedanken. Weiterhin möchte ich allen Mitarbeitern und ehemaligen Doktoranden des Lehrstuhls Dank sagen, die zum Gelingen der Arbeit beigetragen haben. Besonders möchte ich hier Dr.-Ing. L. Bobach und Dipl.-Ing. T. Illner erwähnen. Prof. Dr.-Ing. G. Poll und Prof. Dr.-Ing. H. Schwarze sei für die Übernahme der weiteren Gutachten gedankt.

Zum Schluss, dafür umso inniger, möchte ich mich bei meiner Frau Kathrin und meinen beiden Kindern Johanna und Alexander für die schon seit vielen Jahren anhaltende liebevolle Unterstützung bedanken. Ihnen sei die vorliegende Arbeit gewidmet.

Magdeburg, im November 2009   *Dirk Bartel*

Inhaltsverzeichnis

Formelzeichen, Benennungen, Einheiten

(Ist die Einheit von zusammengefassten Formelzeichen unterschiedlich, steht dort ein *.)

Lateinische Buchstaben

A	Fläche	m^2
$A_{c1...5}$	Koeffizienten in Gl. (6-8)	*
A_p	projizierte Kontaktfläche des Eindringkörpers	m^2
A_c	reale Kontaktfläche	m^2
A_λ	Koeffizient in Gl. (6-5)	$W/(m \cdot K \cdot {}^\circ C)$
$A_{\eta 1...3}$	Koeffizienten in Gl. (6-11)	*
$A_{\rho 1}, A_{\rho 2}$	Koeffizienten in Gl. (6-2)	$1/GPa$
a	Beschleunigung	m/s^2
a	halber Gitterpunktabstand in x-Richtung	m
a	Temperaturleitfähigkeit	m^2/s
B	Breite	m
$B_{\lambda 1}, B_{\lambda 2}$	Koeffizienten in Gl. (6-6)	$1/GPa$
$B_{\eta 1}, B_{\eta 2}$	Koeffizienten in Gl. (6-13) und (6-14)	–
$B_{\rho 1}, B_{\rho 2}$	Koeffizienten in Gl. (6-2)	*
b	halber Gitterpunktabstand in y-Richtung	m
b	Wärmeeindringzahl	$J/(m^2 \cdot K \cdot \sqrt{s})$
C	Lagerspiel	m
C	Einflusszahl für Verformungsberechnung	m^3/N
C_1, C_3	Integrationskonstanten	N/m^2
C_2, C_4	Integrationskonstanten	m/s
$C_{\eta 1...5}$	Koeffizienten in Gl. (6-15)	*
$C_{\rho 1...4}$	Koeffizienten in Gl. (6-3)	*
c_p	spezifische Wärmekapazität bei konstantem Druck	$J/(kg \cdot K)$
c_v	spezifische Wärmekapazität bei konstantem Volumen	$J/(kg \cdot K)$
D	Durchmesser	m
D	Einflusszahl für Spannungsberechnung	–
$D_{\eta 1...6}$	Koeffizienten in Gl. (6-16)	*
$D_{\rho 0...2}$	Koeffizienten in Gl. (6-4)	*
E	Elastizitätsmodul	N/m^2
E	Einheitsmatrix	–
E_{IT}	Eindringmodul	N/m^2
Eu	Eulerzahl	–
E_V	Energie des Volumenelements	J
e	spezifische Energie des Volumenelements	J/kg
e	Exzentrizität	m
F	Kraft	N
F_m	auf das Volumenelement wirkende Massenkraft	N

Fr	Froudzahl	–
$F_{\sigma\tau}$	Oberflächenkraft (Normal- oder Tangentialkraft)	N
F_0, F_1	Integrale	*
$F(\tau)$	Fließfunktion	1/s
f	Reibungszahl	–
f_c	Grenzreibungszahl	–
f_m	volumenbezogene Massenkraft	N/m^3
G	materiell oder substantiell abzuleitende Größe	*
G	Schubspannungsmodul	N/m^2
$G_{1...3}$	Integrale	*
g	Erdbeschleunigung	m/s^2
g	Green'sche Funktion	–
$g(\Theta)$	Schaltervariable (0 oder 1)	–
H	Hysteresefaktor, Dämpfungsfaktor	–
HM	Martenshärte	N/m^2
h	Eindringtiefe	m
h	Schmierspalthöhe	m
h	spezifische Enthalpie des Volumenelements	J/kg
h_0	zentrale oder parallele Schmierspalthöhe	m
I	Impuls	$(kg{\cdot}m)/s = N{\cdot}s$
$I_{1...3}$	Invarianten der Spannungsmatrix S	N/m^2
$\dot{I}$	Impulsstrom	$(kg{\cdot}m)/s^2 = N$
j_c	Anzahl der Kontakte	–
K_u	Kurtosis, Exzess, Wölbung	–
L	charakterisitische Länge	m
m	Schubfestigkeitsfaktor	–
m	Masse	kg
$\dot{m}$	Massenstrom	kg/s
p	Druck, absoluter Druck, Überdruck	N/m^2
p_a	scheinbare Flächenpressung	N/m^2
p_c	Kontaktdruck	N/m^2
p_{cav}	Kavitationsdruck (Löslichkeits- oder Dampfdruck)	N/m^2
p_g	Glasübergangsdruck, Verfestigungsdruck	N/m^2
p_{lim}	Grenzdruck, Fließdruck	N/m^2
$\dot{Q}$	Wärmestrom	W
$\dot{Q}_E$	Wärmestrom durch Konvektion	W
$\dot{Q}_S$	Wärmestrom durch Wärmestrahlung und/oder Verbrennungsprozesse	W
$\dot{Q}_\lambda$	Wärmestrom durch Wärmeleitung	W
$\dot{q}$	Wärmestromdichte	W/m^2
$\dot{q}_S$	massebezogener Wärmestrom durch Wärmestrahlung und/oder Verbrennungsprozesse	W/kg
R	Radius, Abstand	m
R	Einflusszahl für Temperaturberechnung	K/J
Re	Reynoldszahl	–

Rq	quadratischer Mittenrauwert aus einer Linienmessung	m
r	Blasenanteil	–
r	Radialkoordinate	m
S	Spannungsmatrix	N/m^2
Sk	Schiefe	–
Sq	quadratischer Mittenrauwert aus einer Flächenmessung	m
St	maximale Profilhöhe aus einer Flächenmessung	m
Sz	gemittelte Rautiefe aus einer Flächenmessung	m
s	Weg	m
T	absolute Temperatur	K
t	Zeit	s
U, u	Geschwindigkeit in x-Richtung	m/s
V, v	Geschwindigkeit in y-Richtung	m/s
V	Volumen	m^3
v	Geschwindigkeit	m/s
W, w	Geschwindigkeit in z-Richtung	m/s
W	Arbeit	Nm, J
$\dot{W}$	Leistung (Arbeit pro Zeit)	W
$\dot{W}_{diss}$	dissipierte Leistung	W
$\dot{W}_M$	Leistung der Volumenkräfte	W
$\dot{W}_{\sigma\tau}$	Leistung der Oberflächenkräfte	W
w	Verformung	m
x	kartesische Koordinate, Ortskoordinate	m
x_p	Lage des Kipppunktes	m
y	kartesische Koordinate, Ortskoordinate	m
z	kartesische Koordinate, Ortskoordinate	m

Griechische Buchstaben

α	Winkel, Drehwinkel	Grad
α	Bunsenkoeffizient, Wärmeaufteilungszahl	–
α_s	therm. Ausdehnungskoeffizient der erstarrten Festphase	1/K
α_η	Druck-Viskositäts-Koeffizient	m^2/N
β	Geradenanstieg	–
β	Volumenausdehnungskoeffizient	1/K
β	Verlagerungswinkel	Grad
γ	Lastwinkel	Grad
γ_{ad}	spezifische Adhäsionsenergie /-arbeit	J/m^2
γ_0	spezifische Oberflächenenergie	J/m^2
γ_{12}	spezifische Grenzflächenenergie	J/m^2
$\dot{\gamma}$	Schergefälle, Scherrate	1/s
ΔV	Volumenelement, Bilanzvolumen	m^3
Δx	Punktabstand oder Flächenelementlänge in x-Richtung	m
Δy	Punktabstand oder Flächenelementlänge in y-Richtung	m

$\Delta\vartheta$	Temperaturänderung, Temperaturdifferenz	°C, K
δ	Annäherung, Abplattung, Rauheitsamplitude	m
δ	Winkellage der minimalen Schmierspalthöhe	Grad
ε	Dehnung, relative Exzentrizität	–
ζ	Substitutionsvariable	$\sqrt{s}$
ζ	Schiefstellungswinkel	Grad
η	dynamische Viskosität	Pa·s
η_0	dynamische Viskosität bei sehr kleinen Schergefällen	Pa·s
η_∞	dynamische Viskosität bei sehr großen Schergefällen	Pa·s
η^*	effektive dynamische Viskosität	Pa·s
Θ	Dichteverhältnis	–
θ	Spaltfüllungsgrad	–
ϑ	Temperatur	°C, K
ϑ_c	Kontakttemperatur	°C, K
ϑ_o	Oberflächentemperatur	°C, K
Λ	Schmierfilmdickenparameter	–
λ	Wärmeleitfähigkeit	W/(m·K)
λ	Koeffizient in Gl. (6-28) und (6-29)	s
ν	kinematische Viskosität	m^2/s
ν	Querkontraktionszahl	–
ρ	Dichte	kg/m^3
ρ_c, ρ_g	Bezugsdichten in Gl. (6-16)	kg/m^3
ρ_s	Dichte der Flüssigkeit am absoluten Nullpunkt	kg/m^3
ρ_{12}	Korrelationskoeffizient	–
σ	Standardabweichung der Profilhöhen	m
$\sigma, \hat{\sigma}$	Normalspannung	N/m^2
σ_{VG}	Vergleichsspannung (Gestaltänderungsenergiehypothese)	N/m^2
σ_{VS}	Vergleichsspannung (Schubspannungshypothese)	N/m^2
σ_{VN}	Vergleichsspannung (Hauptnormalspannungshypothese)	N/m^2
τ	Schubspannung	N/m^2
τ_f	Fließschubspannung von Bingham-Fluiden	N/m^2
τ_{lim}	Grenzschubspannung	N/m^2
τ_s	Schub- oder Scherfestigkeit	N/m^2
τ_0	Eyring'sche Schubspannung	N/m^2
υ	Geschwindigkeitsvektor mit u, v und w	m/s
Φ	Dissipationsfunktion (Energiegleichung)	$1/s^2$
Φ^f	Oberflächenfaktor	–
Φ^{fp}	Schubspannungsfaktor der Druckströmung	–
Φ^{fs}	Schubspannungsfaktor der Scherströmung	–
Φ^p	Flussfaktor der Druckströmung	–
Φ^s	Flussfaktor der Scherströmung	m
φ	Winkel, Umfangskoordinate	Grad
φ_p	Kippwinkel	Grad
Ω	Gebiet, Einwirkfläche	m^2
ω	Winkelgeschwindigkeit	1/s

Häufig verwendete Indizes

0	Startwert, Ausgangswert
1	Körper 1
2	Körper 2
ad	Adhäsion
amb	Umgebung (ambient)
B	Lagerschale, Lagerbuchse (Bearing)
cr	kritisch (critical)
def	Deformation
el, elast	elastisch
en	Eintritt (entrance)
ex	Austritt (exit)
f	Reibung (friction)
gas	Gas, Luft
h	hydrodynamisch
J	Welle, Zapfen (Journal)
lim	Grenze (limit)
liq	Flüssigkeit (liquid)
max	maximal
min	minimal
mix	misch (mixture)
n	normal
osz	Oszillation
pl	plastisch
q	Wärmequelle
red	reduziert
s	Festkörper (solid)
sum	Summe
vap	Dampf (vapor)
vis	viskos
x	x-Richtung
y	y-Richtung
z	z-Richtung
zul	zulässig

Abkürzungen

ADK	Amplitudendichtekurve
CAE	Computer Aided Engineering
CFD	Computational Fluid Dynamics
DIN	Deutsches Institut für Normung
det	Determinante
DNS	Direkte numerische Simulation
EHD	Elasto-Hydrodynamik

EMKS	Elastische Mehrkörpersimulation
erf	Gauß'sches Fehlerintegral (error function)
FEM	Finite-Elemente-Methode
FVA	Forschungsvereinigung Antriebstechnik
HD	Hydrodynamik
IFT	Inverse Fouriertransformation
JFO	Jacobson, Floberg, Olsson
LES	Large Eddy Simulation
MKS	Mehrkörpersimulation
NS	Navier-Stokes
PG	Polyglykol
PAO	Poly-Alpha-Olefin
RANS	Reynolds-Averaged-Navier-Stokes
RDGL	Reynolds'sche Differenzialgleichung
RGL	Radialgleitlager
VG	Viskositätsgrad (Viskositätsklasse)
2PM	2-Phasen-Modell (bläschendynamisches Modell)

Abbildungsverzeichnis

Tabellenverzeichnis

1 Grundgleichungen der Hydrodynamik

Die Hydrodynamik ist neben der Aerodynamik, der Gasdynamik, der Hydraulik, der Hydrostatik und der Rheologie ein Teilgebiet der Strömungs- bzw. Fluidmechanik. Die Strömungs- und Fluidmechanik beschäftigt sich mit dem Verhalten von Fluiden, die sich in Flüssigkeiten und Gase einteilen lassen. Fluide zeigen bis auf einige Ausnahmen (z.B. viskoelastische Substanzen) unter Krafteinwirkung keine endlichen Verformungen, wie dies Festkörper tun, sondern nicht-endliche Verformungen, was als Strömen viskoser Fluide bezeichnet wird.

Es können kompressible und inkompressible Fluide sowie kompressible und inkompressible Strömungen unterschieden werden. Kompressible Fluide reagieren auf Druckänderungen mit einer Dichte- und Volumenänderung. Inkompressible Fluide zeigen dagegen nur geringe oder gar keine druckbedingten Dichteänderungen. Von kompressiblen Strömungen wird gesprochen, wenn im Strömungsfeld große Dichteschwankungen vorliegen (notwendige Voraussetzung ist das Vorhandensein eines kompressiblen Fluids), andernfalls handelt es sich um inkompressible Strömungen. Weiterhin können laminare Strömungen (Schichtenströmungen mit geordneten Bahnbewegungen) und turbulente Strömungen (Wirbelströmungen mit ungeordneten Bahnbewegungen) unterschieden werden.

Ziel der numerischen Strömungs- und Fluidmechanik ist es, Größen, wie Dichte, Druck, Geschwindigkeit, Temperatur und Reibung, einer Strömung zu berechnen. Grundlage hierfür sind kontinuumsmechanische (integrale) Betrachtungen. Dazu wird das Fluid in Fluidelemente unterteilt, denen ein Volumen mit Kontinuumseigenschaften zugeordnet ist. An diesem Volumenelement (Bilanzvolumen) werden dann entsprechende Bilanzbetrachtungen durchgeführt. Da das Fluid tatsächlich eine molekulare Struktur aufweist, muss das Volumenelement so groß gewählt werden, dass eine genügende Anzahl von Molekülen erfasst wird, um so der integralen Betrachtungsweise der Kontinuumsmechanik zu entsprechen. Es bleibt daher die Frage zu klären, bis zu welcher Volumenelementgröße die Kontinuumsmechanik eigentlich noch gültig ist.

In Bild 1-1 sind exemplarisch die statistischen Schwankungen (Fluktuationen) der Größen Dichte und Druck in Abhängigkeit von der Volumenelementgröße bzw. der Volumenelementfläche dargestellt. Demnach sollten die Volumenelemente größer als $0{,}01\ \mu m^3$ bis $1\ \mu m^3$ sein, um höhere Schwankungen der Dichte des Volumenelementes und damit seiner Masse, durch eine unterschiedliche Anzahl von erfassten Molekülen, auszuschließen. Für ein Volumenelement mit gleichen Seitenlängen wären dann Werte von größer $0.215\ \mu m$ bis $1\ \mu m$ sicherzustellen. Die Schwankung des von einer ausreichenden Anzahl von Molekülen auf die Volumenelementflächen ausgeübten Druckes geht gegen Null, wenn die Flächen größer $0.1\ \mu m^2$ bis $1\ \mu m^2$ sind. Korrespondierende Seitenlängen eines Quadrates wären in diesem Fall $0.316\ \mu m$ bis $1\ \mu m$. Bei Unterschreiten der vorgenannten Volumenelementabmessungen kann es unter Umständen erforderlich werden, von kontinuumsmechanische auf molekulardynamische Betrachtungen zu wechseln. Umgekehrt darf das Volumen aber auch nicht zu groß gewählt werden, da ansonsten die lokale Auflösung der Strömung ungenügend ist.

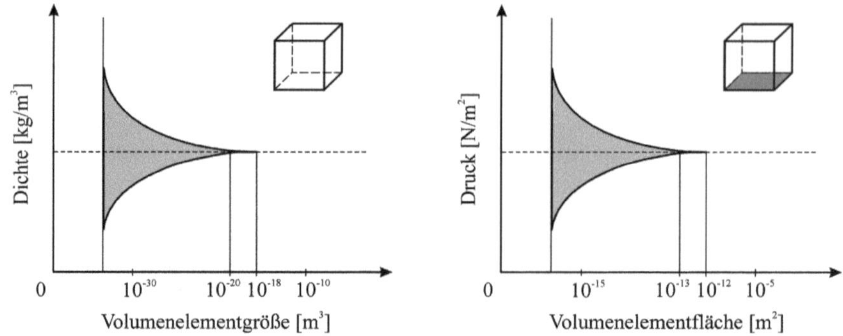

Bild 1-1:   Fluktuation der Fluiddichte mit abnehmender Volumenelementgröße und des
             Fluiddruckes mit abnehmender Volumenelementfläche nach [46]

Die Herleitungen der Gleichungen zur Berechnung von Strömungen basieren auf den kontinuumsmechanischen Erhaltungssätzen für Masse, Impuls und Energie [6], [46], [72], [76], [109], [125]. Es bestehen grundsätzlich zwei Möglichkeiten Strömungen zu betrachten. Die Lagrange'sche oder teilchenfeste und die Euler'sche oder ortsfeste Betrachtungsweise. Bei der teilchenfesten Betrachtungsweise wird jedes Fluidelement in der Strömung verfolgt. Bei der ortsfesten Betrachtungsweise werden dagegen die Änderungen der Strömungsgrößen an einem feststehenden Fluidelement (Bilanzvolumen) betrachtet. Langrange'sche und Euler'sche Betrachtungsweise stehen entsprechend Gl. (1-1) miteinander in Beziehung. Wird bei der Lagrange'schen Formulierung die zeitliche Änderung der Größe G als Ganzes betrachtet, erfolgt dies bei der Euler'schen Formulierung in zwei Anteilen, und zwar einer zeitlichen Änderung der Größe G am festen Ort (lokale Ableitung) und einer zeitlichen Änderung der Größe G, die sich aus der Änderung der am Bilanzvolumen ein- und ausströmenden Größe G ergibt (konvektive Ableitung).

$$\underbrace{\overbrace{\frac{DG}{Dt}}^{\substack{\text{materielle oder} \\ \text{substantielle Ableitung}}}}_{\substack{\text{teilchenfeste} \\ \text{Betrachtungsweise} \\ \text{(Langrange)}}} = \underbrace{\overbrace{\frac{\partial G}{\partial t}}^{\text{lokale Ableitung}} + \overbrace{u\frac{\partial G}{\partial x} + v\frac{\partial G}{\partial y} + w\frac{\partial G}{\partial z}}^{\text{konvektive Ableitung}}}_{\substack{\text{Differenz der ein- und ausströmenden Größe G} \\ \text{ortsfeste Betrachtungsweise} \\ \text{(Euler)}}} \tag{1-1}$$

Alle nachfolgenden Gleichungen entsprechen der Euler'schen Formulierung und sind in kartesischer Koordinatenschreibweise dargestellt. Die endgültigen Gleichungen gestatten es, die drei Geschwindigkeitskomponenten u, v und w des Geschwindigkeitsvektors υ, die Dichte ρ, den Druck p und die Temperatur ϑ einer Strömung in Abhängigkeit der drei kartesischen Koordinaten x, y und z sowie der Zeit t zu berechnen.

1.1 Masseerhaltung (Kontinuitätsgleichung)

Ausgangspunkt der Bilanzierung ist die Masse m eines infinitesimalen Fluidelements, welches aufgrund seiner Dichte ρ ein Volumen V ausfüllt. Soll die Masse des Fluidelements erhalten bleiben, muss sich bei einer Änderung seiner Dichte auch sein Volumen ändern. Zur Herleitung der Kontinuitätsgleichung wird die Bilanz am unveränderlichen Volumenelement dV mit den Kantenlängen dx, dy und dz aufgestellt, und statt der Masse wird die Dichte (Masse pro Volumen) verwendet. Die Kernaussage der Masseerhaltung an diesem Volumenelement ist nun, dass die zeitliche Änderung der Masse im unveränderlichen Volumenelement gleich der Differenz zwischen ein- und austretenden Massenströmen am Volumenelement ist. Der Massenstrom $\dot{m}$ ist das Produkt aus Dichte und Geschwindigkeit des Fluids und der Querschnittfläche, durch die sich das Fluid bewegt.

$$\frac{\partial m}{\partial t} = \frac{\partial \rho}{\partial t} dV = \left(\dot{m}_{en} - \dot{m}_{ex} \right) = d\dot{m} \tag{1-2}$$

Die gesuchten Differenzen der ein- und austretenden Massenströme in x-, y- und z-Richtung ergeben sich entsprechend Bild 1-2 zu:

$$d\dot{m}_x = \rho \cdot u \cdot dydz - \left[\rho \cdot u + \frac{\partial (\rho \cdot u)}{\partial x} \cdot dx \right] \cdot dydz = - \left[\frac{\partial (\rho \cdot u)}{\partial x} \cdot dx \right] \cdot dydz \tag{1-3}$$

$$d\dot{m}_y = - \left[\frac{\partial (\rho \cdot v)}{\partial y} \cdot dy \right] \cdot dxdz \tag{1-4}$$

$$d\dot{m}_z = - \left[\frac{\partial (\rho \cdot w)}{\partial z} \cdot dz \right] \cdot dxdy \tag{1-5}$$

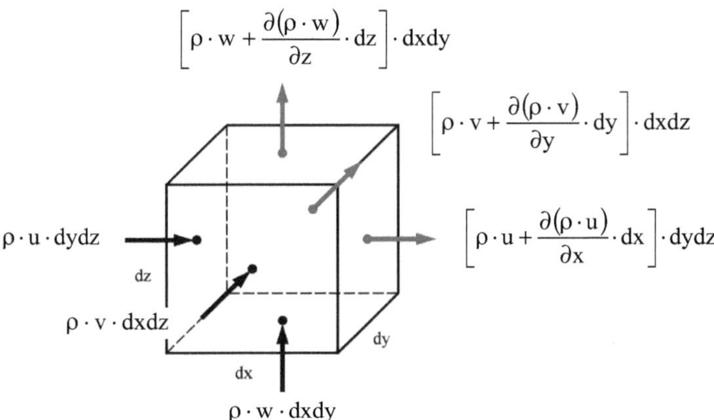

Bild 1-2:   Massenströme am Volumenelement (Bilanzvolumen)

Wenn die zeitliche Änderung der Masse innerhalb des betrachteten Volumenelements der Differenz der Massenströme entspricht, dann folgt:

$$\frac{\partial \rho}{\partial t} \cdot dxdydz = d\dot{m}_x + d\dot{m}_y + d\dot{m}_z$$

$$\frac{\partial \rho}{\partial t} \cdot dxdydz = -\left[\frac{\partial(\rho \cdot u)}{\partial x} \cdot dx\right] \cdot dydz - \left[\frac{\partial(\rho \cdot v)}{\partial y} \cdot dy\right] \cdot dxdz - \left[\frac{\partial(\rho \cdot w)}{\partial z} \cdot dz\right] \cdot dxdy$$

(1-6)

Werden alle Terme in Gl. (1-6) durch das Bilanzvolumen dV geteilt, erhält man die Kontinuitätsgleichung für kompressible Strömungen:

$$\frac{\partial \rho}{\partial t} + \frac{\partial(\rho \cdot u)}{\partial x} + \frac{\partial(\rho \cdot v)}{\partial y} + \frac{\partial(\rho \cdot w)}{\partial z} = 0$$

(1-7)

Für inkompressible Strömungen (ρ = konst.) gilt:

$$\frac{\partial(\rho \cdot u)}{\partial x} + \frac{\partial(\rho \cdot v)}{\partial y} + \frac{\partial(\rho \cdot w)}{\partial z} = 0 \qquad \text{bzw.} \qquad \frac{\partial u}{\partial x} + \frac{\partial v}{\partial y} + \frac{\partial w}{\partial z} = 0$$

(1-8)

1.2   Impulserhaltung (Navier-Stokes-Gleichungen)

Analog der Masseerhaltung wird auch die Impulserhaltung am unveränderlichen Volumenelement bilanziert. Danach ergibt sich die zeitliche Änderung des Impulses innerhalb dieses Volumens aus der Differenz $d\dot{I}$ der am Volumenelement ein- und austretenden Impulsströme, den am Volumenelement effektiv wirksamen Oberflächenkräften $dF_{\sigma\tau}$ und den auf die Masse des Volumenelementes effektiv wirkenden Massenkräften dF_m (Schwerkräfte, Zentrifugalkräfte, elektrische und magnetische Kräfte). Der Impuls I eines Fluidelements ist das Produkt aus seiner Masse und Geschwindigkeit (2. Newton'sches Gesetz). Der Impulsstrom $\dot{I}$ kennzeichnet den Impuls des Fluidelements, der sich pro Zeiteinheit durch eine Querschnittfläche bewegt. Bei den von Navier im Jahre 1822 und von STOKES im Jahre 1845 am Volumenelement hergeleiteten Navier-Stokes-Gleichungen wird analog der Kontinuitätsgleichung statt der Masse die Dichte verwendet, sodass das Produkt aus Dichte und Geschwindigkeit einem Impuls pro Volumen entspricht.

$$\overbrace{\frac{\partial(m \cdot \upsilon)}{\partial t}}^{F=m \cdot a} = \frac{\partial(\rho \cdot \upsilon)}{\partial t} \cdot dV = d\dot{I} + dF_{\sigma\tau} + dF_m$$

(1-9)

Nach Bild 1-3 tritt in das Volumenelement in x-Richtung durch die linke Oberfläche dydz der Impulsstrom

$$(\rho \cdot u) \cdot u \cdot dydz$$

(1-10)

ein.

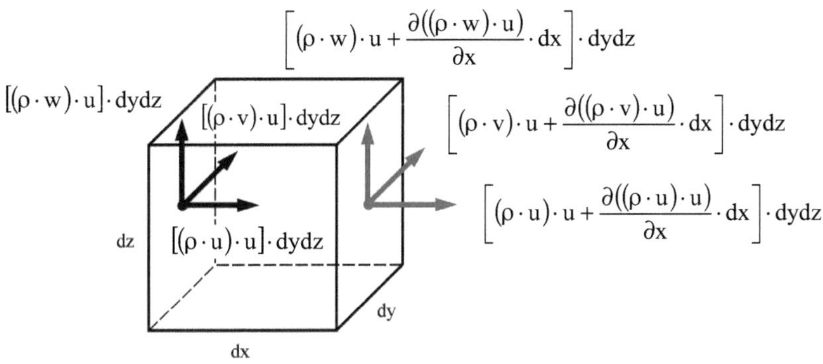

Bild 1-3:   Impulsströme am Volumenelement (Bilanzvolumen)

Beim Zurücklegen des Weges dx ändert sich dieser Impulsstrom um

$$\left\{\left[\frac{\partial((\rho \cdot u) \cdot u)}{\partial x}\right] \cdot dx\right\} \cdot dydz, \tag{1-11}$$

sodass durch die rechte Oberfläche dydz der Impulsstrom

$$\left[(\rho \cdot u) \cdot u + \frac{\partial((\rho \cdot u) \cdot u)}{\partial x} \cdot dx\right] \cdot dydz \tag{1-12}$$

austritt. Der Impulsstrom $(\rho \cdot u)$ tritt auch über die Oberflächen dxdz und dxdy mit den jeweils zugehörigen Geschwindigkeiten v und w ein bzw. wieder aus. Analoge Betrachtungen sind ebenfalls für den Impulsstrom $(\rho \cdot v)$ in y-Richtung und für den Impulsstrom $(\rho \cdot w)$ in z-Richtung durchzuführen. Zusammenfassend ergeben sich die Differenzen der ein- und austretenden Impulsströme zu:

$$d\dot{I}_x = (\rho \cdot u) \cdot u \cdot dydz - \left[(\rho \cdot u) \cdot u + \frac{\partial((\rho \cdot u) \cdot u)}{\partial x} \cdot dx\right] \cdot dydz +$$

$$(\rho \cdot u) \cdot v \cdot dxdz - \left[(\rho \cdot u) \cdot v + \frac{\partial((\rho \cdot u) \cdot v)}{\partial y} \cdot dy\right] \cdot dxdz +$$

$$(\rho \cdot u) \cdot w \cdot dxdy - \left[(\rho \cdot u) \cdot w + \frac{\partial((\rho \cdot u) \cdot w)}{\partial z} \cdot dz\right] \cdot dxdy \tag{1-13}$$

$$d\dot{I}_x = -\left[\frac{\partial((\rho \cdot u) \cdot u)}{\partial x} \cdot dx\right] \cdot dydz - \left[\frac{\partial((\rho \cdot u) \cdot v)}{\partial y} \cdot dy\right] \cdot dxdz - \left[\frac{\partial((\rho \cdot u) \cdot w)}{\partial z} \cdot dz\right] \cdot dxdy$$

$$d\dot{I}_y = -\left[\frac{\partial((\rho \cdot v) \cdot u)}{\partial x} \cdot dx\right] \cdot dydz - \left[\frac{\partial((\rho \cdot v) \cdot v)}{\partial y} \cdot dy\right] \cdot dxdz - \left[\frac{\partial((\rho \cdot v) \cdot w)}{\partial z} \cdot dz\right] \cdot dxdy \tag{1-14}$$

$$d\dot{I}_z = -\left[\frac{\partial((\rho \cdot w) \cdot u)}{\partial x} \cdot dx\right] \cdot dydz - \left[\frac{\partial((\rho \cdot w) \cdot v)}{\partial y} \cdot dy\right] \cdot dxdz - \left[\frac{\partial((\rho \cdot w) \cdot w)}{\partial z} \cdot dz\right] \cdot dxdy \tag{1-15}$$

Die zeitliche Änderung des Impulses innerhalb des Volumenelements wird außerdem von den am Volumenelement angreifenden Normal- und Tangentialkräften beeinflusst. Werden diese Kräfte auf ihre jeweiligen Wirkflächen am Volumenelement bezogen, ergeben sich Normal- und Tangentialspannungen, wie in Bild 1-4 dargestellt. Die Indizierung der Spannungen erfolgt derart, dass der erste Index die Flächen-Normalenrichtung angibt auf der die Spannung wirkt und der zweite Index die Richtung der zugehörigen Kraft-Wirkungslinie. Eine Spannung ist positiv, wenn diese in Koordinatenrichtung zeigt.

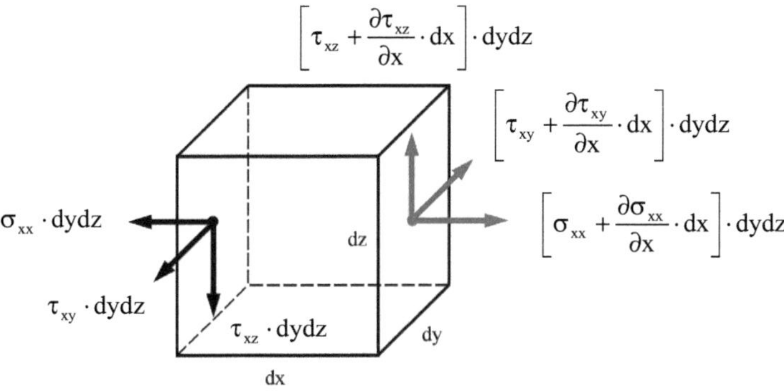

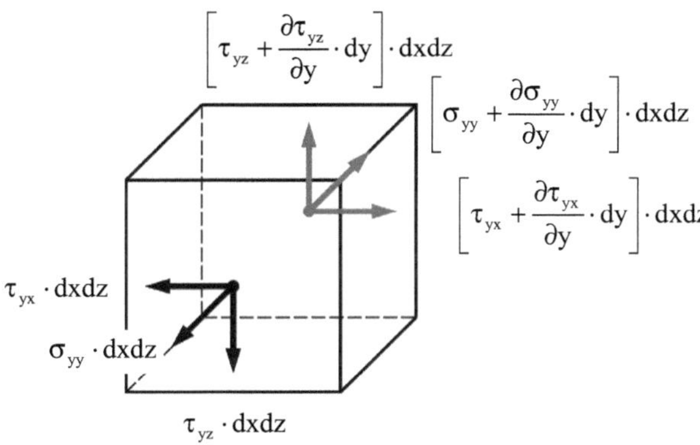

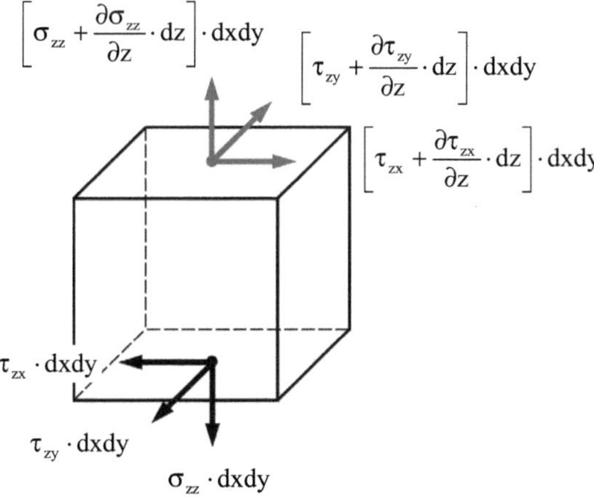

Bild 1-4: Normal- und Schubspannungen am Volumenelement (Bilanzvolumen)

Die effektiv wirksamen Oberflächenkräfte $dF_{\sigma\tau}$ ergeben sich aus den am Volumenelement angreifenden Normal- und Schubspannungen. Relevant für eine Impulsänderung sind allerdings nur die Differenzen der sich jeweils gegenüberliegenden Spannungen.

$$dF_{\sigma\tau,x} = \left[-\sigma_{xx} + \left(\sigma_{xx} + \frac{\partial\sigma_{xx}}{\partial x}\cdot dx\right)\right]\cdot dydz + \left[-\tau_{yx} + \left(\tau_{yx} + \frac{\partial\tau_{yx}}{\partial y}\cdot dy\right)\right]\cdot dxdz +$$

$$\left[-\tau_{zx} + \left(\tau_{zx} + \frac{\partial\tau_{zx}}{\partial z}\cdot dz\right)\right]\cdot dxdy \tag{1-16}$$

$$dF_{\sigma\tau,x} = \left(\frac{\partial\sigma_{xx}}{\partial x}\cdot dx\right)\cdot dydz + \left(\frac{\partial\tau_{yx}}{\partial y}\cdot dy\right)\cdot dxdz + \left(\frac{\partial\tau_{zx}}{\partial z}\cdot dz\right)\cdot dxdy$$

$$dF_{\sigma\tau,y} = \left(\frac{\partial\sigma_{yy}}{\partial y}\cdot dy\right)\cdot dxdz + \left(\frac{\partial\tau_{xy}}{\partial x}\cdot dx\right)\cdot dydz + \left(\frac{\partial\tau_{zy}}{\partial z}\cdot dz\right)\cdot dxdy \tag{1-17}$$

$$dF_{\sigma\tau,z} = \left(\frac{\partial\sigma_{zz}}{\partial z}\cdot dz\right)\cdot dxdy + \left(\frac{\partial\tau_{xz}}{\partial x}\cdot dx\right)\cdot dydz + \left(\frac{\partial\tau_{yz}}{\partial y}\cdot dy\right)\cdot dxdz \tag{1-18}$$

Die effektiv wirkenden Massenkräfte dF_m ergeben sich aus dem Produkt von volumenbezogener Massenkraft f_m (Volumenkraft) und dem Volumen dV.

$$dF_{m,x} = f_{m,x}\cdot dxdydz \qquad dF_{m,y} = f_{m,y}\cdot dxdydz \qquad dF_{m,z} = f_{m,z}\cdot dxdydz \tag{1-19}$$

Werden die Gleichungen (1-13) bis (1-19) in Gl. (1-9) eingesetzt und durch das Bilanzvolumen dV geteilt, folgt für die drei Koordinatenrichtungen:

$$x:\quad \frac{\partial(\rho\cdot u)}{\partial t} + \frac{\partial((\rho\cdot u)\cdot u)}{\partial x} + \frac{\partial((\rho\cdot u)\cdot v)}{\partial y} + \frac{\partial((\rho\cdot u)\cdot w)}{\partial z} = f_{m,x} + \frac{\partial\sigma_{xx}}{\partial x} + \frac{\partial\tau_{yx}}{\partial y} + \frac{\partial\tau_{zx}}{\partial z} \tag{1-20}$$

$$y:\quad \frac{\partial(\rho\cdot v)}{\partial t} + \frac{\partial((\rho\cdot v)\cdot u)}{\partial x} + \frac{\partial((\rho\cdot v)\cdot v)}{\partial y} + \frac{\partial((\rho\cdot v)\cdot w)}{\partial z} = f_{m,y} + \frac{\partial\tau_{xy}}{\partial x} + \frac{\partial\sigma_{yy}}{\partial y} + \frac{\partial\tau_{zy}}{\partial z} \tag{1-21}$$

$$z:\quad \frac{\partial(\rho\cdot w)}{\partial t} + \frac{\partial((\rho\cdot w)\cdot u)}{\partial x} + \frac{\partial((\rho\cdot w)\cdot v)}{\partial y} + \frac{\partial((\rho\cdot w)\cdot w)}{\partial z} = f_{m,z} + \frac{\partial\tau_{xz}}{\partial x} + \frac{\partial\tau_{yz}}{\partial y} + \frac{\partial\sigma_{zz}}{\partial z} \tag{1-22}$$

Die neun Spannungen in Gl. (1-20) bis (1-22) können als Spannungstensor geschrieben werden, der sich in einen hydrostatischen und einen Restspannungstensor (Spannungsdeviator) zerlegen lässt. Der hydrostatische Spannungstensor repräsentiert den statischen bzw. isotropen Druck p und der Spannungsdeviator die reibungsrelevanten Spannungen, wobei die Normalspannungen aus einer Kompression oder Expansion des Fluidelements und die Schubspannungen aus einer Scherung des Fluids resultieren [76].

$$
\underbrace{\begin{bmatrix} \sigma_{xx} & \tau_{xy} & \tau_{xz} \\ \tau_{yx} & \sigma_{yy} & \tau_{yz} \\ \tau_{zx} & \tau_{zy} & \sigma_{zz} \end{bmatrix}}_{\text{Spannungstensor}} = \underbrace{\begin{bmatrix} p & 0 & 0 \\ 0 & p & 0 \\ 0 & 0 & p \end{bmatrix}}_{\substack{\text{hydrostatischer} \\ \text{Spannungstensor}}} + \underbrace{\begin{bmatrix} \hat{\sigma}_{xx} & \tau_{xy} & \tau_{xz} \\ \tau_{yx} & \hat{\sigma}_{yy} & \tau_{yz} \\ \tau_{zx} & \tau_{zy} & \hat{\sigma}_{zz} \end{bmatrix}}_{\substack{\text{Restspannungstensor} \\ \text{(Spannungsdeviator)}}}
\tag{1-23}
$$

Durch diese Zerlegung können die Normalspannungen des Spannungstensors mit dem Druck p, der als entgegengesetzte Normalspannung wirkt, folgendermaßen geschrieben werden:

$$
\sigma_{xx} = \hat{\sigma}_{xx} + (-p) \qquad \sigma_{yy} = \hat{\sigma}_{yy} + (-p) \qquad \sigma_{zz} = \hat{\sigma}_{zz} + (-p)
\tag{1-24}
$$

Eingesetzt in Gl. (1-20) bis (1-22) ergeben sich die nachfolgenden fluidunabhängigen und damit allgemeingültigen Impulsgleichungen (Cauchy'sche Bewegungsgleichungen):

$$
\text{x:} \quad \frac{\partial(\rho \cdot u)}{\partial t} + \frac{\partial(\rho \cdot u^2)}{\partial x} + \frac{\partial(\rho \cdot u \cdot v)}{\partial y} + \frac{\partial(\rho \cdot u \cdot w)}{\partial z} = f_{m,x} + \frac{\partial \hat{\sigma}_{xx}}{\partial x} - \frac{\partial p}{\partial x} + \frac{\partial \tau_{yx}}{\partial y} + \frac{\partial \tau_{zx}}{\partial z}
\tag{1-25}
$$

$$
\text{y:} \quad \frac{\partial(\rho \cdot v)}{\partial t} + \frac{\partial(\rho \cdot v \cdot u)}{\partial x} + \frac{\partial(\rho \cdot v^2)}{\partial y} + \frac{\partial(\rho \cdot v \cdot w)}{\partial z} = f_{m,y} + \frac{\partial \tau_{xy}}{\partial x} + \frac{\partial \hat{\sigma}_{yy}}{\partial y} - \frac{\partial p}{\partial y} + \frac{\partial \tau_{zy}}{\partial z}
\tag{1-26}
$$

$$
\text{z:} \quad \frac{\partial(\rho \cdot w)}{\partial t} + \frac{\partial(\rho \cdot w \cdot u)}{\partial x} + \frac{\partial(\rho \cdot w \cdot v)}{\partial y} + \frac{\partial(\rho \cdot w^2)}{\partial z} = f_{m,z} + \frac{\partial \tau_{xz}}{\partial x} + \frac{\partial \tau_{yz}}{\partial y} + \frac{\partial \hat{\sigma}_{zz}}{\partial z} - \frac{\partial p}{\partial z}
\tag{1-27}
$$

Um die Impulsgleichungen für ein konkretes Fluid lösen zu können, müssen noch fluidspezifische Zusammenhänge zwischen dem Spannungsdeviator und dem Geschwindigkeitsfeld (Geschwindigkeitsgradienten) eingeführt werden. NEWTON schlug einen linearen Ansatz zwischen Schubspannung und Geschwindigkeitsgradient für reine Scherströmung vor (Newton'sche Fluide). STOKES erweiterte diesen Ansatz 1849 auf alle am Volumenelement angreifenden Spannungen (Stokes'scher Reibungsansatz, Stokes'sche Hypothese) und formulierte, dass sich die deviatorischen Normalspannungen, die eine Formänderung und im Falle einer Dichteänderung auch eine Volumenänderung des Volumenelementes bewirken, für Newton'sche Fluide nach Gl. (1-28) bis (1-30) ergeben:

$$
\hat{\sigma}_{xx} = \overbrace{2\eta \cdot \frac{\partial u}{\partial x}}^{\text{Formänderung}} \overbrace{- \frac{2}{3}\eta \cdot \left(\frac{\partial u}{\partial x} + \frac{\partial v}{\partial y} + \frac{\partial w}{\partial z} \right)}^{\text{Volumenänderung}} = \eta \cdot \left[2\frac{\partial u}{\partial x} - \frac{2}{3}\left(\frac{\partial u}{\partial x} + \frac{\partial v}{\partial y} + \frac{\partial w}{\partial z} \right) \right]
\tag{1-28}
$$

$$
\hat{\sigma}_{yy} = \eta \cdot \left[2\frac{\partial v}{\partial y} - \frac{2}{3}\left(\frac{\partial u}{\partial x} + \frac{\partial v}{\partial y} + \frac{\partial w}{\partial z} \right) \right]
\tag{1-29}
$$

$$
\hat{\sigma}_{zz} = \eta \cdot \left[2\frac{\partial w}{\partial z} - \frac{2}{3}\left(\frac{\partial u}{\partial x} + \frac{\partial v}{\partial y} + \frac{\partial w}{\partial z} \right) \right]
\tag{1-30}
$$

Für die Schubspannungen, von denen jeweils zwei symmetrisch sind, da davon ausgegangen wird, dass sich die am Volumenelement angreifenden Drehmomente im Mittel aufheben, gilt:

$$\tau_{yx} = \tau_{xy} = \eta \cdot \left(\frac{\partial v}{\partial x} + \frac{\partial u}{\partial y} \right) \qquad \tau_{zy} = \tau_{yz} = \eta \cdot \left(\frac{\partial w}{\partial y} + \frac{\partial v}{\partial z} \right) \qquad \tau_{zx} = \tau_{xz} = \eta \cdot \left(\frac{\partial w}{\partial x} + \frac{\partial u}{\partial z} \right) \qquad (1\text{-}31)$$

Eingesetzt in Gl. (1-25) bis (1-27) folgen die Navier-Stokes-Gleichungen für eine instationäre dreidimensionale und kompressible Strömung mit Newton'schem Fluidverhalten in konservativer Schreibweise:

x:
$$\frac{\partial(\rho \cdot u)}{\partial t} + \frac{\partial(\rho \cdot u^2)}{\partial x} + \frac{\partial(\rho \cdot u \cdot v)}{\partial y} + \frac{\partial(\rho \cdot u \cdot w)}{\partial z} = f_{m,x} - \frac{\partial p}{\partial x} +$$
$$\frac{\partial}{\partial x}\left\{ \eta \cdot \left[2\frac{\partial u}{\partial x} - \frac{2}{3}\left(\frac{\partial u}{\partial x} + \frac{\partial v}{\partial y} + \frac{\partial w}{\partial z} \right) \right] \right\} + \frac{\partial}{\partial y}\left[\eta \cdot \left(\frac{\partial v}{\partial x} + \frac{\partial u}{\partial y} \right) \right] + \frac{\partial}{\partial z}\left[\eta \cdot \left(\frac{\partial w}{\partial x} + \frac{\partial u}{\partial z} \right) \right] \qquad (1\text{-}32)$$

y:
$$\frac{\partial(\rho \cdot v)}{\partial t} + \frac{\partial(\rho \cdot v \cdot u)}{\partial x} + \frac{\partial(\rho \cdot v^2)}{\partial y} + \frac{\partial(\rho \cdot v \cdot w)}{\partial z} = f_{m,y} - \frac{\partial p}{\partial y} +$$
$$\frac{\partial}{\partial x}\left[\eta \cdot \left(\frac{\partial v}{\partial x} + \frac{\partial u}{\partial y} \right) \right] + \frac{\partial}{\partial y}\left\{ \eta \cdot \left[2\frac{\partial v}{\partial y} - \frac{2}{3}\left(\frac{\partial u}{\partial x} + \frac{\partial v}{\partial y} + \frac{\partial w}{\partial z} \right) \right] \right\} + \frac{\partial}{\partial z}\left[\eta \cdot \left(\frac{\partial w}{\partial y} + \frac{\partial v}{\partial z} \right) \right] \qquad (1\text{-}33)$$

z:
$$\frac{\partial(\rho \cdot w)}{\partial t} + \frac{\partial(\rho \cdot w \cdot u)}{\partial x} + \frac{\partial(\rho \cdot w \cdot v)}{\partial y} + \frac{\partial(\rho \cdot w^2)}{\partial z} = f_{m,z} - \frac{\partial p}{\partial z} +$$
$$\frac{\partial}{\partial x}\left[\eta \cdot \left(\frac{\partial w}{\partial x} + \frac{\partial u}{\partial z} \right) \right] + \frac{\partial}{\partial y}\left[\eta \cdot \left(\frac{\partial w}{\partial y} + \frac{\partial v}{\partial z} \right) \right] + \frac{\partial}{\partial z}\left\{ \eta \cdot \left[2\frac{\partial w}{\partial z} - \frac{2}{3}\left(\frac{\partial u}{\partial x} + \frac{\partial v}{\partial y} + \frac{\partial w}{\partial z} \right) \right] \right\} \qquad (1\text{-}34)$$

Werden die linken Seiten der Gl. (1-32) bis (1-34) differenziert (Produktregel) und in die jeweils resultierenden Lösungen Gl. (1-7) eingesetzt, können die zuvor aufgeführten Navier-Stokes-Gleichungen folgendermaßen umgeschrieben werden:

x:
$$\rho \cdot \underbrace{\left(\frac{\partial u}{\partial t} + u \cdot \frac{\partial u}{\partial x} + v \cdot \frac{\partial u}{\partial y} + w \cdot \frac{\partial u}{\partial z} \right)}_{\text{Trägheitsterm}} = \overbrace{f_{m,x}}^{\text{Volumenkraftterm}} - \overbrace{\frac{\partial p}{\partial x}}^{\text{Druckterm}} +$$
$$\underbrace{\frac{\partial}{\partial x}\left\{ \eta \cdot \left[2\frac{\partial u}{\partial x} - \frac{2}{3}\left(\frac{\partial u}{\partial x} + \frac{\partial v}{\partial y} + \frac{\partial w}{\partial z} \right) \right] \right\} + \frac{\partial}{\partial y}\left[\eta \cdot \left(\frac{\partial v}{\partial x} + \frac{\partial u}{\partial y} \right) \right] + \frac{\partial}{\partial z}\left[\eta \cdot \left(\frac{\partial w}{\partial x} + \frac{\partial u}{\partial z} \right) \right]}_{\text{Reibungsterm}} \qquad (1\text{-}35)$$

y:
$$\rho \cdot \left(\frac{\partial v}{\partial t} + u \cdot \frac{\partial v}{\partial x} + v \cdot \frac{\partial v}{\partial y} + w \cdot \frac{\partial v}{\partial z} \right) = f_{m,y} - \frac{\partial p}{\partial y} +$$
$$\frac{\partial}{\partial x}\left[\eta \cdot \left(\frac{\partial v}{\partial x} + \frac{\partial u}{\partial y} \right) \right] + \frac{\partial}{\partial y}\left\{ \eta \cdot \left[2\frac{\partial v}{\partial y} - \frac{2}{3}\left(\frac{\partial u}{\partial x} + \frac{\partial v}{\partial y} + \frac{\partial w}{\partial z} \right) \right] \right\} + \frac{\partial}{\partial z}\left[\eta \cdot \left(\frac{\partial w}{\partial y} + \frac{\partial v}{\partial z} \right) \right] \qquad (1\text{-}36)$$

$$\rho \cdot \left(\frac{\partial w}{\partial t} + u \cdot \frac{\partial w}{\partial x} + v \cdot \frac{\partial w}{\partial y} + w \cdot \frac{\partial w}{\partial z} \right) = f_{m,z} - \frac{\partial p}{\partial z} +$$

z:
$$\frac{\partial}{\partial x}\left[\eta \cdot \left(\frac{\partial w}{\partial x} + \frac{\partial u}{\partial z} \right) \right] + \frac{\partial}{\partial y}\left[\eta \cdot \left(\frac{\partial w}{\partial y} + \frac{\partial v}{\partial z} \right) \right] + \frac{\partial}{\partial z}\left\{ \eta \cdot \left[2\frac{\partial w}{\partial z} - \frac{2}{3}\left(\frac{\partial u}{\partial x} + \frac{\partial v}{\partial y} + \frac{\partial w}{\partial z} \right) \right] \right\} \quad (1\text{-}37)$$

Die Navier-Stokes-Gleichungen für eine inkompressible Strömung ($\rho = $ konst.) mit Newton'schem Fluidverhalten ergeben sich, wenn in Gl. (1-35) bis (1-37) die Kontinuitätsgleichung für inkompressible Strömungen entsprechend Gl. (1-8) eingesetzt wird:

x:
$$\rho \cdot \left(\underbrace{\frac{\partial u}{\partial t} + u \cdot \frac{\partial u}{\partial x} + v \cdot \frac{\partial u}{\partial y} + w \cdot \frac{\partial u}{\partial z}}_{\text{Trägheitsterm}} \right) = \overbrace{f_{m,x}}^{\text{Volumenkraftterm}} - \overbrace{\frac{\partial p}{\partial x}}^{\text{Druckterm}} +$$
$$\underbrace{\frac{\partial}{\partial x}\left[\eta \cdot \left(2\frac{\partial u}{\partial x} \right) \right] + \frac{\partial}{\partial y}\left[\eta \cdot \left(\frac{\partial v}{\partial x} + \frac{\partial u}{\partial y} \right) \right] + \frac{\partial}{\partial z}\left[\eta \cdot \left(\frac{\partial w}{\partial x} + \frac{\partial u}{\partial z} \right) \right]}_{\text{Reibungsterm}} \quad (1\text{-}38)$$

y:
$$\rho \cdot \left(\frac{\partial v}{\partial t} + u \cdot \frac{\partial v}{\partial x} + v \cdot \frac{\partial v}{\partial y} + w \cdot \frac{\partial v}{\partial z} \right) = f_{m,y} - \frac{\partial p}{\partial y} +$$
$$\frac{\partial}{\partial x}\left[\eta \cdot \left(\frac{\partial v}{\partial x} + \frac{\partial u}{\partial y} \right) \right] + \frac{\partial}{\partial y}\left[\eta \cdot \left(2\frac{\partial v}{\partial y} \right) \right] + \frac{\partial}{\partial z}\left[\eta \cdot \left(\frac{\partial w}{\partial y} + \frac{\partial v}{\partial z} \right) \right] \quad (1\text{-}39)$$

z:
$$\rho \cdot \left(\frac{\partial w}{\partial t} + u \cdot \frac{\partial w}{\partial x} + v \cdot \frac{\partial w}{\partial y} + w \cdot \frac{\partial w}{\partial z} \right) = f_{m,z} - \frac{\partial p}{\partial z} +$$
$$\frac{\partial}{\partial x}\left[\eta \cdot \left(\frac{\partial w}{\partial x} + \frac{\partial u}{\partial z} \right) \right] + \frac{\partial}{\partial y}\left[\eta \cdot \left(\frac{\partial w}{\partial y} + \frac{\partial v}{\partial z} \right) \right] + \frac{\partial}{\partial z}\left[\eta \cdot \left(2\frac{\partial w}{\partial z} \right) \right] \quad (1\text{-}40)$$

Eine häufig gewählte Darstellung von Gl. (1-38) bis (1-40) erfolgt für $\eta = $ konst. unter Anwendung des Satzes von SCHWARZ (Vertauschbarkeit partieller Ableitungen) und der Gl. (1-8) in nicht konservativer Schreibweise:

x:
$$\rho \cdot \left(\underbrace{\frac{\partial u}{\partial t} + u \cdot \frac{\partial u}{\partial x} + v \cdot \frac{\partial u}{\partial y} + w \cdot \frac{\partial u}{\partial z}}_{\text{Trägheitsterm}} \right) = \overbrace{f_{m,x}}^{\text{Volumenkraftterm}} - \overbrace{\frac{\partial p}{\partial x}}^{\text{Druckterm}} + \eta \cdot \overbrace{\left(\frac{\partial^2 u}{\partial x^2} + \frac{\partial^2 u}{\partial y^2} + \frac{\partial^2 u}{\partial z^2} \right)}^{\text{Reibungsterm}} \quad (1\text{-}41)$$

y:
$$\rho \cdot \left(\frac{\partial v}{\partial t} + u \cdot \frac{\partial v}{\partial x} + v \cdot \frac{\partial v}{\partial y} + w \cdot \frac{\partial v}{\partial z} \right) = f_{m,y} - \frac{\partial p}{\partial y} + \eta \cdot \left(\frac{\partial^2 v}{\partial x^2} + \frac{\partial^2 v}{\partial y^2} + \frac{\partial^2 v}{\partial z^2} \right) \quad (1\text{-}42)$$

z:
$$\rho \cdot \left(\frac{\partial w}{\partial t} + u \cdot \frac{\partial w}{\partial x} + v \cdot \frac{\partial w}{\partial y} + w \cdot \frac{\partial w}{\partial z} \right) = f_{m,z} - \frac{\partial p}{\partial z} + \eta \cdot \left(\frac{\partial^2 w}{\partial x^2} + \frac{\partial^2 w}{\partial y^2} + \frac{\partial^2 w}{\partial z^2} \right) \quad (1\text{-}43)$$

Mit den zuvor hergeleiteten Navier-Stokes-Gleichungen können durch direkte numerische Simulation (DNS) sowohl laminare als auch turbulente Strömungen berechnet werden. Im Falle turbulenter Strömungen ist allerdings eine sehr hohe Auflösung der Strömung erforderlich, um neben großen auch kleine Wirbel erfassen zu können. Da dies für technische Problemstellungen noch nicht zielführend ist, erfolgt eine statistische numerische Simulation der turbulenten Strömung, indem die Größen in den Navier-Stokes-Gleichungen vereinfachend durch einen zeitlichen Mittel- und Schwankungswert ersetzt werden. Diese gemittelten Navier-Stokes-Gleichungen werden in der Strömungs-/Fluidmechanik als Reynolds-Gleichungen oder auch Reynolds-Averaged-Navier-Stokes (RANS) bezeichnet. Zur Lösung der RANS-Gleichungen werden zusätzliche Turbulenzmodelle benötigt [125]. Einen Mittelweg zwischen DNS und RANS stellt die Large Eddy Simulation (LES) dar, bei der große Wirbel mit der DNS und kleine Wirbel mit den RANS-Gleichungen berechnet werden.

Werden in den Navier-Stokes-Gleichungen die Trägheitsterme vernachlässigt, ergeben sich die Stokes-Gleichungen (z.B. in der Geodynamik). Im Falle „reibungsfreier" Strömungen wird der Reibungsterm vernachlässigt und es folgen die Euler-Gleichungen (z.B. in der Aerodynamik). Dominieren die Druck- und Reibungsterme, d.h. die Trägheits- und Volumenkraftterme werden vernachlässigt, folgt die in der Tribologie weit verbreitete Reynolds'sche Differenzialgleichung (siehe Kapitel 2). Die Lösung der Navier-Stokes-Gleichungen, einschließlich Turbulenz und Grenzschichtströmung (Berücksichtigung von Wandeinflüssen auf die wandnahe Strömung), ist Grundlage vieler CFD-Programme (Computational Fluid Dynamics).

1.3 Energieerhaltung (Energiegleichung)

Grundlage der Energiebilanzierung am Volumenelement (Bilanzvolumen) ist der 1. Hauptsatz der Thermodynamik für ein offenes System. Danach ist die zeitliche Änderung der Energie des Volumenelements E_V gleich der Summe aus den dem System zugeführten Wärmeströmen $\dot{Q}$ und den am System erbrachten mechanischen Leistungen $P = \dot{W}$.

$$\frac{\partial E_V}{\partial t} = \dot{Q} + \dot{W} \tag{1-44}$$

Am Volumenelement können Wärmeströme durch Konvektion $\dot{Q}_E$, Wärmeleitung $\dot{Q}_\lambda$, Wärmestrahlung und/oder Verbrennungsprozesse $\dot{Q}_S$ sowie mechanische Leistungen durch die am Volumenelement angreifenden Oberflächenkräfte $\dot{W}_{\sigma\tau}$ und Volumenkräfte $\dot{W}_m$ wirksam sein. Für die zeitliche Änderung der Energie im Volumenelement sind lediglich die Änderungen dieser Größen entscheidend, sodass gilt:

$$\frac{\partial E_V}{\partial t} = d\dot{Q}_E + d\dot{Q}_\lambda + d\dot{Q}_s + d\dot{W}_{\sigma\tau} + d\dot{W}_m \tag{1-45}$$

Die Energie des Volumenelementes E_V setzt sich aus der inneren (thermischen) sowie kinetischen und potentiellen (mechanischen) Energie des strömenden Fluids zusammen. Die potentielle Energie resultiert aus der Schwerkraft des Fluidelements, die im Weiteren zusammen mit den Zentrifugalkräften sowie den elektrischen und magnetischen Kräften in allgemeiner Form über die Volumenkraft repräsentiert wird. Daher wird nachfolgend auf ein Herauslösen des Schwerkraftanteils und damit der potentiellen Energie aus der Volumenkraft verzichtet. Dies stellt keine Einschränkung dar, da das Ziel der nachfolgenden Abhandlungen die Herleitung der thermischen Energiegleichung ist, die sich aus der Differenz von vollständiger und mechanischer Energiegleichung ergibt. Wie sich zeigen wird, taucht auch in der hier verwendeten mechanischen Energiegleichung der Volumenkraftterm als Summe aller Anteile auf. Mit dieser Vereinbarung kann dann für die Energie des Volumenelements geschrieben werden:

$$
E_V = \underbrace{\rho \cdot e \cdot dxdydz}_{\text{innere Energie}} + \underbrace{\frac{\rho}{2} \cdot \overbrace{\left(u^2 + v^2 + w^2\right)}^{\upsilon \cdot \upsilon = \upsilon^2} \cdot dxdydz}_{\text{kinetische Energie}} = \rho \cdot \left(e + \frac{\upsilon^2}{2}\right) \cdot dxdydz \tag{1-46}
$$

Startpunkt soll die Bilanzierung der konvektiven Energieströme sein, wie sie in Bild 1-5 dargestellt sind.

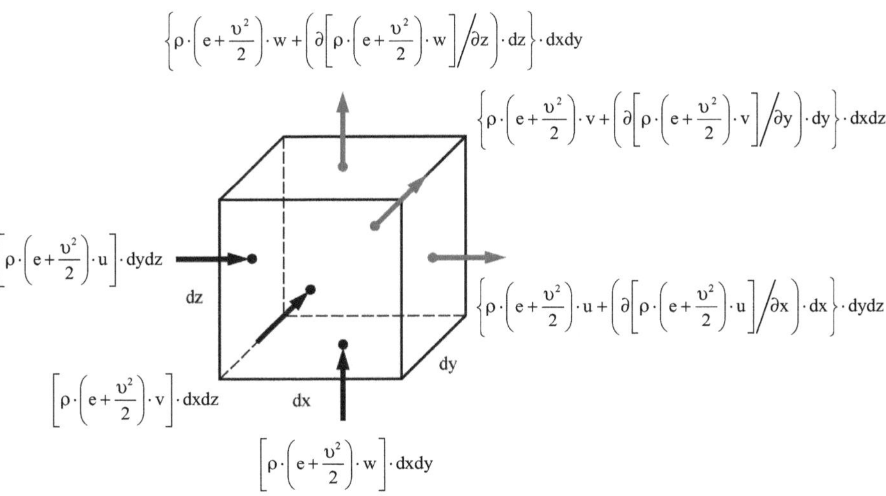

Bild 1-5:   Energieströme durch Konvektion am Volumenelement (Bilanzvolumen)

Für die Differenzen kann geschrieben werden:

$$
\begin{aligned}
d\dot{Q}_{E,x} &= \left[\rho \cdot \left(e + \frac{\upsilon^2}{2}\right) \cdot u\right] \cdot dydz - \left\{\rho \cdot \left(e + \frac{\upsilon^2}{2}\right) \cdot u + \left(\partial\left[\rho \cdot \left(e + \frac{\upsilon^2}{2}\right) \cdot u\right]\Big/\partial x\right) \cdot dx\right\} \cdot dydz \\
&= -\left\{\left(\partial\left[\rho \cdot \left(e + \frac{\upsilon^2}{2}\right) \cdot u\right]\Big/\partial x\right) \cdot dx\right\} \cdot dydz
\end{aligned}
\tag{1-47}
$$

$$dQ_{E,y} = -\left\{ \left(\partial\left[\rho\cdot\left(e+\frac{\upsilon^2}{2}\right)\cdot v \right] \Big/ \partial y \right)\cdot dy \right\}\cdot dxdz \tag{1-48}$$

$$dQ_{E,z} = -\left\{ \left(\partial\left[\rho\cdot\left(e+\frac{\upsilon^2}{2}\right)\cdot w \right] \Big/ \partial z \right)\cdot dz \right\}\cdot dxdy \tag{1-49}$$

Analoge Betrachtungen sind für die Energieströme durch Wärmeleitung entsprechend Bild 1-6 durchzuführen.

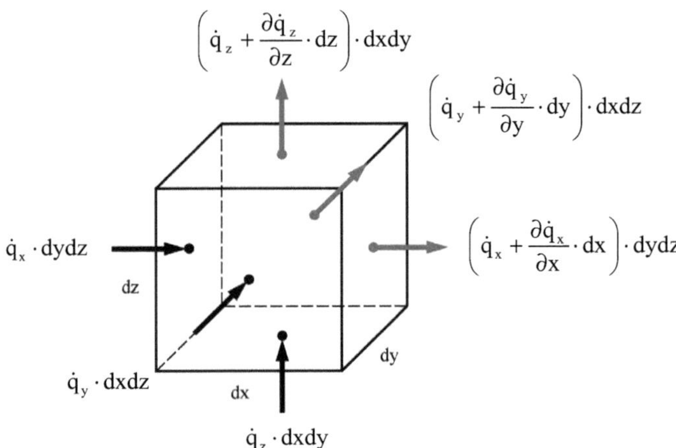

Bild 1-6:   Energieströme durch Wärmeleitung am Volumenelement (Bilanzvolumen)

Die Differenzen der durch Wärmeleitung ein- und austretenden Energieströme berechnen sich mit dem von FOURIER im Jahre 1822 aufgestellten Wärmeleitungsgesetz $\dot{q} = -\lambda\cdot\mathrm{grad}\vartheta$ aus:

$$dQ_{\lambda,x} = \dot{q}_x \cdot dydz - \left(\dot{q}_x + \frac{\partial \dot{q}_x}{\partial x}\cdot dx \right)\cdot dydz$$

$$= \left(-\lambda_x\cdot\frac{\partial\vartheta}{\partial x} \right)\cdot dydz - \left[\left(-\lambda_x\cdot\frac{\partial\vartheta}{\partial x} \right) + \frac{\partial}{\partial x}\left(-\lambda_x\cdot\frac{\partial\vartheta}{\partial x} \right)\cdot dx \right]\cdot dydz \tag{1-50}$$

$$dQ_{\lambda,x} = \left[\frac{\partial}{\partial x}\left(\lambda_x\cdot\frac{\partial\vartheta}{\partial x} \right)\cdot dx \right]\cdot dydz = \left[\left(\lambda_x\cdot\frac{\partial^2\vartheta}{\partial x^2} \right)\cdot dx \right]\cdot dydz$$

$$dQ_{\lambda,y} = \left[\left(\lambda_y\cdot\frac{\partial^2\vartheta}{\partial y^2} \right)\cdot dy \right]\cdot dxdz \tag{1-51}$$

$$d\dot{Q}_{\lambda,z} = \left[\left(\lambda_z \cdot \frac{\partial^2 \vartheta}{\partial z^2}\right) \cdot dz\right] \cdot dxdy \qquad (1\text{-}52)$$

Die effektiv wirksamen Energieströme durch Wärmestrahlung und/oder ablaufende chemische Prozesse (z.B. durch Verbrennung), ergeben sich in zusammenfassender Darstellung zu:

$$d\dot{Q}_S = \rho \cdot \dot{q}_S \cdot dxdydz \qquad (1\text{-}53)$$

Die durch die Normal- und Tangentialkräfte am Volumenelement geleisteten Arbeiten pro Zeit resultieren aus dem Produkt von Kraft und in Kraftrichtung zeigender Geschwindigkeit. Mit Bild 1-7 und unter Berücksichtigung von Gl. (1-24) kann geschrieben werden:

$$
\begin{aligned}
d\dot{W}_{\sigma\tau,x} &= -\sigma_{xx} \cdot dydz \cdot u + \left[\sigma_{xx} \cdot u + \frac{\partial(\sigma_{xx} \cdot u)}{\partial x} \cdot dx\right] \cdot dydz \\
&\quad - \tau_{xy} \cdot dydz \cdot v + \left[\tau_{xy} \cdot v + \frac{\partial(\tau_{xy} \cdot v)}{\partial x} \cdot dx\right] \cdot dydz \\
&\quad - \tau_{xz} \cdot dydz \cdot w + \left[\tau_{xz} \cdot w + \frac{\partial(\tau_{xz} \cdot w)}{\partial x} \cdot dx\right] \cdot dydz \\[4pt]
d\dot{W}_{\sigma\tau,x} &= -\hat{\sigma}_{xx} \cdot dydz \cdot u + \left[\hat{\sigma}_{xx} \cdot u + \frac{\partial(\hat{\sigma}_{xx} \cdot u)}{\partial x} \cdot dx\right] \cdot dydz \\
&\quad + p \cdot dydz \cdot u - \left[p \cdot u + \frac{\partial(p \cdot u)}{\partial x} \cdot dx\right] \cdot dydz \\
&\quad - \tau_{xy} \cdot dydz \cdot v + \left[\tau_{xy} \cdot v + \frac{\partial(\tau_{xy} \cdot v)}{\partial x} \cdot dx\right] \cdot dydz \\
&\quad - \tau_{xz} \cdot dydz \cdot w + \left[\tau_{xz} \cdot w + \frac{\partial(\tau_{xz} \cdot w)}{\partial x} \cdot dx\right] \cdot dydz \\[4pt]
d\dot{W}_{\sigma\tau,x} &= \left\{\left[\frac{\partial(\hat{\sigma}_{xx} \cdot u)}{\partial x} - \frac{\partial(p \cdot u)}{\partial x} + \frac{\partial(\tau_{xy} \cdot v)}{\partial x} + \frac{\partial(\tau_{xz} \cdot w)}{\partial x}\right] \cdot dx\right\} \cdot dydz
\end{aligned}
$$

$$(1\text{-}54)$$

$$d\dot{W}_{\sigma\tau,y} = \left\{\left[\frac{\partial(\tau_{yx} \cdot u)}{\partial y} + \frac{\partial(\hat{\sigma}_{yy} \cdot v)}{\partial y} - \frac{\partial(p \cdot v)}{\partial y} + \frac{\partial(\tau_{yz} \cdot w)}{\partial y}\right] \cdot dy\right\} \cdot dxdz \qquad (1\text{-}55)$$

$$d\dot{W}_{\sigma\tau,z} = \left\{\left[\frac{\partial(\tau_{zx} \cdot u)}{\partial z} + \frac{\partial(\tau_{zy} \cdot v)}{\partial z} + \frac{\partial(\hat{\sigma}_{zz} \cdot w)}{\partial z} - \frac{\partial(p \cdot w)}{\partial z}\right] \cdot dz\right\} \cdot dxdy \qquad (1\text{-}56)$$

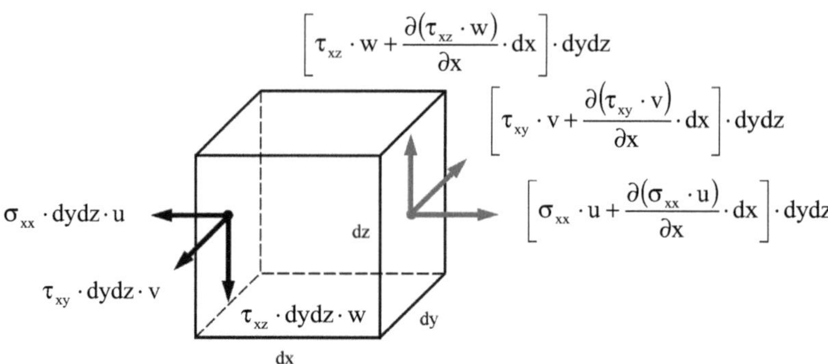

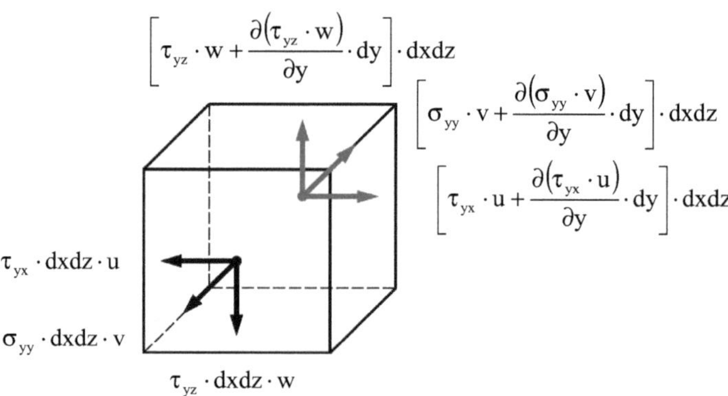

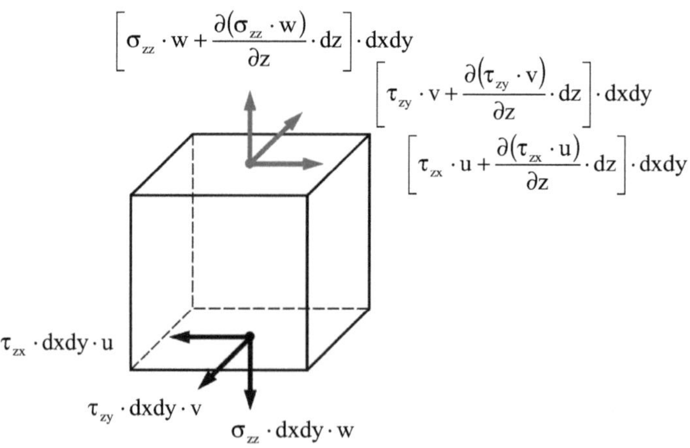

Bild 1-7:   Leistungen durch Oberflächenkräfte am Volumenelement (Bilanzvolumen)

Die wirksamen Arbeiten pro Zeit, die durch die verschiedenen Volumenkräfte verursacht werden können, ergeben sich zusammenfassend aus:

$$d\dot{W}_{m,x} = f_{m,x} \cdot u \cdot dxdydz$$

$$d\dot{W}_{m,y} = f_{m,y} \cdot v \cdot dxdydz \qquad (1\text{-}57)$$

$$d\dot{W}_{m,z} = f_{m,z} \cdot w \cdot dxdydz$$

Werden die Gl. (1-46) bis (1-57) in Gl. (1-45) eingesetzt und durch das Bilanzvolumen dV dividiert, resultiert die Energiegleichung in ihrer vorläufigen Form:

$$\partial\left[\rho\cdot\left(e+\frac{\upsilon^2}{2}\right)\right]\bigg/\partial t = -\left\{\partial\left[\rho\cdot\left(e+\frac{\upsilon^2}{2}\right)\cdot u\right]\bigg/\partial x + \partial\left[\rho\cdot\left(e+\frac{\upsilon^2}{2}\right)\cdot v\right]\bigg/\partial y + \partial\left[\rho\cdot\left(e+\frac{\upsilon^2}{2}\right)\cdot w\right]\bigg/\partial z\right\}$$

$$+\left(\lambda_x\cdot\frac{\partial^2\vartheta}{\partial x^2}+\lambda_y\cdot\frac{\partial^2\vartheta}{\partial y^2}+\lambda_z\cdot\frac{\partial^2\vartheta}{\partial z^2}\right)+\left[\frac{\partial(\hat{\sigma}_{xx}\cdot u)}{\partial x}-\frac{\partial(p\cdot u)}{\partial x}+\frac{\partial(\tau_{xy}\cdot v)}{\partial x}+\frac{\partial(\tau_{xz}\cdot w)}{\partial x}\right]$$

$$+\left[\frac{\partial(\tau_{yx}\cdot u)}{\partial y}+\frac{\partial(\hat{\sigma}_{yy}\cdot v)}{\partial y}-\frac{\partial(p\cdot v)}{\partial y}+\frac{\partial(\tau_{yz}\cdot w)}{\partial y}\right]+\left[\frac{\partial(\tau_{zx}\cdot u)}{\partial z}+\frac{\partial(\tau_{zy}\cdot v)}{\partial z}+\frac{\partial(\hat{\sigma}_{zz}\cdot w)}{\partial z}-\frac{\partial(p\cdot w)}{\partial z}\right]$$

$$+\left(f_{m,x}\cdot u+f_{m,y}\cdot v+f_{m,z}\cdot w\right)+\rho\cdot\dot{q}_s$$

$$(1\text{-}58)$$

Gl. (1-58) beschreibt den vollständigen thermischen und mechanischen Energiezustand im Volumenelement, einschließlich chemischer Reaktions- und Verbrennungsprozesse. Da vielfach nur die thermische Energiegleichung von Interesse ist, kann diese aus Gl. (1-58) erhalten werden, wenn von dieser die mechanische Energiegleichung abgezogen wird, die noch zu ermitteln ist. Zuvor soll Gl. (1-58) aber in eine geeignetere Form umgeschrieben werden. Hierzu wird der erste Klammerausdruck der rechten Seite auf die linke Seite überführt und anschließend die gesamte Gleichung differenziert (Produkt- und Summenregel). Es folgt:

$$\left(e+\frac{\upsilon^2}{2}\right)\cdot\left[\frac{\partial\rho}{\partial t}+\frac{\partial(\rho\cdot u)}{\partial x}+\frac{\partial(\rho\cdot v)}{\partial y}+\frac{\partial(\rho\cdot w)}{\partial z}\right]+\rho\cdot\left(\frac{\partial e}{\partial t}+u\cdot\frac{\partial e}{\partial x}+v\cdot\frac{\partial e}{\partial y}+w\cdot\frac{\partial e}{\partial z}\right)+$$

$$\rho\cdot\left\{\partial\left(\frac{\upsilon^2}{2}\right)\bigg/\partial t+u\cdot\left[\partial\left(\frac{\upsilon^2}{2}\right)\bigg/\partial x\right]+v\cdot\left[\partial\left(\frac{\upsilon^2}{2}\right)\bigg/\partial y\right]+w\cdot\left[\partial\left(\frac{\upsilon^2}{2}\right)\bigg/\partial z\right]\right\}=$$

$$\left(\lambda_x\cdot\frac{\partial^2\vartheta}{\partial x^2}+\lambda_y\cdot\frac{\partial^2\vartheta}{\partial y^2}+\lambda_z\cdot\frac{\partial^2\vartheta}{\partial z^2}\right)-p\cdot\left(\frac{\partial u}{\partial x}+\frac{\partial v}{\partial y}+\frac{\partial w}{\partial z}\right)-\left(u\cdot\frac{\partial p}{\partial x}+v\cdot\frac{\partial p}{\partial y}+w\cdot\frac{\partial p}{\partial z}\right)+$$

$$u\cdot\left(\frac{\partial\hat{\sigma}_{xx}}{\partial x}+\frac{\partial\tau_{yx}}{\partial y}+\frac{\partial\tau_{zx}}{\partial z}\right)+v\cdot\left(\frac{\partial\tau_{xy}}{\partial x}+\frac{\partial\hat{\sigma}_{yy}}{\partial y}+\frac{\partial\tau_{zy}}{\partial z}\right)+w\cdot\left(\frac{\partial\tau_{xz}}{\partial x}+\frac{\partial\tau_{yz}}{\partial y}+\frac{\partial\hat{\sigma}_{zz}}{\partial z}\right)+$$

$$\hat{\sigma}_{xx}\cdot\frac{\partial u}{\partial x}+\tau_{yx}\cdot\frac{\partial u}{\partial y}+\tau_{zx}\cdot\frac{\partial u}{\partial z}+\tau_{xy}\cdot\frac{\partial v}{\partial x}+\hat{\sigma}_{yy}\cdot\frac{\partial v}{\partial y}+\tau_{zy}\cdot\frac{\partial v}{\partial z}+\tau_{xz}\cdot\frac{\partial w}{\partial x}+\tau_{yz}\cdot\frac{\partial w}{\partial y}+\hat{\sigma}_{zz}\cdot\frac{\partial w}{\partial z}+$$

$$\left(f_{m,x}\cdot u+f_{m,y}\cdot v+f_{m,z}\cdot w\right)+\rho\cdot\dot{q}_s$$

$$(1\text{-}59)$$

In Gl. (1-59) wird der 1. Summand der linken Seite wegen der Kontinuitätsgleichung für kompressible Strömungen entsprechend Gl. (1-7) zu Null. Die mechanische Energiegleichung resultiert aus den Impulsgleichungen (1-25) bis (1-27), wenn diese mit ihren jeweiligen Geschwindigkeiten u, v und w multipliziert, die drei entstehenden Gleichungen addiert und anschließend von Gl. (1-59) subtrahiert werden. Dadurch entfallen der 3. Summand der linken Seite sowie der 3. - 6. Summand und der vorletzte Summand der rechten Seite. Übrig bleibt die gesuchte thermische Energiegleichung:

$$\rho \cdot \left(\frac{\partial e}{\partial t} + u \cdot \frac{\partial e}{\partial x} + v \cdot \frac{\partial e}{\partial y} + w \cdot \frac{\partial e}{\partial z} \right) = \left(\lambda_x \cdot \frac{\partial^2 \vartheta}{\partial x^2} + \lambda_y \cdot \frac{\partial^2 \vartheta}{\partial y^2} + \lambda_z \cdot \frac{\partial^2 \vartheta}{\partial z^2} \right) -$$

$$p \cdot \left(\frac{\partial u}{\partial x} + \frac{\partial v}{\partial y} + \frac{\partial w}{\partial z} \right) + \hat{\sigma}_{xx} \cdot \frac{\partial u}{\partial x} + \tau_{yx} \cdot \frac{\partial u}{\partial y} + \tau_{zx} \cdot \frac{\partial u}{\partial z} + \tau_{xy} \cdot \frac{\partial v}{\partial x} + \hat{\sigma}_{yy} \cdot \frac{\partial v}{\partial y} + \tau_{zy} \cdot \frac{\partial v}{\partial z} + \qquad (1\text{-}60)$$

$$\tau_{xz} \cdot \frac{\partial w}{\partial x} + \tau_{yz} \cdot \frac{\partial w}{\partial y} + \hat{\sigma}_{zz} \cdot \frac{\partial w}{\partial z} + \rho \cdot \dot{q}_s$$

Werden außerdem die Normal- und Schubspannungen durch die Ausdrücke des Stokes'schen Reibungsansatzes nach Gl. (1-28) bis (1-31) ersetzt, folgt die thermische Energiegleichung für kompressible Einphasenströmungen (keine inhomogenen Mehrphasengemische) mit Newton'schem Fluidverhalten in ihrer endgültigen Form:

$$\rho \cdot \left(\frac{\partial e}{\partial t} + u \cdot \frac{\partial e}{\partial x} + v \cdot \frac{\partial e}{\partial y} + w \cdot \frac{\partial e}{\partial z} \right) = \left(\lambda_x \cdot \frac{\partial^2 \vartheta}{\partial x^2} + \lambda_y \cdot \frac{\partial^2 \vartheta}{\partial y^2} + \lambda_z \cdot \frac{\partial^2 \vartheta}{\partial z^2} \right) -$$

$$p \cdot \left(\frac{\partial u}{\partial x} + \frac{\partial v}{\partial y} + \frac{\partial w}{\partial z} \right) + \eta \cdot \Phi + \rho \cdot \dot{q}_s \qquad (1\text{-}61)$$

Φ ist die Dissipationsfunktion und lautet:

$$\Phi = 2 \cdot \left[\left(\frac{\partial u}{\partial x} \right)^2 + \left(\frac{\partial v}{\partial y} \right)^2 + \left(\frac{\partial w}{\partial z} \right)^2 \right] +$$

$$\left(\frac{\partial v}{\partial x} + \frac{\partial u}{\partial y} \right)^2 + \left(\frac{\partial w}{\partial y} + \frac{\partial v}{\partial z} \right)^2 + \left(\frac{\partial u}{\partial z} + \frac{\partial w}{\partial x} \right)^2 - \frac{2}{3} \cdot \left(\frac{\partial u}{\partial x} + \frac{\partial v}{\partial y} + \frac{\partial w}{\partial z} \right)^2 \qquad (1\text{-}62)$$

Gl. (1-61) kann mit der spezifischen Enthalpie h

$$h = e + \frac{p}{\rho} \qquad (1\text{-}63)$$

auch in der Enthalpieform geschrieben werden [125]. Die Enthalpieform wird in der Thermodynamik häufig bei offenen durchströmten Systemen verwendet.

$$\rho \cdot \frac{Dh}{Dt} = \frac{Dp}{Dt} + \left(\lambda_x \cdot \frac{\partial^2 \vartheta}{\partial x^2} + \lambda_y \cdot \frac{\partial^2 \vartheta}{\partial y^2} + \lambda_z \cdot \frac{\partial^2 \vartheta}{\partial z^2} \right) + \eta \cdot \Phi + \rho \cdot \dot{q}_s \qquad (1\text{-}64)$$

In ausgeschriebener Darstellung folgt:

$$\rho \cdot \left(\frac{\partial h}{\partial t} + u \cdot \frac{\partial h}{\partial x} + v \cdot \frac{\partial h}{\partial y} + w \cdot \frac{\partial h}{\partial z} \right) =$$
$$\left(\frac{\partial p}{\partial t} + u \cdot \frac{\partial p}{\partial x} + v \cdot \frac{\partial p}{\partial y} + w \cdot \frac{\partial p}{\partial z} \right) + \left(\lambda_x \cdot \frac{\partial^2 \vartheta}{\partial x^2} + \lambda_y \cdot \frac{\partial^2 \vartheta}{\partial y^2} + \lambda_z \cdot \frac{\partial^2 \vartheta}{\partial z^2} \right) + \eta \cdot \Phi + \rho \cdot \dot{q}_s \tag{1-65}$$

Die Enthalpieform kann in die Temperaturform umgeschrieben werden. Die Temperaturform ist wichtig, wenn der zeitliche und räumliche Verlauf des Temperaturfeldes im Fluid von Interesse ist. Nach [125] gilt:

$$\frac{Dh}{Dt} = c_p \cdot \frac{D\vartheta}{Dt} + \left(\frac{1 - \beta \cdot \vartheta}{\rho} \right) \cdot \frac{Dp}{Dt} \tag{1-66}$$

Eingesetzt in Gl. (1-64) folgt:

$$\rho \cdot c_p \cdot \frac{D\vartheta}{Dt} = \beta \cdot \vartheta \cdot \frac{Dp}{Dt} + \left(\lambda_x \cdot \frac{\partial^2 \vartheta}{\partial x^2} + \lambda_y \cdot \frac{\partial^2 \vartheta}{\partial y^2} + \lambda_z \cdot \frac{\partial^2 \vartheta}{\partial z^2} \right) + \eta \cdot \Phi + \rho \cdot \dot{q}_s \tag{1-67}$$

In ausgeschriebener Darstellung lautet die Temperaturform für kompressible Einphasenströmungen mit Newton'schem Fluidverhalten:

$$\rho \cdot c_p \cdot \underbrace{\left(\frac{\partial \vartheta}{\partial t} + u \cdot \frac{\partial \vartheta}{\partial x} + v \cdot \frac{\partial \vartheta}{\partial y} + w \cdot \frac{\partial \vartheta}{\partial z} \right)}_{\text{Konvektion}} - \underbrace{\left(\lambda_x \cdot \frac{\partial^2 \vartheta}{\partial x^2} + \lambda_y \cdot \frac{\partial^2 \vartheta}{\partial y^2} + \lambda_z \cdot \frac{\partial^2 \vartheta}{\partial z^2} \right)}_{\text{Wärmeleitung}} =$$
$$\underbrace{\beta \cdot \vartheta \cdot \left(\frac{\partial p}{\partial t} + u \cdot \frac{\partial p}{\partial x} + v \cdot \frac{\partial p}{\partial y} + w \cdot \frac{\partial p}{\partial z} \right)}_{\text{Volumenarbeit} = \text{Kompression oder Expansion}} + \underbrace{\eta \cdot \Phi}_{\text{Reibung}} + \underbrace{\rho \cdot \dot{q}_s}_{\substack{\text{Wärmestrahlung und/oder} \\ \text{chemische Prozesse}}} \tag{1-68}$$

Wird der Kompressionsterm zu Null gesetzt, folgt die thermische Energiegleichung für inkompressible Einphasenströmungen:

$$\rho \cdot c_v \cdot \underbrace{\left(\frac{\partial \vartheta}{\partial t} + u \cdot \frac{\partial \vartheta}{\partial x} + v \cdot \frac{\partial \vartheta}{\partial y} + w \cdot \frac{\partial \vartheta}{\partial z} \right)}_{\text{Konvektion}} - \underbrace{\left(\lambda_x \cdot \frac{\partial^2 \vartheta}{\partial x^2} + \lambda_y \cdot \frac{\partial^2 \vartheta}{\partial y^2} + \lambda_z \cdot \frac{\partial^2 \vartheta}{\partial z^2} \right)}_{\text{Wärmeleitung}} =$$
$$\underbrace{\eta \cdot \Phi}_{\text{Reibung}} + \underbrace{\rho \cdot \dot{q}_s}_{\substack{\text{Wärmestrahlung und/oder} \\ \text{chemische Prozesse}}} \tag{1-69}$$

Alle zuvor aufgeführten thermischen Energiegleichungen sind für die Lösung von laminaren und turbulenten Strömungen (DNS) geeignet. Kommen für die die Berechnung von turbulenten Strömungen die Reynolds-Gleichungen zum Einsatz (siehe am Ende von Kapitel 1.2), sind auch die Energiegleichungen zeitlich zu mitteln [109].

2 Verallgemeinerte Reynolds'sche Differenzialgleichung

In der Tribologie ist die Gleichung zur Berechnung der Druckverteilung in einem Schmierspalt als Reynolds'sche Differenzialgleichung bekannt. Diese wurde von REYNOLDS im Jahre 1886, in Anlehnung an die Versuche von TOWER, aus den inkompressiblen Navier-Stokes-Gleichungen und der inkompressiblen Kontinuitätsgleichung für Newton'sche Fluide bei laminarer Strömung hergeleitet [119]. Die von REYNOLDS vorgenommenen Beschränkungen auf inkompressible Strömungen und Newton'sche Fluide mit über der Spalthöhe konstanten Stoffeigenschaften waren allerdings nicht zwingend notwendig, da eine Herleitung auch aus den kompressiblen Navier-Stokes-Gleichungen und der kompressiblen Kontinuitätsgleichung bei gleichzeitiger Berücksichtigung von Newton'schen bzw. nicht-Newton'schen Fluiden mit über der Spalthöhe veränderlichen Stoffeigenschaften möglich ist. Entsprechende Herleitungen dieser so genannten verallgemeinerten Reynolds'schen Differenzialgleichung wurden von DOWSON für Newton'sche Fluide in [42] bzw. von YANG und WEN für nicht-Newton'sche Fluide in [152] vorgestellt.

2.1 Herleitung

Ausgangspunkt sind die Navier-Stokes-Gleichungen für kompressible Strömungen, wie sie bereits in Kapitel 1.2 entwickelt wurden:

x:

$$
\rho \cdot \left(\frac{\partial u}{\partial t} + u \cdot \frac{\partial u}{\partial x} + v \cdot \frac{\partial u}{\partial y} + w \cdot \frac{\partial u}{\partial z} \right) = \overbrace{f_{M,x}}^{\text{Volumenkraftterm}} - \overbrace{\frac{\partial p}{\partial x}}^{\text{Druckterm}} +
$$

$$
\frac{\partial}{\partial x}\left\{ \eta \cdot \left[2\frac{\partial u}{\partial x} - \frac{2}{3}\left(\frac{\partial u}{\partial x} + \frac{\partial v}{\partial y} + \frac{\partial w}{\partial z} \right) \right] \right\} + \frac{\partial}{\partial y}\left[\eta \cdot \left(\frac{\partial v}{\partial x} + \frac{\partial u}{\partial y} \right) \right] + \frac{\partial}{\partial z}\left[\eta \cdot \left(\frac{\partial w}{\partial x} + \frac{\partial u}{\partial z} \right) \right] \tag{2-1}
$$

(Trägheitsterm; Reibungsterm)

y:

$$
\rho \cdot \left(\frac{\partial v}{\partial t} + u \cdot \frac{\partial v}{\partial x} + v \cdot \frac{\partial v}{\partial y} + w \cdot \frac{\partial v}{\partial z} \right) = f_{M,y} - \frac{\partial p}{\partial y} +
$$

$$
\frac{\partial}{\partial x}\left[\eta \cdot \left(\frac{\partial v}{\partial x} + \frac{\partial u}{\partial y} \right) \right] + \frac{\partial}{\partial y}\left\{ \eta \cdot \left[2\frac{\partial v}{\partial y} - \frac{2}{3}\left(\frac{\partial u}{\partial x} + \frac{\partial v}{\partial y} + \frac{\partial w}{\partial z} \right) \right] \right\} + \frac{\partial}{\partial z}\left[\eta \cdot \left(\frac{\partial w}{\partial y} + \frac{\partial v}{\partial z} \right) \right] \tag{2-2}
$$

z:

$$
\rho \cdot \left(\frac{\partial w}{\partial t} + u \cdot \frac{\partial w}{\partial x} + v \cdot \frac{\partial w}{\partial y} + w \cdot \frac{\partial w}{\partial z} \right) = f_{M,z} - \frac{\partial p}{\partial z} +
$$

$$
\frac{\partial}{\partial x}\left[\eta \cdot \left(\frac{\partial w}{\partial x} + \frac{\partial u}{\partial z} \right) \right] + \frac{\partial}{\partial y}\left[\eta \cdot \left(\frac{\partial w}{\partial y} + \frac{\partial v}{\partial z} \right) \right] + \frac{\partial}{\partial z}\left\{ \eta \cdot \left[2\frac{\partial w}{\partial z} - \frac{2}{3}\left(\frac{\partial u}{\partial x} + \frac{\partial v}{\partial y} + \frac{\partial w}{\partial z} \right) \right] \right\} \tag{2-3}
$$

Da die vollständige Lösung der Navier-Stokes-Gleichungen zur Berechnung hydrodynamisch geschmierter Tribosysteme, speziell bei instationären Betriebsbedingungen, in vielen Fällen trotz gestiegener Rechenleistungen immer noch den Zeitrahmen sprengen würde, müssen zur Rechenzeitbeschleunigung sinnvolle Vereinfachungen der Navier-Stokes-Gleichungen vorgenommen werden. Dies geschieht derart, dass zu prüfen ist, welche Terme in geschmierten Tribosystemen dominieren und welche Terme vernachlässigt werden können. Hilfreich hierfür sind dimensionslose Ähnlichkeitskennzahlen, die als Entscheidungshilfe herangezogen werden. Eine wichtige Kennzahl ist die Reynoldszahl, die das Verhältnis von Trägheits- und Reibungskraft darstellt:

$$Re = \frac{Tr\ddot{a}gheitskraft}{Reibungskraft} = \frac{v \cdot L}{v} = \frac{\rho \cdot v \cdot L}{\eta} \qquad (2\text{-}4)$$

Die Größe L ist hierbei eine charakteristische Länge, die für jeden Anwendungsfall individuell zu ermitteln ist. In geschmierten Systemen ist dies häufig die Schmierspalthöhe h. Die Reynoldszahl dient zur Beurteilung der Strömung. Liegt die Reynoldszahl unterhalb einer anwendungsbezogenen kritischen Reynoldszahl Re_{cr} (bei kreiszylindrischen Radialgleitlagern gilt z.B. $Re_{cr} \approx 41.3 \cdot (D/C)^{0.5}$) wird laminare, andernfalls turbulente Strömung vorliegen. Ist $Re \ll 1$ dominieren die Reibungskräfte. Die Trägheitskräfte, die z.B. einem Beschleunigen oder Abbremsen der Strömung entgegenwirken, können dann vernachlässigt werden. Dies ist bei vielen hydrodynamisch geschmierten Tribosystemen erfüllt.

Der Einfluss von Volumenkräften (z.B. Schwerkräften) kann mit der Froudezahl, die sich aus dem Verhältnis von Trägheits- und Schwerkraft ergibt, abgeschätzt werden:

$$Fr = \frac{Tr\ddot{a}gheitskraft}{Schwerkraft} = \frac{v^2}{g \cdot L} \qquad (2\text{-}5)$$

Der Quotient aus Reynolds- und Froudezahl liefert das Verhältnis von Schwer- zur Reibungskraft und gestattet bei kleinen Werten eine Vernachlässigung der Schwerkräfte [67]. Die Froudezahl gilt aber streng genommen nur für Strömungen mit freien Oberflächen (Kanalströmungen). Dies ist bei Schmierspaltströmungen nicht direkt erfüllt. Letztendlich bewirken Schwerkräfte aber, dass eine Strömung in Richtung der Erdanziehung beschleunigt und eine entgegengesetzt gerichtete Strömung abgebremst wird. Dieser Effekt sollte bei Tribosystemen, in denen sich ein dünner hydrodynamischer Schmierfilm aufbaut, vernachlässigbar sein, gewinnt allerdings mit abnehmender Strömungsgeschwindigkeit bzw. hydrodynamisch wirksamer Geschwindigkeit an Bedeutung.

Eine weitere Ähnlichkeitskennzahl ist die Eulerzahl, die das Verhältnis von Druck- zur Trägheitskraft ausdrückt:

$$Eu = \frac{Druckkraft}{Tr\ddot{a}gheitskraft} = \frac{\Delta p}{\rho \cdot v^2} \qquad (2\text{-}6)$$

Das Produkt aus Euler- und Reynoldszahl stellt das Verhältnis von Druck- zur Reibungskraft dar. Die Druckkraft kann größer oder kleiner als die Reibungskraft sein, darf allerdings nicht mehr vernachlässigt werden [67].

Wird vorausgesetzt, dass in hydrodynamisch geschmierten Tribosystemen die Trägheits- und Schwerkräfte vernachlässigbar sind und die Druck- sowie Reibungskräfte dominieren, können die vollständigen Navier-Stokes-Gleichungen Gl. (2-1) bis (2-3) bereits auf die Druck- und Reibungsterme reduziert werden. Weiterhin ist in geschmierten Kontakten die Ausdehnung des Schmierspaltes in Spalthöhenrichtung (z-Richtung) sehr viel kleiner als in Spaltlängen- und –breitenrichtung (x- und y-Richtung). Es ist daher davon auszugehen, dass im Reibungsterm alle Geschwindigkeitsgradienten in x- und y-Richtung im Vergleich zu den Gradienten in z-Richtung klein ausfallen und ebenfalls vernachlässigt werden dürfen. Klein ist auch die Änderung der Geschwindigkeit w in Spalthöhenrichtung über der Spalthöhe ($\partial w/\partial z \rightarrow 0$). Wird bei dünnen Schmierspalten außerdem angenommen, dass die Änderung des Druckes in Spalthöhenrichtung sehr klein ist ($\partial p/\partial z \rightarrow 0$), verbleiben von den vollständigen Navier-Stokes-Gleichungen die Anteile in Tabelle 2-1 rechts.

Tabelle 2-1:   Reduzierte Navier-Stokes-Gleichungen zur Herleitung der verallgemeinerten Reynolds'schen Differenzialgleichung

Navier-Stokes-Gleichungen für kompressible Strömungen	Reduzierte Navier-Stokes-Gleichungen
x: $$\rho \cdot \left(\frac{\partial u}{\partial t} + u \cdot \frac{\partial u}{\partial x} + v \cdot \frac{\partial u}{\partial y} + w \cdot \frac{\partial u}{\partial z} \right) = f_{M,x} - \frac{\partial p}{\partial x} +$$ $$\frac{\partial}{\partial x}\left\{ \eta \cdot \left[2\frac{\partial u}{\partial x} - \frac{2}{3}\left(\frac{\partial u}{\partial x} + \frac{\partial v}{\partial y} + \frac{\partial w}{\partial z} \right) \right] \right\} + \frac{\partial}{\partial y}\left[\eta \cdot \left(\frac{\partial v}{\partial x} + \frac{\partial u}{\partial y} \right) \right] + \frac{\partial}{\partial z}\left[\eta \cdot \left(\frac{\partial w}{\partial x} + \frac{\partial u}{\partial z} \right) \right]$$	$$\frac{\partial p}{\partial x} = \frac{\partial}{\partial z}\left[\eta \cdot \left(\frac{\partial u}{\partial z} \right) \right]$$ (2-7)
y: $$\rho \cdot \left(\frac{\partial v}{\partial t} + u \cdot \frac{\partial v}{\partial x} + v \cdot \frac{\partial v}{\partial y} + w \cdot \frac{\partial v}{\partial z} \right) = f_{M,y} - \frac{\partial p}{\partial y} +$$ $$\frac{\partial}{\partial x}\left[\eta \cdot \left(\frac{\partial v}{\partial x} + \frac{\partial u}{\partial y} \right) \right] + \frac{\partial}{\partial y}\left\{ \eta \cdot \left[2\frac{\partial v}{\partial y} - \frac{2}{3}\left(\frac{\partial u}{\partial x} + \frac{\partial v}{\partial y} + \frac{\partial w}{\partial z} \right) \right] \right\} + \frac{\partial}{\partial z}\left[\eta \cdot \left(\frac{\partial w}{\partial y} + \frac{\partial v}{\partial z} \right) \right]$$	$$\frac{\partial p}{\partial y} = \frac{\partial}{\partial z}\left[\eta \cdot \left(\frac{\partial v}{\partial z} \right) \right]$$ (2-8)
z: $$\rho \cdot \left(\frac{\partial w}{\partial t} + u \cdot \frac{\partial w}{\partial x} + v \cdot \frac{\partial w}{\partial y} + w \cdot \frac{\partial w}{\partial z} \right) = f_{M,z} - \frac{\partial p}{\partial z} +$$ $$\frac{\partial}{\partial x}\left[\eta \cdot \left(\frac{\partial w}{\partial x} + \frac{\partial u}{\partial z} \right) \right] + \frac{\partial}{\partial y}\left[\eta \cdot \left(\frac{\partial w}{\partial y} + \frac{\partial v}{\partial z} \right) \right] + \frac{\partial}{\partial z}\left\{ \eta \cdot \left[2\frac{\partial w}{\partial z} - \frac{2}{3}\left(\frac{\partial u}{\partial x} + \frac{\partial v}{\partial y} + \frac{\partial w}{\partial z} \right) \right] \right\}$$	$$\frac{\partial p}{\partial z} = 0$$ (2-9)
Kontinuitätsgleichung für kompressible Strömungen: $\dfrac{\partial \rho}{\partial t} + \dfrac{\partial (\rho \cdot u)}{\partial x} + \dfrac{\partial (\rho \cdot v)}{\partial y} + \dfrac{\partial (\rho \cdot w)}{\partial z} = 0$	

Zur Berücksichtigung von Newton'schen und nicht-Newton'schen Fluiden mit beliebigem Fluidverhalten, wird die Viskosität η im Weiteren durch eine effektive Viskosität η^* ersetzt, für die ein funktionaler Zusammenhang zwischen der Schubspannung τ und dem Schergefälle $\dot{\gamma}$ bekannt sein muss (siehe Kapitel 6.5). Da nicht-Newton'sche Fluide ein anisotropes Fließverhalten in x- und y-Richtung zeigen können, wird außerdem in eine effektive Viskosität η_x^* und η_y^* unterschieden. Werden die Gl. (2-7) und (2-8) mit diesen Vereinbarungen zweifach in Spalthöhenrichtung z integriert und wird berücksichtigt, dass sich die effektive Viskosität in Spalthöhenrichtung ändern kann $\left(\eta^*(z) \neq \text{konst}\right)$, ergeben sich nach einmaliger Integration die Geschwindigkeitsgradienten $\partial u/\partial z$ bzw. $\partial v/\partial z$

$$\frac{\partial u}{\partial z} = \frac{\partial p}{\partial x}\frac{z}{\eta_x^*(z)} + \frac{C_1}{\eta_x^*(z)} \tag{2-10}$$

$$\frac{\partial v}{\partial z} = \frac{\partial p}{\partial y}\frac{z}{\eta_y^*(z)} + \frac{C_3}{\eta_y^*(z)} \tag{2-11}$$

und nach nochmaliger Integration die Geschwindigkeiten u bzw. v:

$$u = u(z) = \frac{\partial p}{\partial x}\int_0^z \frac{z'}{\eta_x^*(z')}dz' + C_1\int_0^z \frac{1}{\eta_x^*(z')}dz' + C_2 \tag{2-12}$$

$$v = v(z) = \frac{\partial p}{\partial y}\int_0^z \frac{z'}{\eta_y^*(z')}dz' + C_3\int_0^z \frac{1}{\eta_y^*(z')}dz' + C_4 \tag{2-13}$$

Die Integrationskonstanten $C_{1...4}$ resultieren aus den Gl. (2-12) und (2-13) sowie der Stokes'schen Haftbedingung, wonach das Fluid an den bewegten Oberflächen der Kontaktkörper deren Geschwindigkeiten besitzt:

$$\text{bei } z = h_1 = 0: \qquad u = u_1; \qquad v = v_1; \qquad w = w_1$$
$$\tag{2-14}$$
$$\text{bei } z = h_2 = h: \qquad u = u_2; \qquad v = v_2; \qquad w = w_2$$

Mit Kenntnis der Integrationskonstanten $C_{1...4}$ folgt für die Geschwindigkeitsgradienten

$$\frac{\partial u}{\partial z} = \frac{\partial p}{\partial x}\frac{z}{\eta_x^*(z)} + \frac{1}{\eta_x^*(z)}\cdot\left[\frac{(u_2 - u_1)}{F_{0x}} - \frac{\partial p}{\partial x}\frac{F_{1x}}{F_{0x}}\right] \tag{2-15}$$

$$\frac{\partial v}{\partial z} = \frac{\partial p}{\partial y}\frac{z}{\eta_y^*(z)} + \frac{1}{\eta_y^*(z)}\cdot\left[\frac{(v_2 - v_1)}{F_{0y}} - \frac{\partial p}{\partial y}\frac{F_{1y}}{F_{0y}}\right] \tag{2-16}$$

und für die Geschwindigkeiten:

$$u = u(z) = \frac{\partial p}{\partial x} \int_0^z \frac{z'}{\eta_x^*(z')} dz' + \overbrace{\left[\frac{(u_2 - u_1)}{F_{0x}} - \frac{\partial p}{\partial x} \frac{F_{1x}}{F_{0x}} \right]}^{C_1} \cdot \int_0^z \frac{1}{\eta_x^*(z')} dz' + \overbrace{u_1}^{C_2} \qquad (2\text{-}17)$$

$$v = v(z) = \frac{\partial p}{\partial y} \int_0^z \frac{z'}{\eta_y^*(z')} dz' + \overbrace{\left[\frac{(v_2 - v_1)}{F_{0y}} - \frac{\partial p}{\partial y} \frac{F_{1y}}{F_{0y}} \right]}^{C_3} \cdot \int_0^z \frac{1}{\eta_y^*(z')} dz' + \overbrace{v_1}^{C_4} \qquad (2\text{-}18)$$

$$\text{mit} \quad F_{0x} = \int_0^h \frac{1}{\eta_x^*(z)} dz \quad F_{0y} = \int_0^h \frac{1}{\eta_y^*(z)} dz \quad F_{1x} = \int_0^h \frac{z}{\eta_x^*(z)} dz \quad F_{1y} = \int_0^h \frac{z}{\eta_y^*(z)} dz \qquad (2\text{-}19)$$

Um die Massenbilanz im Schmierspalt einzuhalten, muss die Kontinuitätsgleichung nach Gl. (1-7) erfüllt sein. Aus diesem Grund wird die Kontinuitätsgleichung über der Schmierspalthöhe integriert:

$$\int_0^h \frac{\partial \rho}{\partial t} dz + \int_0^h \frac{\partial(\rho \cdot u)}{\partial x} dz + \int_0^h \frac{\partial(\rho \cdot v)}{\partial y} dz + \int_0^h \frac{\partial(\rho \cdot w)}{\partial z} dz = 0 \qquad (2\text{-}20)$$

Mit der Ableitungsformel für parameterabhängige Integrale (Leibnizregel)

$$\frac{\partial}{\partial x} \int_a^b f(x,y,z) dz = \int_a^b \frac{\partial}{\partial x} f(x,y,z) dz + f(x,y,b) \cdot \frac{\partial b}{\partial x} - f(x,y,a) \cdot \frac{\partial a}{\partial x} \qquad (2\text{-}21)$$

ergeben sich nach Umstellung der Ableitungsformel

$$\int_a^b \frac{\partial}{\partial x} f(x,y,z) dz = \frac{\partial}{\partial x} \int_a^b f(x,y,z) dz - f(x,y,b) \cdot \frac{\partial b}{\partial x} + f(x,y,a) \cdot \frac{\partial a}{\partial x} \qquad (2\text{-}22)$$

und dem Einsetzen der Geschwindigkeiten u, v und w sowie unter Berücksichtigung des Sachverhalts, dass sich die Dichte temperaturbedingt in Spalthöhenrichtung ändern kann $(\rho(z) \neq \text{konst.})$, für die Terme in Gl. (2-20) folgende Lösungen:

$$\int_0^h \frac{\partial \rho}{\partial t} dz = \frac{\partial}{\partial t} G_3 - \rho_2 \frac{\partial h}{\partial t} \qquad (2\text{-}23)$$

$$\int_0^h \frac{\partial(\rho \cdot u)}{\partial x} dz = \frac{\partial}{\partial x} \int_0^h (\rho \cdot u) dz - (\rho_2 \cdot u_2)\frac{\partial h}{\partial x}$$

$$= \frac{\partial}{\partial x}\left(G_{1x} \frac{\partial p}{\partial x}\right) + \frac{\partial}{\partial x}\left[G_{2x} \frac{(u_2 - u_1)}{F_{0x}} + G_3 u_1\right] - (\rho_2 \cdot u_2)\frac{\partial h}{\partial x} \qquad (2\text{-}24)$$

$$\int_0^h \frac{\partial(\rho \cdot v)}{\partial y} dz = \frac{\partial}{\partial y} \int_0^h (\rho \cdot v) dz - (\rho_2 \cdot v_2)\frac{\partial h}{\partial y}$$

$$= \frac{\partial}{\partial y}\left(G_{1y} \frac{\partial p}{\partial y}\right) + \frac{\partial}{\partial x}\left[G_{2y} \frac{(v_2 - v_1)}{F_{0y}} + G_3 v_1\right] - (\rho_2 \cdot v_2)\frac{\partial h}{\partial y} \qquad (2\text{-}25)$$

$$\int_0^h \frac{\partial(\rho \cdot w)}{\partial z} dz = (\rho \cdot w)_0^h = (\rho_2 \cdot w_2) - (\rho_1 \cdot w_1) \qquad (2\text{-}26)$$

$$\text{mit} \quad G_{1x} = \int_0^h \rho(z)\left[\int_0^z \frac{z'}{\eta_x^*(z')} dz' - \frac{F_{1x}}{F_{0x}} \int_0^z \frac{1}{\eta_x^*(z')} dz'\right] dz \quad G_{2x} = \int_0^h \rho(z)\left[\int_0^z \frac{1}{\eta_x^*(z')} dz'\right] dz$$

$$G_{1y} = \int_0^h \rho(z)\left[\int_0^z \frac{z'}{\eta_y^*(z')} dz' - \frac{F_{1y}}{F_{0y}} \int_0^z \frac{1}{\eta_y^*(z')} dz'\right] dz \quad G_{2y} = \int_0^h \rho(z)\left[\int_0^z \frac{1}{\eta_y^*(z')} dz'\right] dz \qquad (2\text{-}27)$$

$$G_3 = \int_0^h \rho(z) dz$$

Eingesetzt in Gl. (2-20) folgt nach einer Umordnung der Terme die verallgemeinerte Reynolds'sche Differenzialgleichung für eine kompressible und laminare Strömung mit nicht-Newton'schem Fluidverhalten bei zeitlich veränderlicher Spalthöhe sowie veränderlicher Dichte und Viskosität in x-, y- und z-Richtung:

$$\frac{\partial}{\partial x}\left(G_{1x}\frac{\partial p}{\partial x}\right) + \frac{\partial}{\partial y}\left(G_{1y}\frac{\partial p}{\partial y}\right) + \frac{\partial}{\partial x}\left[G_{2x}\frac{(u_2 - u_1)}{F_{0x}} + G_3 u_1\right] + \frac{\partial}{\partial y}\left[G_{2y}\frac{(v_2 - v_1)}{F_{0y}} + G_3 v_1\right]$$

$$+ (\rho_2 \cdot w_2) - (\rho_1 \cdot w_1) - (\rho_2 \cdot u_2)\frac{\partial h}{\partial x} - (\rho_2 \cdot v_2)\frac{\partial h}{\partial y} + \frac{\partial}{\partial t} G_3 - \rho_2 \frac{\partial h}{\partial t} = 0 \qquad (2\text{-}28)$$

In vorhergehender Gleichung können einige Terme zusammengefasst werden, wenn nach [152] folgende Beziehungen gültig sind:

$$\rho_1 \cdot w_1 - \rho_1 \frac{\partial h_1}{\partial t} - (\rho_1 \cdot u_1)\frac{\partial h_1}{\partial x} - (\rho_1 \cdot v_1)\frac{\partial h_1}{\partial y} = 0 \qquad (2\text{-}29)$$

$$\rho_2 \cdot w_2 - \rho_2 \frac{\partial h_2}{\partial t} - (\rho_2 \cdot u_2)\frac{\partial h_2}{\partial x} - (\rho_2 \cdot v_2)\frac{\partial h_2}{\partial y} = 0 \qquad (2\text{-}30)$$

Eingesetzt in Gl. (2-28) und unter Berücksichtigung der Randbedingungen $h_1 = 0$ und $h_2 = h$ (siehe Gl. (2-14)) folgt die verallgemeinerte Reynolds'sche Differenzialgleichung in ihrer endgültigen Form:

$$\overbrace{\frac{\partial}{\partial x}\left(G_{1x}\frac{\partial p}{\partial x}\right)+\frac{\partial}{\partial y}\left(G_{1y}\frac{\partial p}{\partial y}\right)}^{\text{Poiseuille– bzw. Druckterm}}+\overbrace{\frac{\partial}{\partial x}\left[G_{2x}\frac{(u_2-u_1)}{F_{0x}}+G_3 u_1\right]+\frac{\partial}{\partial y}\left[G_{2y}\frac{(v_2-v_1)}{F_{0y}}+G_3 v_1\right]}^{\text{Couette– bzw. Keil- und Geschwindigkeitsterm}}$$

$$+\ \underbrace{\frac{\partial}{\partial t}G_3}_{\substack{\text{Quetsch– bzw.}\\ \text{Verdrängungsterm}}}\ = 0$$

$$(2\text{-}31)$$

Weist das Fluid mit $\eta_x^*(z) = \eta_y^*(z) = \eta^*(z)$ ein isotropes Fließverhalten auf, vereinfachen sich die Koeffizienten G und F zu:

$$G_{1x} = G_{1y} = G_1 = \int\limits_0^h \rho(z)\left[\int\limits_0^z \frac{z'}{\eta^*(z')}dz' - \frac{F_1}{F_0}\int\limits_0^z \frac{1}{\eta^*(z')}dz'\right]dz$$

$$G_{2x} = G_{2y} = G_2 = \int\limits_0^h \rho(z)\left[\int\limits_0^z \frac{1}{\eta^*(z')}dz'\right]dz \qquad G_3 = \int\limits_0^h \rho(z)dz \qquad (2\text{-}32)$$

$$F_{0x} = F_{0y} = F_0 = \int\limits_0^h \frac{1}{\eta^*(z)}dz \qquad\qquad F_{1x} = F_{1y} = F_1 = \int\limits_0^h \frac{z}{\eta^*(z)}dz$$

Bei konstanter Dichte in Spalthöhenrichtung $(\rho(z) = \text{konst.})$ und anisotropem Fließverhalten reduzieren sich die Koeffizienten G in Gl. (2-27) zu:

$$G_{1x} = \rho \int\limits_0^h \left[\int\limits_0^z \frac{z'}{\eta_x^*(z')}dz' - \frac{F_{1x}}{F_{0x}}\int\limits_0^z \frac{1}{\eta_x^*(z')}dz'\right]dz \qquad G_{2x} = \rho \int\limits_0^h \left[\int\limits_0^z \frac{1}{\eta_x^*(z')}dz'\right]dz$$

$$G_{1y} = \rho \int\limits_0^h \left[\int\limits_0^z \frac{z'}{\eta_y^*(z')}dz' - \frac{F_{1y}}{F_{0y}}\int\limits_0^z \frac{1}{\eta_y^*(z')}dz'\right]dz \qquad G_{2y} = \rho \int\limits_0^h \left[\int\limits_0^z \frac{1}{\eta_y^*(z')}dz'\right]dz \qquad (2\text{-}33)$$

$$G_3 = \rho \int\limits_0^h dz = \rho h$$

Im Fall eines isotropen Fließverhaltens gilt mit Gl. (2-32):

$$G_1 = \rho \int\limits_0^h \left[\int\limits_0^z \frac{z'}{\eta^*(z')}\,dz' - \frac{F_1}{F_0} \int\limits_0^z \frac{1}{\eta^*(z')}\,dz' \right] dz$$

$$G_2 = \rho \int\limits_0^h \left[\int\limits_0^z \frac{1}{\eta^*(z')}\,dz' \right] dz \qquad\qquad G_3 = \rho \int\limits_0^h dz = \rho h \tag{2-34}$$

Wird Gl. (2-31) zusammen mit der Energiegleichung (siehe Kapitel 5.1) für Newton'sche oder nicht-Newton'sche Fluide gelöst, wird diese häufig als „thermische" Reynoldsgleichung bezeichnet, da eine Temperaturabhängigkeit von Dichte und Viskosität bzw. nur der Viskosität in Spalthöhenrichtung berücksichtigt wird. Liegt eine Kopplung mit der Energiegleichung nicht vor, wird vielfach von der „isothermen" Reynoldsgleichung gesprochen. Änderungen der Viskosität in Spalthöhenrichtung können bei nicht-Newton'schen Fluiden aber immer noch schergefällebedingt sein (siehe Kapitel 6.5), bei Newton'schen Fluiden dagegen nicht mehr auftreten $\left(\eta^*(z) = \eta(z) = \text{konst.} \right)$. Im letzteren Fall vereinfachen sich daher die Koeffizienten in Gl. (2-34) nochmals zu

$$G_1 = -\frac{\rho h^3}{12\eta} \qquad G_2 = \frac{\rho h^2}{2\eta} \qquad G_3 = \rho h \qquad F_0 = \frac{h}{\eta} \qquad F_1 = \frac{h^2}{2\eta} \tag{2-35}$$

und es ergibt sich die Reynoldsgleichung für eine kompressible und laminare Strömung mit Newton'schem Fluidverhalten und zeitlich veränderlicher Spalthöhe, bei der Änderungen von Dichte und Viskosität in Spalthöhenrichtung unberücksichtigt bleiben:

$$\underbrace{\frac{\partial}{\partial x}\left(-\frac{\rho h^3}{12\eta}\frac{\partial p}{\partial x} \right) + \frac{\partial}{\partial y}\left(-\frac{\rho h^3}{12\eta}\frac{\partial p}{\partial y} \right)}_{\text{Poiseuille- bzw. Druckterm}} + \underbrace{\frac{\partial}{\partial x}\left[\rho h \frac{(u_1 + u_2)}{2} \right] + \frac{\partial}{\partial y}\left[\rho h \frac{(v_1 + v_2)}{2} \right]}_{\text{Couette- bzw. Keil- und Geschwindigkeitsterm}}$$

$$+ \underbrace{\frac{\partial(\rho h)}{\partial t}}_{\substack{\text{Quetsch- bzw.} \\ \text{Verdrängungsterm}}} = 0 \tag{2-36}$$

Für den Couetteterm in Gl. (2-36) kann mit der Produktregel der Differenzialrechnung auch geschrieben werden:

$$\underbrace{\frac{\partial}{\partial x}\left[\rho h \frac{(u_2 + u_1)}{2} \right]}_{\substack{\text{Couette- bzw.} \\ \text{Keil- und Geschwindigkeitsterm in x-Richtung}}} = \underbrace{\frac{(u_1 + u_2)}{2}\frac{\partial(\rho h)}{\partial x}}_{\text{Keilterm in x-Richtung}} + \underbrace{\frac{\rho h}{2}\frac{\partial(u_1 + u_2)}{\partial x}}_{\text{Geschwindigkeitsterm in x-Richtung}}$$

$$\underbrace{\frac{\partial}{\partial y}\left[\rho h \frac{(v_1 + v_2)}{2} \right]}_{\substack{\text{Couette- bzw.} \\ \text{Keil- und Geschwindigkeitsterm in y-Richtung}}} = \underbrace{\frac{(v_1 + v_2)}{2}\frac{\partial(\rho h)}{\partial y}}_{\text{Keilterm in y-Richtung}} + \underbrace{\frac{\rho h}{2}\frac{\partial(v_1 + v_2)}{\partial y}}_{\text{Geschwindigkeitsterm in y-Richtung}} \tag{2-37}$$

Der Keilterm beschreibt den Druckanstieg, der durch eine Änderung der Spalthöhe in Spalt-längenrichtung (x-Richtung) oder Spaltbreitenrichtung (y-Richtung) hervorgerufen wird. Der Geschwindigkeitsterm berücksichtigt geometrie- oder verformungsbedingte Änderungen der Geschwindigkeiten $u_{1,2}$ und $v_{1,2}$ der Oberflächen in Spaltlängen- oder -breitenrichtung. Bei vielen Anwendungen kann dieser Term vernachlässigt werden, sodass sich Gl. (2-36) mit $u_1 + u_2 =$ konst. und $v_1 + v_2 =$ konst. nochmals vereinfachen lässt:

$$\underbrace{\frac{\partial}{\partial x}\left(-\frac{\rho h^3}{12\eta}\frac{\partial p}{\partial x}\right)+\frac{\partial}{\partial y}\left(-\frac{\rho h^3}{12\eta}\frac{\partial p}{\partial y}\right)}_{\text{Poiseuille- bzw. Druckterm}}+\underbrace{\frac{(u_1+u_2)}{2}\frac{\partial(\rho h)}{\partial x}+\frac{(v_1+v_2)}{2}\frac{\partial(\rho h)}{\partial y}}_{\text{Couette- bzw. Keilterm}}$$
$$+\underbrace{\frac{\partial(\rho h)}{\partial t}}_{\substack{\text{Quetsch- bzw.}\\ \text{Verdrängungsterm}}}=0 \tag{2-38}$$

Bei kleinen Änderungen der Spalthöhe in x- und y-Richtung, wie dies bei hydrodynamisch geschmierten Tribosystemen häufig erfüllt ist, kann entsprechend Bild 2-1 der gekrümmte Spalt in die Ebene abgewickelt werden. Damit gilt an den Oberflächen der Körper für die Geschwindigkeiten:

$$\begin{array}{llll}\text{bei } z = 0: & u_1 = U_1 & \text{und} & v_1 = V_1 \\[2mm] \text{bei } z = h: & u_2 = U_2 \cdot \cos(\alpha_x) & \text{und} & v_2 = V_2 \cdot \cos(\alpha_y)\end{array} \tag{2-39}$$

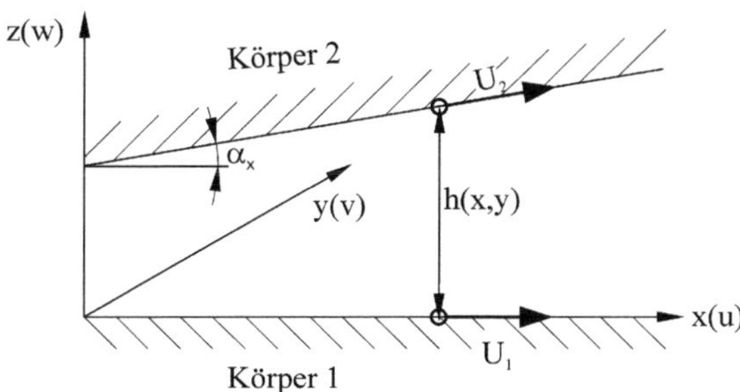

Bild 2-1: Abwicklung des Schmierspaltes in x-Richtung (analoges gilt in y-Richtung)

Sind die Neigung der Oberflächen zueinander gering, d.h. $\alpha_{x,y} \to 0$, folgt mit $\cos(\alpha_{x,y}) \to 1$ für die Geschwindigkeiten der oberen Oberfläche $u_2 \approx U_2$ bzw. $v_2 \approx V_2$ und damit:

$$\frac{\partial}{\partial x}\left(\frac{\rho h^3}{12\eta}\frac{\partial p}{\partial x}\right)+\frac{\partial}{\partial y}\left(\frac{\rho h^3}{12\eta}\frac{\partial p}{\partial y}\right)=\frac{(U_1+U_2)}{2}\frac{\partial(\rho h)}{\partial x}+\frac{(V_1+V_2)}{2}\frac{\partial(\rho h)}{\partial y}+\frac{\partial(\rho h)}{\partial t} \tag{2-40}$$

Bei vielen hydrodynamisch geschmierten Tribosystemen sind die Geschwindigkeiten der Oberflächen in Spaltbreiten- bzw. y-Richtung gleich oder annähernd Null und können daher vernachlässigt werden ($V_1 = V_2 = 0$). In allen zuvor aufgeführten Reynoldsgleichungen wären dann die entsprechenden Terme herauszustreichen. Im Falle von Gl. (2-40) gilt:

$$\frac{\partial}{\partial x}\left(\frac{\rho h^3}{12\eta}\frac{\partial p}{\partial x}\right) + \frac{\partial}{\partial y}\left(\frac{\rho h^3}{12\eta}\frac{\partial p}{\partial y}\right) = \frac{(U_1 + U_2)}{2}\frac{\partial(\rho h)}{\partial x} + \frac{\partial(\rho h)}{\partial t} \tag{2-41}$$

Liegt eine inkompressible (ρ = konst.) und laminare Strömung mit Newton'schem Fluidverhalten bei konstanter Viskosität η vor, ergibt sich die im Jahre 1886 von REYNOLDS in [119] hergeleitete klassische Reynolds'sche Differenzialgleichung:

$$\frac{\partial}{\partial x}\left(h^3\frac{\partial p}{\partial x}\right) + \frac{\partial}{\partial y}\left(h^3\frac{\partial p}{\partial y}\right) = 6\eta(U_1 + U_2)\frac{\partial h}{\partial x} + 12\eta\frac{\partial h}{\partial t} \tag{2-42}$$

2.2 Randbedingungen

Zur Lösung der Reynolds'schen Differenzialgleichung sind Druckrandbedingungen erforderlich. Diese lauten folgendermaßen:

1. An den schmierspaltbegrenzenden Rändern (Ein- und Ausströmrändern oder Bauteilrändern) muss der Schmierfilmdruck gleich dem Umgebungsdruck sein.

2. Im Bereich von Schmierstoffzuführeinrichtungen (Bohrungen, Taschen, Nuten, usw.) muss der Schmierfilmdruck gleich dem Zuführdruck sein.

3. Da die zuvor hergeleitete Reynolds'sche Differenzialgleichung wegen der Einhaltung der Kontinuitätsgleichung grundsätzlich von einem mit Fluid vollgefüllten Schmierspalt ausgeht, wird diese in sich öffnenden Spalten negative Schmierfilmdrücke in der gleichen Größenordnung wie die positiven Drücke liefern (periodische oder Sommerfeld'sche Randbedingung). Negative Schmierfilmdrücke würden ein Ansaugen von Schmierstoff bedeuten. Da Schmierstoffe jedoch keine nennenswerten Zugspannungen übertragen können (übertragbare Zugspannungen liegen lediglich in der Größenordnung der Oberflächenspannungen) und in diesen Gebieten daher mit Kavitationseffekten zu rechnen ist, sind für diese Bereiche Kavitationsrandbedingungen einschließlich eventueller Nebenbedingungen einzuführen. Diese Bedingungen müssen im Minimum sicherstellen, dass der Schmierfilmdruck nirgends einen zu definierenden Kavitationsdruck p_{cav} unterschreitet.

2.3 Kavitation

Bei Kavitation entstehen Blasen im Schmierstoff, die als Gasblasen (Gaskavitation) oder als Dampfblasen (Dampfkavitation) vorliegen können [44]. Bei der Gaskavitation entstehen die Gasblasen durch im Schmierstoff gelöste Gase unmittelbar aus dem Schmierstoff heraus, wenn ein bestimmter Löslichkeitsdruck unterschritten wird (z.B. Ausperlen von Kohlensäure im Mineralwasser). Weiterhin kann Gas von außen über die Schmierspaltränder in den Spalt eintreten. Die Gaskavitation wird häufig als „weiche" Kavitation bezeichnet, da ein Implodieren der Blasen bei Druckzunahme „gedämpft" erfolgt. Bei der Dampfkavitation muss ein bestimmter Verdampfungsdruck unterschritten werden (Anwendung in Ultraschallbädern). Die entstehenden Dampfblasen enthalten dann vorwiegend Dampf der umgebenden Flüssigkeit. Da die Dampfblasen mit steigendem Druck schlagartig implodieren (mikroskopischer Dampfschlag), wird hier von „harter" Kavitation gesprochen. Im so genannten Kavitationsgebiet stellt sich in der Folge eine zweiphasige Strömung aus Gas/Dampf und Schmierstoff ein. Der vorherrschende Druck entspricht im Kavitationsgebiet dem Kavitationsdruck (Löslichkeits-/ Verdampfungsdruck), der je nach Gasgehalt, Temperatur und Druckbedingungen variiert. In geschmierten Tribosystemen wird in den meisten Fällen eine Überlagerung von Gas- und Dampfkavitation vorliegen, wobei mit weiter sinkendem Druck die Dampfkavitation immer mehr dominieren wird. Keimstellen für die Entstehung der Bläschen können Verunreinigungen (Mikropartikel) im Fluid sowie die Rauigkeiten der schmierspaltbegrenzenden Oberflächen sein.

Wie sich Kavitation in einem Radialgleitlager (Glaslager) oder in einem EHD-Punktkontakt (Tonnenrolle/Glasscheibe-Kontakt) darstellen kann, ist in Bild 2-2 erkennbar. Beim Gleitlager zeigt sich, dass der Schmierfilm im Kavitationsgebiet aufreißt und sich Flüssigkeits- und Gasphase streifenförmig ausbilden (inhomogene Mehrphasenströmung). Beim EHD-Punktkontakt wird dies nicht so deutlich. Vielmehr lässt sich vermuten, dass sich hier eine annähernd homogene Mehrphasenströmung einstellt.

<u>Radialgleitlager</u>   <u>EHD-Punktkontakt</u>

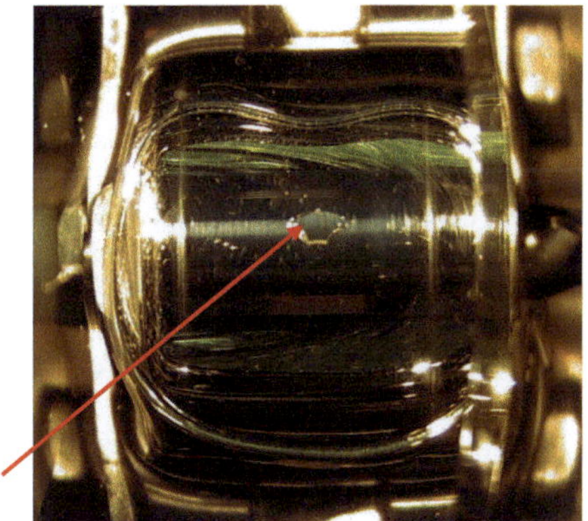

Bild 2-2:   Kavitation in einem Radialgleitlager nach [137] (siehe hierzu auch Bild 8-2) und in einem Tonnenrolle/Scheibe-Kontakt nach [15]

Zur Berücksichtigung von Kavitation wurden verschiedene Kavitationsmodelle entwickelt, die sich grundsätzlich in zwei Gruppen einteilen lassen. Zur ersten Gruppe gehören die Modelle, bei denen der Übergang zwischen Druck- und Kavitationsgebiet bzw. eine Aufteilung in Druck- und Kavitationsgebiet ohne Einhaltung der Kontinuitätsgleichung bestimmt wird (nichtmasseerhaltende Modelle). Diese Modelle gehen im gesamten Lösungsgebiet von einem ausschließlich mit Schmierstoff vollgefüllten Schmierspalt aus. Die Modelle der zweiten Gruppe ermitteln den Übergang zwischen Druck- und Kavitationsgebiet als auch die Aufteilung in Druck- und Kavitationsgebiet unter Einhaltung der Kontinuitätsgleichung im gesamten Lösungsgebiet (masseerhaltende Modelle). Dies wird möglich, wenn im Kavitationsgebiet Teilfüllungszustände berücksichtigt werden.

2.3.1 Nichtmasseerhaltende Kavitationsmodelle

Das einfachste Modell basiert auf der halbperiodischen oder Gümbel'schen Randbedingung. Bei diesem Modell werden im Anschluss an die Lösung der Reynolds'schen Differenzialgleichung mit periodischer Randbedingung alle $p < 0$ auf $p_{cav} = 0$ gesetzt, d.h. die negativen Drücke einfach abgeschnitten. Sowohl im Druck- als auch im Kavitationsgebiet ist die Kontinuitätsgleichung bzw. die Masseerhaltung dadurch nicht mehr erfüllt und der Übergang zwischen beiden Gebieten unstetig.

Bessere Ergebnisse werden mit den Reynolds'schen Randbedingungen erzielt. Dabei wird bereits während der Lösung der Reynolds'schen Differenzialgleichung sichergestellt, dass am Druckbergende der Druckgradient $\partial p / \partial x = 0$ wird, im Druckgebiet $p > 0$ ist und im übrigen Lösungsgebiet $p_{cav} = 0$ gilt. Dadurch ist die Masseerhaltung im Druckgebiet erfüllt, im Kavitationsgebiet weiterhin unerfüllt und der Übergang zwischen Druck- und Kavitationsgebiet wieder stetig. Numerische Umsetzungen dieses Modells können für Radialgleitlager [30] oder [60] und für Wälzkontakte [118] oder [140] entnommen werden.

2.3.2 Masseerhaltende Kavitationsmodelle

Um den Nachteil der nichtmasseerhaltenden Kavitationsmodelle zu beseitigen, wurde von JAKOBSSON, FLOBERG und OLSSON eine physikalisch sinnvollere Modellvorstellung entwickelt, die als JFO-Kavitationstheorie bekannt ist [81], [110]. Diese gestattet im Kavitationsgebiet die Erfüllung der Kontinuitätsgleichung. Der Druck wird im Kavitationsgebiet als konstant angenommen ($p_{cav} = $ konst.). Für eine numerisch effizientere Umsetzung der JFO-Theorie entwickelte ELROD einen Kavitationsalgorithmus, der die Randbedingungen der JFO-Kavitationstheorie berücksichtigt, ohne diese direkt zu lösen [48], [50]. Die Strömung wird im Kavitationsgebiet als homogene Zweiphasenströmung mit homogener Mischdichte aus Schmierstoff und Gas/Dampf abgebildet. Grundlage des Modells ist das Dichteverhältnis Θ, welches sich aus dem Verhältnis von lokal veränderlicher Dichte ρ und der Bezugsdichte ρ_{cav} ergibt:

$$\Theta = \frac{\rho}{\rho_{cav}} \qquad\qquad (2\text{-}43)$$

Die Bezugsdichte ρ_{cav} entspricht der Fluiddichte ρ_{liq} bei Atmosphärendruck ($p = 0$). Die Dichte ρ des kompressibel betrachteten Fluids nimmt im Überdruckgebiet im Vergleich zur Bezugsdichte in Abhängigkeit vom lokalen Druck zu ($p > p_{cav}$, $\Theta > 1$) und im Kavitationsgebiet auf Grund der Vermischung von Fluid und Gas/Dampf ($\rho = \rho_{mix}$) gegenüber der Bezugsdichte ab ($p = p_{cav}$, $\Theta < 1$). Im Kavitationsgebiet wird das Dichteverhältnis auch als Spaltfüllungsgrad bezeichnet [50]. Durch die im Überdruckgebiet gültige lineare Beziehung

$$p(\Theta) = p_{cav} + \beta \cdot \ln(\Theta) \tag{2-44}$$

und Gl. (2-43) gelingt es, die verallgemeinerte Reynolds'sche Differenzialgleichung so umzuschreiben, dass diese nach dem Dichteverhältnis Θ gelöst werden kann [48]. Die Kenntnis der Dichten selbst ist nicht mehr erforderlich. So folgt beispielhaft für die Reynolds'sche Differenzialgleichung (2-41):

$$\frac{\partial}{\partial x}\left(\frac{\beta \cdot h^3}{12 \cdot \eta_{liq}} g(\Theta)\frac{\partial \Theta}{\partial x}\right) + \frac{\partial}{\partial y}\left(\frac{\beta \cdot h^3}{12 \cdot \eta_{liq}} g(\Theta)\frac{\partial \Theta}{\partial y}\right) = \frac{(U_1 + U_2)}{2}\frac{\partial(\Theta \cdot h)}{\partial x} + \frac{\partial(\Theta \cdot h)}{\partial t} \tag{2-45}$$

Weiterhin ist in die Poiseuille-Terme (Druckströmung) eine Schaltervariable $g(\Theta) = \{0,1\}$ einzuführen, die sicherstellt, dass die Druckterme im Kavitationsgebiet wegen $p_{cav} = $ konst. ($\partial p/\partial x = \partial p/\partial y = 0$) ausgeschaltet werden ($g(\Theta) = 0$). Ein Fluidtransport wird im Kavitationsgebiet dann nur noch über den Couette-Term (Schleppströmung) realisiert. Anwendungsbeispiele für den Elrod-Algorithmus können [104], [150] oder [107] entnommen werden. In [107] wurde allerdings die Druckabhängigkeit der Dichte vernachlässigt.

Ein modifizierter Elrod-Algorithmus, der speziell auf eine Finite Elemente Formulierung zugeschnitten ist, wurde von KUMAR und BOOKER vorgestellt [90], [91]. Abweichend von ELROD wird nicht das Dichteverhältnis Θ, sondern die Dichte selbst als gesuchte Größe im Kavitationsgebiet verwendet. Dabei entspricht die Dichte des inkompressibel betrachteten Fluids im Überdruckgebiet der Fluiddichte ρ_{liq} bei Atmosphärendruck ($p = 0$). Im Kavitationsgebiet nimmt die lokale Mischdichte ρ_{mix} ab und strebt für ein reines Gas/Dampfgemisch gegen 0.

$$\rho_{gas/vap} \leq \rho_{mix} = \Theta \cdot \rho_{liq} \leq \rho_{liq} \quad \text{mit} \quad \rho_{gas/vap} = 0 \tag{2-46}$$

Der Wertebereich des Dichteverhältnisses liegt in diesem Fall zwischen $0 \leq \Theta \leq 1$. Wird außerdem ein linearer Zusammenhang zwischen Dichte und Viskosität in der Form

$$\frac{\rho_{mix}}{\rho_{liq}} = \frac{\eta_{mix}}{\eta_{liq}} \tag{2-47}$$

angenommen, ist bei Bedarf auch die Berechnung der Mischviskosität η_{mix} der Zweiphasenströmung möglich:

$$\eta_{gas/vap} \leq \eta_{mix} = \Theta \cdot \eta_{liq} \leq \eta_{liq} \quad \text{mit} \quad \eta_{gas/vap} = 0 \tag{2-48}$$

Mit den Gl. (2-46) und Gl. (2-48) kann so die verallgemeinerte Reynolds'sche Differenzialgleichung modifiziert werden. Angewendet auf Gl. (2-41) ergibt sich:

$$\frac{\partial}{\partial x}\left(\frac{\rho_{liq}h^3}{12\eta_{liq}}\frac{\partial p}{\partial x}\right)+\frac{\partial}{\partial y}\left(\frac{\rho_{liq}h^3}{12\eta_{liq}}\frac{\partial p}{\partial y}\right)=\frac{(U_1+U_2)}{2}\frac{\partial(\rho_{mix}h)}{\partial x}+\frac{\partial(\rho_{mix}h)}{\partial t} \qquad (2\text{-}49)$$

Die Lösung dieser Differenzialgleichung gelingt, da im Überdruckgebiet die Dichte ρ_{liq} und die Viskosität η_{liq} bekannt sind, die gesuchte Größe ist hier der Druck p. Im Kavitationsgebiet ist hingegen der Druck $p_{cav}=0$ bekannt. Gesucht wird hier die Dichte ρ_{mix}. Da der Kavitationsdrucks p_{cav} konstant ist, sind die Poiseuille-Terme im Kavitationsgebiet wegen der Druckgradienten $\partial p/\partial x = \partial p/\partial y = 0$ nicht wirksam.

Wie bereits angedeutet, kann das Dichteverhältnis Θ im Kavitationsgebiet auch als Spaltfüllungsgrad θ interpretiert werden, der sich aus den anteiligen Volumina von Fluid- und Gas/Dampfphase ergibt und nach dieser Definition zwischen 0 und 1 liegt.

$$\theta=\frac{V_{liq}}{V_{liq}+V_{gas/vap}}=\frac{V_{liq}}{V_{mix}} \qquad \text{mit} \qquad 0\leq\theta\leq 1 \qquad (2\text{-}50)$$

Dass das Dichteverhältnis im Kavitationsgebiet nahezu dem Spaltfüllungsgrad entspricht, lässt sich zeigen, wenn die Masse der Gas/Dampfphase vernachlässigt wird:

$$\Theta=\frac{\rho_{mix}}{\rho_{liq}}=\frac{m_{mix}}{V_{mix}\cdot\rho_{liq}}=\frac{m_{liq}+m_{gas/vap}}{V_{mix}\cdot\rho_{liq}}\approx\frac{m_{liq}}{\left(V_{liq}+V_{gas/vap}\right)\cdot\rho_{liq}}=\frac{V_{liq}}{V_{liq}+V_{gas/vap}}=\theta$$

$$(2\text{-}51)$$

Damit folgt für die Mischdichte

$$\rho_{mix}=\theta\cdot\rho_{liq} \qquad (2\text{-}52)$$

und für die Mischviskosität:

$$\eta_{mix}=\theta\cdot\eta_{liq} \qquad (2\text{-}53)$$

Eine Erweiterung der Reynolds'schen Differenzialgleichung (2-41) führt mit diesen beiden Gleichungen nach Einsetzen und Kürzen zu:

$$\frac{\partial}{\partial x}\left(\frac{\rho_{liq}h^3}{12\eta_{liq}}\frac{\partial p}{\partial x}\right)+\frac{\partial}{\partial y}\left(\frac{\rho_{liq}h^3}{12\eta_{liq}}\frac{\partial p}{\partial y}\right)=\frac{(U_1+U_2)}{2}\frac{\partial(\theta\rho_{liq}h)}{\partial x}+\frac{\partial(\theta\rho_{liq}h)}{\partial t} \qquad (2\text{-}54)$$

Dabei gilt im Überdruckgebiet

$$p>p_{cav} \qquad \text{und} \qquad \theta=1 \qquad (2\text{-}55)$$

sowie im Kavitationsgebiet:

$$p = p_{cav} \qquad \text{und} \qquad \theta < 1 \qquad\qquad (2\text{-}56)$$

Gl. (2-54) ist analog wie Gl. (2-52) lösbar, da im Überdruckgebiet die Dichte ρ_{liq} bzw. die Viskosität η_{liq} und im Kavitationsgebiet der Druck p_{cav} = konst. bekannt sind. Die gesuchte Größe ist im Überdruckgebiet der Druck p und im Kavitationsgebiet der Spaltfüllungsgrad θ. Diese Formulierung weist, neben der Realisierung eines masseerhaltenden Kavitationsmodells, weitere Vorteile auf [20]. So kann eine mögliche Berücksichtigung der Druckabhängigkeit der Dichte, im Gegensatz zum linearen Ansatz in Gl. (2-45), durch beliebige Modelle beschrieben werden (siehe Kapitel 6.1). Außerdem gestattet Gl. (2-54) die Berechnung von Wälzkontakten bei Mangelschmierung (starved lubrication), indem im Einlaufbereich die verfügbare Ölfilmhöhe vorgegeben wird [149]. Der lokale Spaltfüllungsfaktor entspricht dann dem Verhältnis aus lokaler Ölfilmhöhe und Spaltweite und ist im Überdruckgebiet θ = 1 bzw. außerhalb $\theta < 1$.

Alle zuvor beschriebenen masseerhaltenden Kavitationsalgorithmen gehen von einem konstanten Druck im Kavitationsgebiet aus und stellen lediglich ein Gleichgewicht zwischen Fluid- und Gas/Dampfphase her, ohne zu beschreiben, wie die Phasen verteilt sind und wie die Gas/Dampfphase entsteht bzw. wieder abgebaut wird. Diesbezügliche Verbesserungen sind möglich, wenn Modelle verwendet werden, die z.B. bläschendynamische Vorgänge [33], [54], [61], [104], thermodynamisches Gleichgewicht (thermisches und/oder Phasengleichgewicht) [141] oder thermisches Gleichgewicht und bläschendynamische Vorgänge berücksichtigen [134]. Inwieweit die genannten Modelle für alle Spaltströmungen geeignet sind, muss im Einzelnen geklärt werden.

Häufige Verwendung bei Gleitlagern finden bläschendynamische Modelle zur Beschreibung von Gaskavitation. Motiviert durch die Änderung der Tragfähigkeit von Gleitlagern durch Ölverschäumung wurden in [114] Modellgrundlagen erarbeitet, die z.B. in [1], [61] oder [104] zur Anwendung kommen. Dabei wird für das Öl-Luft-Gemisch eine Mischviskosität und Mischdichte in Abhängigkeit vom Blasenanteil r berechnet, wobei Versuche in [114] zeigten, dass Dichte und Viskosität durch gelöste Luft praktisch nicht beeinflusst werden, sondern vorrangig durch ungelöste Luft in Form von Blasen. Einfluss haben hier der Blasenanteil, der Blasendurchmesser, die Oberflächenspannung der Blasen und die Reibungsschubspannungen im Schmierspalt. Sind die Schubspannungen wesentlich größer als die Oberflächenspannungen gilt für die Mischviskosität in guter Näherung

$$\eta_{mix} = \theta \cdot \eta_{liq} = \left(\frac{1}{1+r}\right) \cdot \eta_{liq} \qquad\qquad (2\text{-}57)$$

und für die Mischdichte unter Vernachlässigung der Luftmasse (siehe Gl. (2-51)):

$$\rho_{mix} = \theta \cdot \rho_{liq} = \left(\frac{1}{1+r}\right) \cdot \rho_{liq} \qquad\qquad (2\text{-}58)$$

Der Blasenanteil r lässt sich mit den Gesetzen von HENRY-DALTON und BOYLE-MARIOTT folgendermaßen berechnen:

$$r = r_0 \cdot \frac{\overline{T} \cdot p_0}{T_0 \cdot p} - \alpha \cdot \frac{T_0 \cdot p - \overline{T} \cdot p_0}{T_0 \cdot p} \qquad (2\text{-}59)$$

Für den Spaltfüllungsgrad kann dann geschrieben werden:

$$\theta = \frac{1}{1+r} = \frac{T_0 \cdot p}{(1-\alpha) \cdot T_0 \cdot p + (r_0 + \alpha) \cdot \overline{T} \cdot p_0} \qquad (2\text{-}60)$$

Dabei ist r_0 der eventuell schon vorhandene Blasenanteil im zugeführten Öl, p_0 der absolute Umgebungs- bzw. Ölzuführdruck, p der absolute lokale Druck im Schmierfilm, T_0 die absolute Umgebungstemperatur, $\overline{T}$ die über der lokalen Spalthöhe gemittelte absolute Temperatur und α der Bunsenkoeffizient. Weitergehende Ausführungen zu den obigen Gleichungen können [61], [104] und [114] entnommen werden. Wird die Reynolds'sche Differenzialgleichung (2-54) unter Berücksichtigung des so formulierten Spaltfüllungsgrades gelöst, kann eine Druckverteilung über dem gesamten Spalt berechnet werden, ohne dass zusätzliche Kavitationsrandbedingungen zu berücksichtigen sind, da im Kavitationsgebiet kein konstanter Kavitationsdruck p_{cav} als Randbedingung vorgegeben werden muss, sondern ein sich lokal unterschiedlicher Kavitationsdruck selbständig einstellt.

Welche Auswirkungen zwei unterschiedliche masseerhaltende Kavitationsmodelle auf die absolute Druckverteilung in einem Zweikeil-Taschenlager (Zitronenlager) haben, zeigt Bild 2-3. Verglichen werden der JFO-Algorithmus in der Umsetzung von ELROD (kompressibles Fluid) und das zuvor beschriebene bläschendynamische Modell. Es ist zu erkennen, dass die Drücke in den beiden Überdruckgebieten nur bei den Maximalwerten gering differieren, ansonsten aber weitestgehend deckungsgleich sind. Interessanter sind die Verläufe in den beiden Kavitationsgebieten, da hier erkennbar wird, dass das bläschendynamische Modell im Gegensatz zu ELROD keine konstanten, sondern wesentlich realistischer, lokal unterschiedliche Kavitationsdrücke liefert, die stellenweise sogar Unterdrücke von fast 1 bar erreichen. Offen bleibt die Frage der Übertragbarkeit dieses bläschendynamischen Modells auf andere Tribosysteme, wie z.B. konzentrierte EHD-Kontakte, mit ihren wesentlich höheren Schmierfilmdrücken und Druckgradienten.

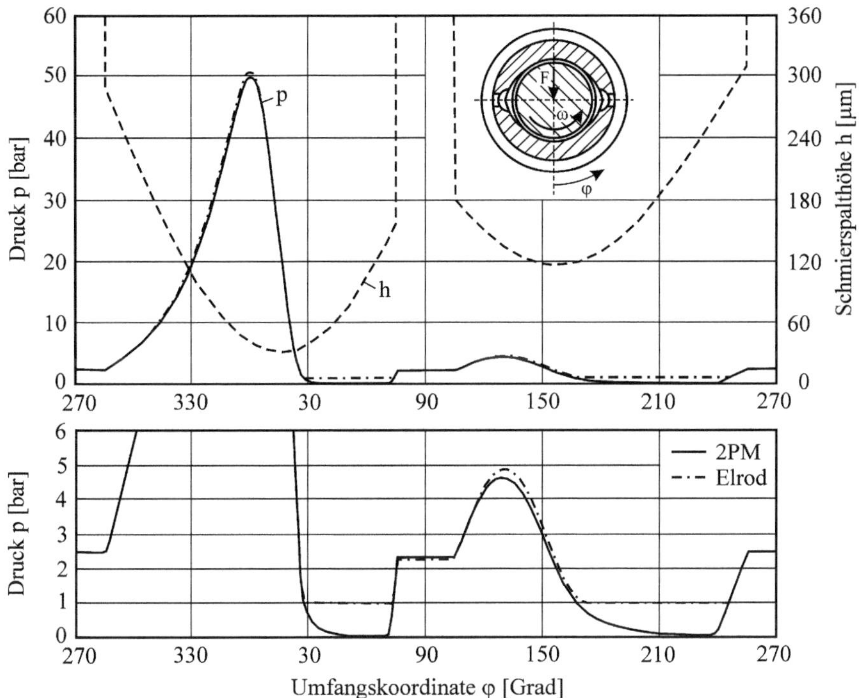

Bild 2-3: Druck- und Spaltweitenverteilung in einem Zweikeil-Taschenlager in Abhängigkeit vom verwendeten Kavitationsmodell nach [104]
($\bar{p}$ = 1.5 MPa, n = 4000 min^{-1}, 2PM: 2-Phasen-Modell → bläschendynamisches Modell)

3 Raue Oberflächen

Technische Oberflächen sind nicht ideal glatt, sondern rau. Die Rauheit (Mikrogeometrie) der Oberflächen resultiert aus der Bearbeitung der Oberflächen bei der Fertigung und aus dem Verschleiß der Oberflächen bei der tribologischen Beanspruchung. Dadurch bedingt berühren sich raue Oberflächen nur in der realen Kontaktfläche A_c in Form von diskreten Mikrokontakten (siehe Kapitel 3.1), verbunden mit hohen lokalen Werkstoffbeanspruchungen (siehe Kapitel 3.2). Weiterhin beeinflussen die Rauheiten in geschmierten Tribosystemen die Schmierfilmbildung. Dabei zeigt sich, dass der Einfluss der Oberflächenmikrogeometrie, beginnend in der Flüssigkeitsreibung, mit weiter abnehmender Spalthöhe zunimmt. Je nach Mikrostruktur und deren Orientierung zur Strömungsrichtung kann die hydrodynamische Tragwirkung eines Tribosystems durch mikrohydrodynamische Effekte gesteigert oder gemindert werden (siehe Kapitel 3.3). Dies gestattet es, durch gezielte Mikrostrukturierungsmaßnahmen das Reibungs- und Verschleißverhalten von tribologisch hoch belasteten Kontakten zu verbessern.

3.1 Kontakt rauer Oberflächen

Zur Ermittlung der realen Kontaktfläche und der realen Mikrokontaktdrücke stehen Kontaktmodelle mit unterschiedlicher Modellierungstiefe und Aussagegenauigkeit zur Verfügung. Den einfachsten Modellen liegen idealisierte Geometrien der Rauheiten in Form von Kugeln, Ellipsen oder Pyramiden und eine statistische Mittelung der unterschiedlichen Rauheiten auf gleich große Rauheiten zugrunde. Weiterhin werden deformative Wechselwirkungen zwischen den Rauheiten vernachlässigt [4], [62], [63].

Mit fortschreitender Rechnerleistung wurde die Umsetzung von Kontaktmodellen möglich, die eine dreidimensionale Erfassung der Kontaktverhältnisse unter Berücksichtigung realer Oberflächen und deformativer Wechselwirkungen zwischen den Rauheiten gestatten [131], [146]. Diese können im Wesentlichen in Halbraummodelle (Nachgiebigkeitsmatrix-Methode) und FEM-Modelle (Methode der Langrange'schen Multiplikatoren, Penalty-Verfahren, Augmented-Langrange-Verfahren) unterschieden werden [148]. In der Tribologie ist aktuell die Verwendung von Halbraummodellen weit verbreitet. Dies liegt darin begründet, dass bei den Halbraummodellen zweidimensionale Berechnungsnetze, bei den FEM-Modellen dagegen dreidimensionale Berechnungsnetze (Vernetzung mit Volumenelementen) zu generieren sind. Dadurch ist es mit Halbraummodellen möglich, bei gleicher Rechenzeit entweder größere repräsentative Ausschnitte der rauen Oberflächen oder auch schon den gesamten rauen Kontakt vollständig abbilden zu können (z.B. bei konzentrierten EHD-Kontakten). Es sollte allerdings nicht verschwiegen werden, dass dieser Vorteil häufig mit einem Genauigkeitsverlust verbunden ist. Da für die FEM-Formulierung von Kontaktproblemen eine Vielzahl von kommerziellen FEM-Programmen zur Verfügung stehen, soll hier auf diese nicht näher eingegangen werden. Bei Bedarf können weitere Informationen [148] entnommen werden. Gegenstand der nachfolgenden Ausführungen soll die Halbraum-Formulierung sein, da diese häufig mit vertretbarem Aufwand selbst umgesetzt werden kann.

Grundlage der Halbraummodelle ist der elastische Halbraum [83], der einen endlichen elastischen Körper in eine halbunendliche Betrachtungsweise überführt und die Auswirkungen einer angreifenden Punktlast auf das sich einstellende Spannungs- und Verschiebungsfeld beschreibt (siehe Bild 3-1).

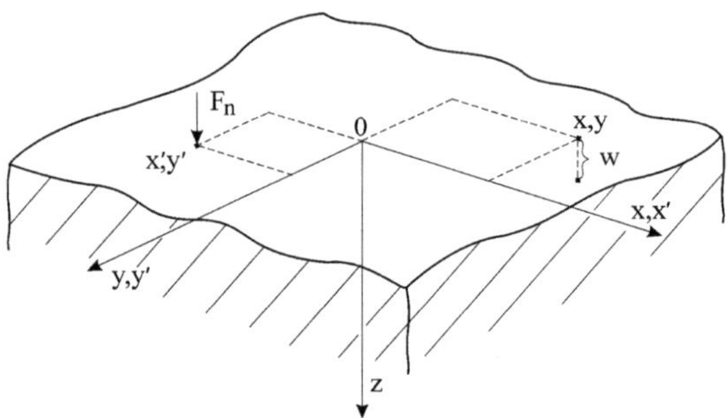

Bild 3-1:   Punktlast auf den elastischen Halbraum

Der klassische Ansatz zur Lösung hierfür ist die Anwendung der Potenzialtheorie. Diese wird allgemein durch die Laplace'sche Potenzialgleichung beschrieben. BOUSSINESQ erarbeitete Potenzialgleichungen für den elastischen Halbraum, die die Laplace'sche Potenzialgleichung erfüllen [24]. Die Boussinesq-Gleichung lautet für die z-Verschiebung eines Oberflächenpunktes an der Stelle (x, y) durch eine angreifende Punktlast an der Stelle (x',y') in kartesischen Koordinaten:

$$w_{el}(x,y) = \frac{(1-v^2)}{\pi \cdot E} \cdot \frac{F_n(x',y')}{\sqrt{(x-x')^2 + (y-y')^2}} \tag{3.1}$$

Werden die Punkt- in Flächenlasten überführt, kommt es bei einer verteilten Anordnung mehrerer Flächenlasten, die alle einen Anteil an der Verschiebung des Punktes an der Stelle (x,y) liefern, zu einer gegenseitigen Beeinflussung der Verschiebungsfelder benachbarter Flächenlasten. Es ist daher folgende Integralgleichung zu lösen, die im Ergebnis das aus allen Flächenlasten resultierende Verschiebungsfeld liefert:

$$w_{el}(x,y) = \frac{(1-v^2)}{\pi \cdot E} \iint\limits_{(\Omega)} \frac{p(x',y')dx'dy'}{\sqrt{(x-x')^2 + (y-y')^2}} \tag{3.2}$$

Da eine analytische Lösung der Gl. (3.2) nicht vorliegt, wird eine numerische Lösung notwendig. Hierzu wird entsprechend Bild 3-2 die Oberfläche in M×N rechteckige Elemente diskretisiert, deren Seitenlängen Δx bzw. Δy betragen. Jedem dieser Elemente wird ein

Höhenwert der Oberfläche zugewiesen, sodass die Säulen mit der Grundfläche $\Delta x \cdot \Delta y$ und dem zugehörigen Höhenwert einen diskreten Messwert der realen Oberfläche repräsentieren.

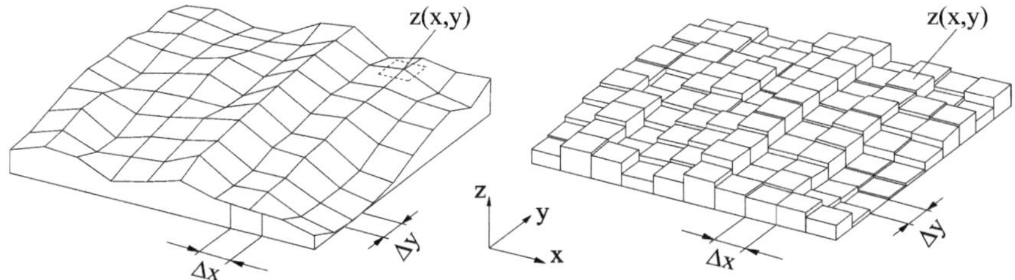

Bild 3-2:   Kontaktmodell – Diskretisierung der Oberfläche in Elemente

Wird Gleichung (3.2) so umgeschrieben, dass man

$$w_{el}(x,y) = \underbrace{\left[\frac{\left(1-v^2\right)}{\pi \cdot E}\iint\limits_{(\Omega)}\frac{dx'dy'}{\sqrt{(x-x')^2+(y-y')^2}}\right]}_{C(x,y,x',y')}\cdot p(x',y') \tag{3.3}$$

erhält, repräsentiert der Klammerausdruck eine Einflusszahl $C(x,y,x',y')$, die den Einfluss des Druckes $p(x',y')$ auf die Verschiebung des Punktes an der Stelle (x,y) beschreibt. Zu beachten ist, dass an der Stelle $(x = x', y = y')$ eine Singularität vorliegt. Die Umgehung des singulären Punktes gelingt auf unterschiedliche Weise. Entweder kann die Druckverteilung über ein Rechteckelement durch überlappende Pyramiden mit rechteckiger bzw. hexagonaler Grundfläche oder durch die Annahme eines gleich großen Druckes über der Rechteckfläche approximiert werden [83]. Dabei zeigt sich, dass bezüglich Genauigkeit und Rechengeschwindigkeit der letzten Variante der Vorzug zu geben ist [47]. Die Wirkung einer konstanten Flächenlast auf den elastischen Halbraum wurde eingehend von LOVE untersucht [101]. Er gibt für die Einflusszahl, die sich aus einem Werkstoff- und einem Abstandsfaktor zusammensetzt, folgende Beziehung an:

$$C(x,y,x',y') = \frac{\left(1-v^2\right)}{\pi \cdot E}\cdot\left\{\begin{array}{l}(x+a)\cdot\ln\left[\dfrac{(y+b)+\sqrt{(y+b)^2+(x+a)^2}}{(y-b)+\sqrt{(y-b)^2+(x+a)^2}}\right]+\\[2.5em](y+b)\cdot\ln\left[\dfrac{(x+a)+\sqrt{(y+b)^2+(x+a)^2}}{(x-a)+\sqrt{(y+b)^2+(x-a)^2}}\right]+\\[2.5em](x-a)\cdot\ln\left[\dfrac{(y-b)+\sqrt{(y-b)^2+(x-a)^2}}{(y+b)+\sqrt{(y+b)^2+(x-a)^2}}\right]+\\[2.5em](y-b)\cdot\ln\left[\dfrac{(x-a)+\sqrt{(y-b)^2+(x-a)^2}}{(x+a)+\sqrt{(y-b)^2+(x+a)^2}}\right]\end{array}\right.
\quad\begin{array}{l}\text{mit}\\[1em]x=|x-x'|\\[1em]y=|y-y'|\\[1em]a=\dfrac{\Delta x}{2}\\[1em]b=\dfrac{\Delta y}{2}\end{array} \tag{3.4}$$

Zur Rechenzeitverkürzung kann in Anlehnung an die Herleitung der Formeln von HERTZ aus den beiden Oberflächen eine Summenoberfläche mit reduziertem Elastizitätsmodul entsprechend Gl. (3.5) gebildet werden, gegen die eine starre Ebene drückt [73]:

$$\frac{1}{E_{red}} = \left[\frac{(1-\nu^2)}{E}\right]_{red} = \frac{(1-\nu_1^2)}{E_1} + \frac{(1-\nu_2^2)}{E_2} \tag{3.5}$$

Im Ergebnis erhält man für jeden Punkt der Summenoberfläche die Summe der Einzelverschiebungen $w_{el,sum}(x,y)$ von beiden Oberflächen:

$$w_{el,sum} = w_{el,1}(x,y) + w_{el,2}(x,y) \tag{3.6}$$

Die Gleichungen zur Berechnung der elastischen Einzelverschiebungen der beiden Oberflächen ergeben sich mit der Beziehung

$$\frac{w_{el,1}(x,y)}{w_{el,2}(x,y)} = \frac{E_2(1-\nu_1^2)}{E_1(1-\nu_2^2)} \tag{3.7}$$

durch Einsetzen und Umstellen im Nachhinein zu:

$$w_{el,1}(x,y) = \frac{w_{el,sum}(x,y)}{\frac{E_1(1-\nu_2^2)}{E_2(1-\nu_1^2)} + 1} \qquad\qquad w_{el,2}(x,y) = \frac{w_{el,sum}(x,y)}{\frac{E_2(1-\nu_1^2)}{E_1(1-\nu_2^2)} + 1} \tag{3.8}$$

Bisher wurde ausschließlich von einem rein elastischen Werkstoffverhalten der kontaktierenden rauen Oberflächen ausgegangen. Die sich bei Annahme reiner Elastizität einstellenden Kontaktdrücke nehmen aber in den meisten Fällen Größenordnungen an, die die Fließgrenzen der Werkstoffe weit überschreiten würden. Die Implementierung eines elastisch-plastischen Werkstoffverhaltens ist daher notwendig. Die Verformungscharakteristik eines Werkstoffs kann nach Bild 3-3 aus Spannungs-Dehnungs-Kurven ermittelt werden, die sich werkstoffabhängig unterscheiden können und aus Zug- oder Druckversuchen resultieren.

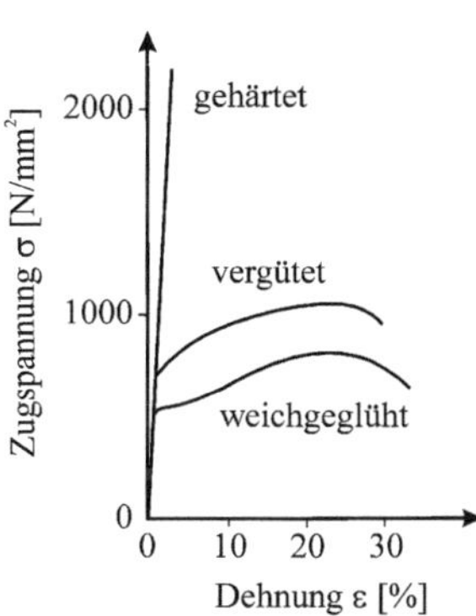

Bild 3-3:   Spannungs-Dehnungs-Kurven aus dem einachsigen Zugversuch [145]

Für die Approximation der Spannungs-Dehnungs-Kurven und damit des elastisch-plastischen Werkstoffverhaltens sind unterschiedlich komplexe Werkstoffmodelle vorhanden (siehe Bild 3-4). Je nach Aufwand können die Spannungs-Dehnungs-Kurven multilinear, bilinear oder linear-nichtlinear angenähert werden. Mit steigender Abbildungsgenauigkeit kann dabei der numerische Aufwand zunehmen.

<u>linearelastisch – multilinearverfestigend</u>

<u>linearelastisch – nichtlinearverfestigend</u>

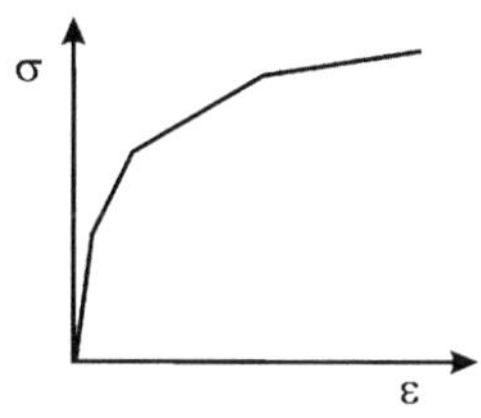

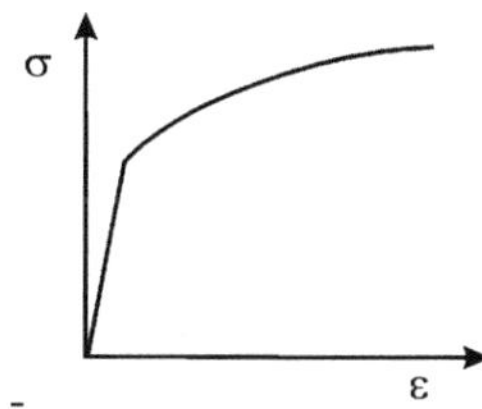

<u>linearelastisch – linearverfestigend</u>

<u>linearelastisch – linearnichtverfestigend</u>
(linearelastisch – idealplastisch)

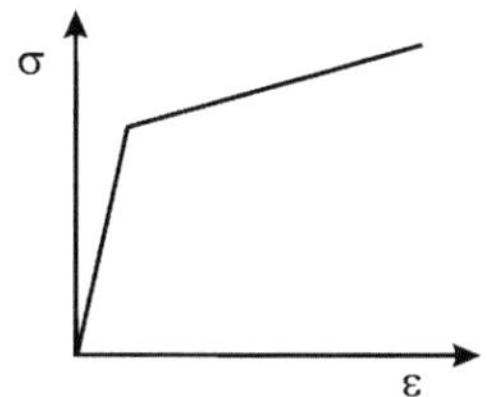

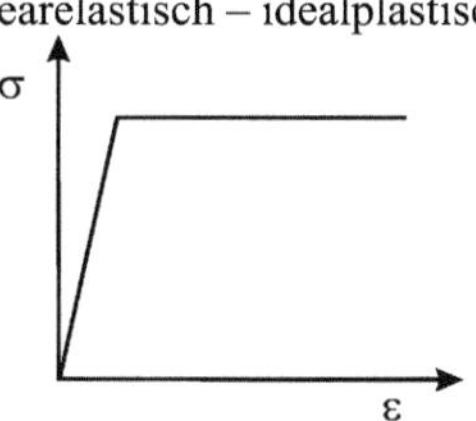

Bild 3-4:   Ausgewählte Werkstoffmodelle zur Beschreibung von Spannungs-Dehnungs-Kurven bzw. des elastisch-plastischen Werkstoffverhaltens [29]

Wird ein linearelastisch-idealplastisches Werkstoffmodell als hinreichend genau angesehen, so kann im Falle des elastischen Halbraums entsprechend Bild 3-5 für die Fließspannung σ_F ein Fließdruck p_{lim} und statt der kritischen Dehnung ε_{cr} eine kritische Verschiebung w_{cr} eingeführt werden. Durch eine Begrenzung der berechneten Kontaktdrücke auf den Fließdruck p_{lim} wird sichergestellt, dass diese Kontaktstellen für eine weitere Lastaufnahme nicht mehr zur Verfügung stehen. Differenzen müssen über eine Vergrößerung der realen Kontaktfläche ausgeglichen werden (siehe Bild 3-7).

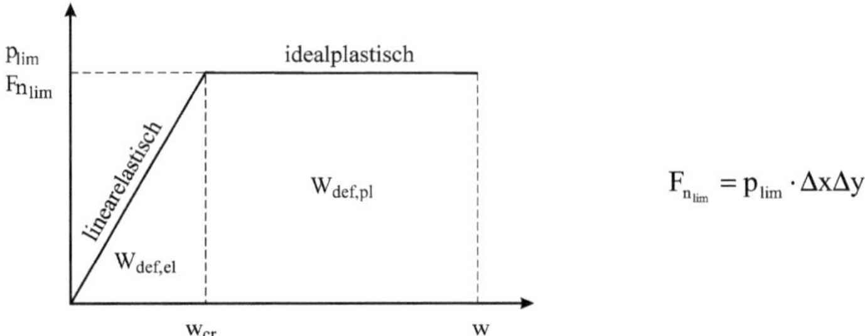

Bild 3-5:   Linearelastisch-idealplastisches Werkstoffverhalten

Gl. (3.3) zeigt, dass zur Lösung des Kontaktproblems entweder die Verschiebungen w(x,y) oder aber die Kontaktdrücke p(x′,y′) bekannt sein müssen. Beides sind jedoch Unbekannte, die gesucht werden. Die eigentliche Aufgabe des vorliegenden Kontaktmodells ist es, eine vorgegebene scheinbare Flächenpressung p_a auf die kontaktierenden Elemente aufzuteilen. Gelöst wird dies durch die Vorgabe der Verschiebungen w(x,y) und eine anschließende Berechnung der zugehörigen Kontaktdrücke p(x′,y′), wobei diese erforderlichenfalls auf den Fließdruck p_{lim} zu begrenzen sind. Da die Verschiebungen w(x,y) aber unbekannt sind, ergibt sich ein iterativer Prozess.

Für das Werkstoffverhalten nach Bild 3-5 kann außerdem die Deformationsarbeit $W_{def,n}$ in Normalenrichtung berechnet werden. Diese Größe ist für die Berechnung der Festkörperreibung auf energetischer Grundlage erforderlich (siehe Kapitel 4.1.1). Treten nur elastische Deformationen auf, ergibt sich für die Arbeit zur Deformation der Summenoberfläche:

$$W_{def,n}(x,y) = W_{def,n,el}(x,y) = \frac{1}{2} \cdot \left(F_n \cdot w_{sum} \right)_{x,y} \qquad \text{wenn} \qquad p(x,y) < p_{lim} \qquad (3.9)$$

Liegen elastisch-plastische Deformationen vor, gilt für die Summenoberfläche folgende Beziehung:

$$W_{def,n}(x,y) = \left(W_{def,n,el} + W_{def,n,pl} \right)_{x,y} = F_{n_{lim}} \cdot \left(w_{sum} - \frac{w_{cr}}{2} \right)_{x,y} \qquad \text{wenn} \qquad p(x,y) = p_{lim}$$

mit

$$W_{def,n,pl}(x,y) = F_{n_{lim}} \cdot \left(w_{sum} - w_{cr} \right)_{x,y} \qquad (3.10)$$

Die Berechnung der kritischen Verformungshöhe $w_{cr}(x,y)$ eines jeden kontaktierenden Elementes, bei der ein Übergang von der linearelastischen zur idealplastischen Verformung stattfindet, erfolgt mit Gl. (3.3), nachdem die Lösung für das Kontaktdruckfeld vorliegt.

Werkstoffkennwerte für den oberflächennahen Bereich

Für die elastisch-plastische Rechnung ist die Kenntnis von Elastizitätsmodul, Querkontraktionszahl und Fließdruck p_{lim}, bei dem der Übergang zur vollplastischen Deformation erfolgt, erforderlich. Elastizitätsmodul und Querkontraktionszahl sind für viele Grundwerkstoffe tabellarisiert. Da sich das Werkstoffverhalten der oberflächennahen Bereiche auf Grund von Verfestigungen aus dem Fertigungsprozess oder der tribologischen Beanspruchung vom Grundwerkstoff unterscheidet, sind die genannten Werkstoffkennwerte für diese veränderten Bereiche in der Regel nicht bekannt, jedoch für das Kontaktverhalten von Oberflächen entscheidend. Da die genannten Kennwerte aus klassischen Prüfverfahren, wie dem einachsigen Zugversuch, nicht bestimmt werden können, muss es das Ziel sein, diese Werte aus Prüfverfahren für den oberflächennahen Bereich abzuleiten.

Ein geeignetes Verfahren könnte die Mikrohärteprüfung sein. Es wird daher folgende Vorgehensweise vorgeschlagen. Unter Nutzung der Härteprüfung nach dem Kraft-Eindringtiefen-Verfahren kann die Martenshärte HM (früher Universalhärte HU) bestimmt werden [41]. Die Martenshärte ist das Verhältnis aus Prüfkraft und gedrückter Fläche unter Last. Die Martenshärte berücksichtigt im Gegensatz zu vielen herkömmlichen Härteprüfverfahren sowohl die plastischen als auch die elastischen Verformungen. Durch eine definierte Zunahme der Prüfkraft kann eine Kraft-Eindringtiefen-Kurve in einem Bereich von 0 bis wenige Mikrometer aufgenommen werden (Bild 3-6 links), aus der der Mikrohärteverlauf über der Eindringung bestimmt werden kann (Bild 3-6 rechts). Damit ist es möglich, den zur entsprechenden Annäherung der Oberflächen korrespondierenden Mikrohärtewert als Fließdruck zu verwenden. Dies erscheint zulässig, da Untersuchungen zum Plastizitätsverhalten von Werkstoffen mittels Druckversuche analog einer Härteprüfung zeigten, dass der Fließdruck in guter Näherung der Härte entspricht [11]. Als Eindringkörper ist die Vickerspyramide zu bevorzugen.

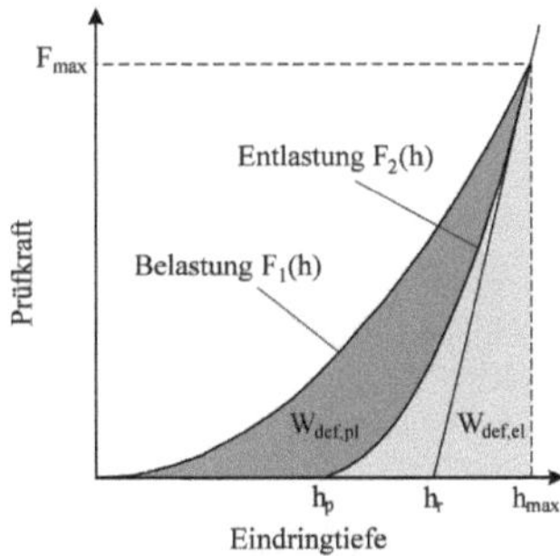

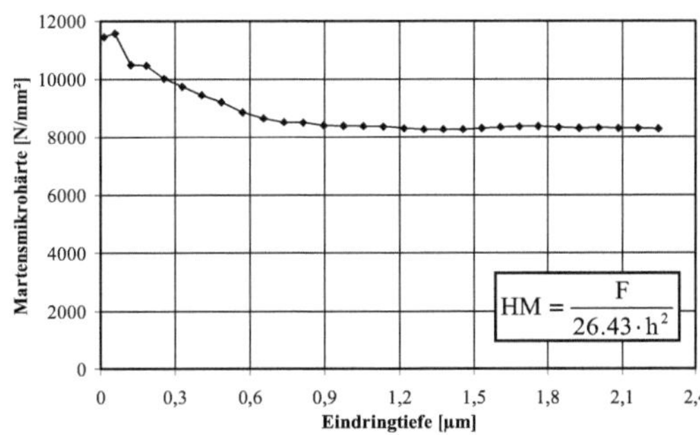

$$HM = \frac{F}{26.43 \cdot h^2}$$

Bild 3-6:   Kraft-Eindringtiefen-Kurve (links) und Verlauf der Martensmikrohärte bei einer oberflächenverfestigten Probe aus 16MnCr5 (rechts)

Bedingungen: F_n = 0.0004 - 1 N / 30 Laststufen / R_z = 0.92 µm / $E/(1-\nu^2)$ = 309,5 GPa

Weiterhin ermöglicht dieses Prüfverfahren die Bestimmung des Verhältnisses $E/(1\text{-}v^2)$ für den oberflächennahen Bereich des Probenwerkstoffes. Die Ermittlung erfolgt durch Anlegen einer Tangente an den ersten linearen Teil des Entlastungsastes (Bild 3-6 links). Die Steigung dieser Tangente ist ein Maß für die Kontaktsteifigkeit der Kontaktpaarung. Mit der Beziehung

$$\frac{1}{E_{red}} = \left[\frac{(1-v^2)}{E}\right]_{red} = 2\sqrt{\frac{A_p}{\pi}}\,\frac{dh}{dF} \tag{3.11}$$

und der Kenntnis von Elastizitätsmodul und Querkontraktionszahl für den Indenterwerkstoff (zumeist Diamant) kann über Gl. (3.5) auf das Verhältnis $E/(1\text{-}v^2)$ der Probe geschlossen werden:

$$\frac{E_{Probe}}{\left(1-v^2_{Probe}\right)} = \frac{1}{2\sqrt{\dfrac{A_p}{\pi}}\,\dfrac{dh}{dF} - \dfrac{\left(1-v^2_{Indenter}\right)}{E_{Indenter}}} \tag{3.12}$$

Auf Grund der Nichtkenntnis von Elastizitätsmodul und Querkontraktionszahl für den oberflächennahen Bereich von Werkstoffen erscheint die Verwendung dieses Verhältnisses sinnvoll, gerade weil der Kehrwert dieses Verhältnisses direkt in Gl. (3.4) bzw. Gl. (3.5) eingeht. Werden in das für die Probe ermittelte Verhältnis $E/(1\text{-}v^2)$ aus der Literatur entnommene Querkontraktionszahlen eingesetzt, kann ein elastischer Eindringmodul $E_{IT} = E$ bestimmt werden, der sich im Gegensatz zum Elastizitätsmodul E (resultiert aus dem einachsigen Zugversuch) aus einer dreiachsigen Beanspruchung ergibt. Vergleichende Untersuchungen zwischen beiden zeigen, dass der Eindringmodul als Maß für den Elastizitätsmodul eine gute Abschätzung darstellt [14], [71].

Zusätzlich können aus der Kraft-Eindringtiefen-Kurve durch Integration die gesamte, die elastische und die plastische Deformationsarbeit bestimmt werden.

$$W_{def,tot} = \int_{0}^{h_{max}} F_1(h)\,dh \qquad W_{def,el} = \int_{h_p}^{h_{max}} F_2(h)\,dh \qquad W_{def,pl} = W_{def,tot} - W_{def,el} \tag{3.13}$$

Welche Unterschiede sich bei rein elastischer und elastisch-plastischer Rechnung für einen rauen Hertz'schen Punktkontakt einstellen, zeigt Bild 3-7. Erwartungsgemäß wird die reale Kontaktfläche bei der elastisch-plastischen Deformation gegenüber der rein elastischen Deformation größer. Dies wird durch eine größere Annäherung der Körper erreicht, was im vorliegenden Beispiel nicht mit einer Zunahme der Mikrokontakte j_c verbunden ist, wie es oft für ebene Oberflächen der Fall ist. Die Unterschiede zwischen der rein elastischen und elastisch-plastischen Rechnung werden mit zunehmenden Rauheiten und abnehmenden Fließgrenzen immer deutlicher. Bei rein elastischer Deformation ist im Vergleich zur elastisch-plastischen Deformation die gegenseitige deformative Beeinflussung der Rauheiten auf Grund der höheren Kontaktdrücke ausgeprägter. Abschließend sei darauf hingewiesen, dass sich nach Bild 3-7 sowohl bei elastischer als auch elastisch-plastischer Rechnung Einzelkontakte auch außerhalb der Hertz'schen Kontaktfläche bilden können.

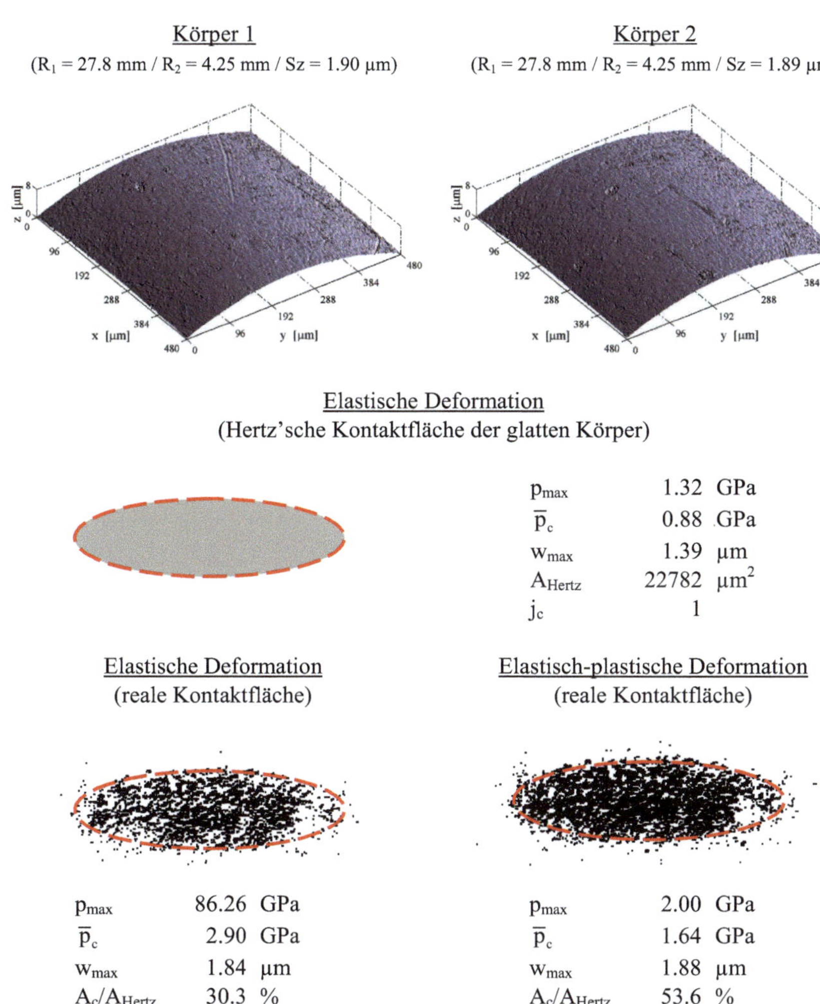

Bild 3-7:   Vergleich von elastischer und elastisch-plastischer Deformation bei einem rauen elliptischen Punktkontakt ($E_{1,2}$ = 210 GPa, $\nu_{1,2}$ = 0.3, F_n = 20 N, p_{lim} = 2 GPa)

Diese gegenseitige Beeinflussung hat zur Folge, dass erhebliche Abweichungen zwischen einer mit dem Kontaktmodell berechneten Materialanteilkurve und einer in Anlehnung an DIN EN ISO 13565-2 geometrisch bestimmten Materialanteilkurve auftreten können [11]. Dies soll anhand von Bild 3-8 verdeutlicht werden.

Für die dargestellte Oberfläche wurde die Tragflächenkurve zuerst rein geometrisch ermittelt. Dazu wurden, ausgehend von der höchsten Profilerhebung bis zum tiefsten Profiltal, 25 Schnittebenen in das Profil gelegt und der sich bei jeder Schnittlage ergebende prozentuale Materialtraganteil bestimmt. Um neben der Oberflächenmikrogeometrie auch den Einfluss des Werkstoffs auf die Ausbildung der Kontaktfläche (Materialtraganteil) zu erfassen, erfolgten anschließend Rechnungen, bei denen dem Werkstoff ein unterschiedliches elastisch-plastisches Werkstoffverhalten durch verschiedene $p_{lim}/[E/(1\text{-}v^2)]$-Verhältnisse zugewiesen wurde. Gegen die Oberfläche wurde eine starre Ebene gedrückt, deren Annäherung entsprechend den Schnittlagen der Schnittebenen erfolgte.

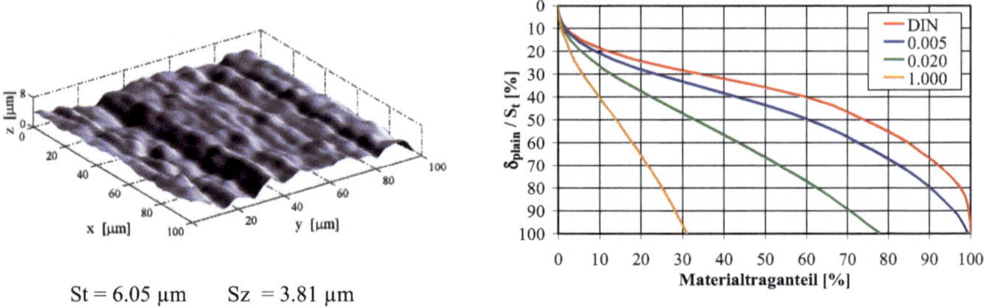

St = 6.05 µm   Sz = 3.81 µm

Bild 3-8:   Vergleich des Tragverhaltens einer rauen Oberfläche für unterschiedliche $p_{lim}/[E/(1\text{-}v^2)]$-Verhältnisse

Es zeigt sich, dass der Unterschied zur „geometrischen" Tragflächenkurve bei rein elastischer Deformation ($p_{lim}/[E/(1\text{-}v^2)] = 1$) am deutlichsten ausfällt. Der sich ergebende Materialtraganteil ist im Vergleich zur „geometrischen" bei gleicher Lage von starrer Ebene und Schnittebene immer kleiner. Erreicht die „geometrische" Tragflächenkurve einen Materialtraganteil von 100%, liefert die Rechnung erst einen Traganteil von 31%. Eine annähernde Übereinstimmung wird erzielt, wenn die elastischen Eigenschaften des Werkstoffs gegen Null gehen ($p_{lim}/[E/(1\text{-}v^2)] = 0.005$).

Weisen Werkstoffe einen E-Modul auf, so geht jeder plastischen Verformung eine elastische Verformung voraus. Dies bewirkt je nach Oberflächenmikrogeometrie und Elastizität des Werkstoffs eine mehr oder weniger starke gegenseitige Beeinflussung der Rauheiten.

3.2   Werkstoffbeanspruchung

Beim Kontakt rauer Oberflächen tribotechnischer Systeme kommt es in der Kontaktebene durch die Einwirkung von Normal- und Reibungskräften zur Ausbildung von Spannungsfeldern an und unterhalb der Oberflächen der Reibkörper. Überschreiten diese Spannungen lokal zulässige Werkstoffkennwerte kommt es lokal zu einem Werkstoffversagen, was sich in einem Verschleiß der Reibkörper äußert. Bei einem „globalen" Überschreiten der zulässigen Werte ist dagegen mit einem vollständigen Bauteilversagen zu rechnen. Die Überprüfung auf Bauteilversagen ist Gegenstand der klassischen Festigkeitslehre.

Wird an einem Punkt im Spannungsfeld ein infinitesimales Werkstoffvolumen betrachtet (siehe Bild 3-9 links), so können an den Flächen dieses Volumenelementes im Fall des allgemeinen räumlichen dreiachsigen Spannungszustands 9 Spannungen (3 Normalspannungen und 6 Tangential-/Schubspannungen) angetragen werden, von denen 3 Tangentialspannungen symmetrisch zueinander sind, sodass der allgemeine räumliche Spannungszustand durch 6 voneinander unabhängige Spannungen ausreichend charakterisiert ist.

Allgemeiner räumlicher Spannungszustand   Hauptnormalspannungszustand

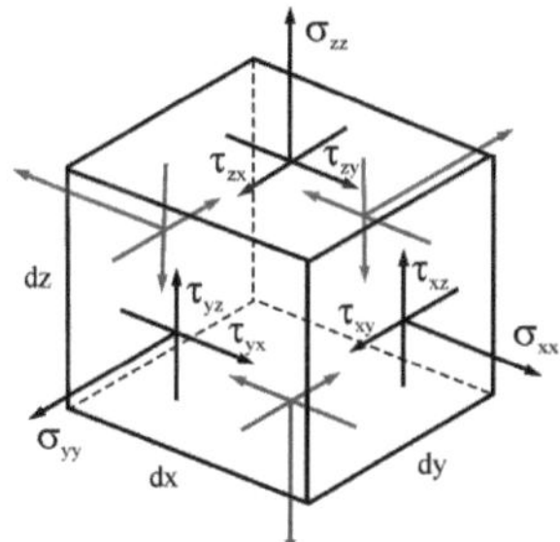
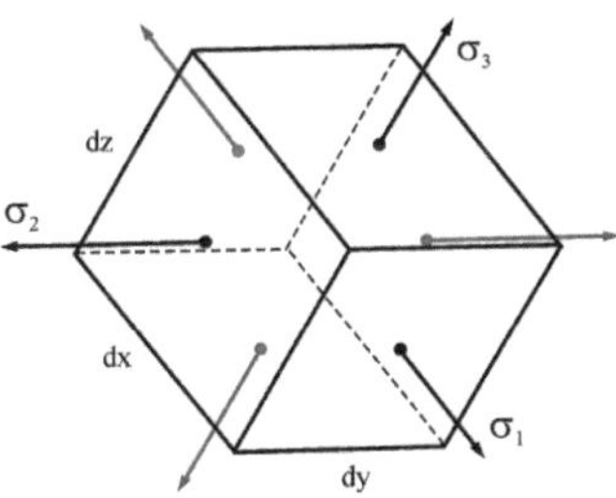

Bild 3-9:   Darstellung der Spannungen an einem Werkstoffvolumenelement

Die im Bild 3-9 links am Volumenelement angreifenden Spannungen können mathematisch als Spannungsmatrix S geschrieben werden:

$$S = \begin{bmatrix} \sigma_{xx} & \tau_{xy} & \tau_{xz} \\ \tau_{yx} & \sigma_{yy} & \tau_{yz} \\ \tau_{zx} & \tau_{zy} & \sigma_{zz} \end{bmatrix} \quad \text{mit} \quad \tau_{xy} = \tau_{yx} \qquad \tau_{xz} = \tau_{zx} \qquad \tau_{yz} = \tau_{zy} \qquad (3.14)$$

Je nach Drehung/Orientierung des Werkstoffvolumenelementes im Bild 3-9 links ergeben sich zahlenwertmäßig 9 andere Spannungen an den Flächen des Volumenelementes, die aber weiterhin den gleichen Spannungszustand an diesem Punkt repräsentieren. Für jedes Volumenelement kann dadurch eine Orientierung gefunden werden, bei der nur noch Normalspannungen wirken und die Schubspannungen zu Null werden. Dieser Zustand wird Hauptnormalspannungszustand genannt (Bild 3-9 rechts). Von den drei Hauptspannungen stellt eine die maximal und eine die minimal auftretende Normalspannung am betrachteten Punkt dar. Ausgehend von dieser Orientierung liefert eine 45°-Drehung des Werkstoffelementes um die Achse, in deren Richtung nicht die maximale oder die minimale Normalspannung wirkt, den Fall, bei dem die Schubspannung ein Maximum annimmt.

Die Hauptnormalspannungen σ sind die Eigenwerte der Spannungsmatrix S. Diese ergeben sich für den Fall, dass die Determinante in Gl. (3.15) Null wird, wobei E die 3×3 Einheitsmatrix ist:

$$\det|S - \sigma \cdot E| = \begin{vmatrix} (\sigma_{xx} - \sigma) & \tau_{xy} & \tau_{xz} \\ \tau_{yx} & (\sigma_{yy} - \sigma) & \tau_{yz} \\ \tau_{zx} & \tau_{zy} & (\sigma_{zz} - \sigma) \end{vmatrix} = 0 \qquad (3.15)$$

Obige Gleichung führt durch Ausmultiplizieren auf eine kubische Gleichung dritten Grades

$$-\sigma^3 + I_1 \cdot \sigma^2 - I_2 \cdot \sigma + I_3 = 0 \qquad (3.16)$$

mit den Invarianten I_1, I_2, und I_3 der Spannungsmatrix, die am betrachteten Punkt für jede beliebige Orientierung des Volumenelementes denselben Wert annehmen.

$$I_1 = \sigma_{xx} + \sigma_{yy} + \sigma_{zz}$$

$$I_2 = \sigma_{xx}\sigma_{yy} + \sigma_{yy}\sigma_{zz} + \sigma_{zz}\sigma_{xx} - \tau_{xy}^2 - \tau_{yz}^2 - \tau_{zx}^2 \qquad (3.17)$$

$$I_3 = \sigma_{xx}\sigma_{yy}\sigma_{zz} + 2\tau_{xy}\tau_{yz}\tau_{zx} - \sigma_{xx}\tau_{yz}^2 - \sigma_{yy}\tau_{zx}^2 - \sigma_{zz}\tau_{xy}^2$$

Die Ermittlung der Eigenwerte der Spannungsmatrix S, und damit der Hauptnormalspannungen, gelingt mittels Gl. (3.16) und der Cardano'schen Formeln [27] bzw. numerisch mittels Gl. (3.14) und des Jacobi-Verfahrens.

Vergleichsspannungshypothesen (Festigkeitshypothesen)
Mit der Kenntnis der Hauptnormalspannungen und der maximalen Schubspannung gelingt es nun, die Werkstoffbeanspruchung am betrachteten Punkt zu beurteilen. Dazu ist es erforderlich, eine zulässige Beanspruchungsgrenze zu formulieren, oberhalb derer es zum Werkstoffversagen kommt. Hierzu wird eine virtuelle einachsige Spannung eingeführt, die als Vergleichsspannung bezeichnet wird. Diese Vergleichsspannung soll dieselbe Wirkung auf das Werkstoffvolumen ausüben, wie der tatsächliche räumliche dreiachsige Spannungszustand. Hintergrund dieser Vorgehensweise ist, dass viele Festigkeitskenngrößen der Werkstoffe aus Versuchen mit einachsiger Beanspruchung gewonnen werden. Je nach Beanspruchungsart (statisch oder dynamisch) und Werkstoffverhalten (spröde oder duktil) können unterschiedliche Versagensmechanismen auftreten (Trenn-/Sprödbruch, Gleitbruch, Dauerbruch, plastische Deformation), sodass die berechneten Vergleichsspannungen mit Bruchfestigkeiten, Wechselfestigkeiten oder Fließgrenzen zu vergleichen sind. Die drei bekanntesten Vergleichsspannungshypothesen, die den Versagensmechanismus als Kriterium beinhalten, sind nachfolgend aufgeführt.

Hauptnormalspannungshypothese nach RANKINE
Führt Trennbruch (Sprödbruch) ohne vorheriges plastisches Fließen zum Versagen, kann die Vergleichsspannung unter der Annahme, dass die größte Hauptnormalspannung am kritischsten ist, folgendermaßen ermittelt werden:

$$\sigma_{VN} = \max\left(|\sigma_1|, |\sigma_2|, |\sigma_3|\right) \leq \sigma_{zul} \qquad (3.18)$$

Schubspannungshypothese nach TRESCA

Bei Versagen durch Gleitbruch mit vorherigem plastischem Fließen ist nach dieser Hypothese der doppelte Wert der maximalen Hauptschubspannung für das Versagen maßgebend. Die Vergleichsspannung entspricht der größten Hauptnormalspannungsdifferenz.

$$\sigma_{VS} = 2\tau_{max} = \max\left(\left|\sigma_1 - \sigma_2\right|, \left|\sigma_2 - \sigma_3\right|, \left|\sigma_3 - \sigma_1\right|\right) \leq \tau_{zul} \tag{3.19}$$

Gestaltänderungsenergiehypothese nach HUBER *und* VON MISES

Die am häufigsten verwendete Hypothese ermittelt die Vergleichsspannung, die dieselbe Arbeit zur Gestaltänderung des Volumenelements erfordert, wie die tatsächliche dreiachsige Beanspruchung. Sie wird angewendet, wenn ein Versagen durch plastisches Fließen oder Dauerbruch zu erwarten ist. Mit den Hauptnormalspannungen lautet sie

$$\sigma_{VG} = \sqrt{0.5 \cdot \left[\left(\sigma_1 - \sigma_2\right)^2 + \left(\sigma_2 - \sigma_3\right)^2 + \left(\sigma_3 - \sigma_1\right)^2\right]} \leq \sigma_{zul} \tag{3.20}$$

bzw. mit den Spannungen im allgemeinen räumlichen Spannungszustand:

$$\sigma_{VG} = \sqrt{\sigma_{xx}^2 + \sigma_{yy}^2 + \sigma_{zz}^2 - \sigma_{xx}\sigma_{yy} - \sigma_{yy}\sigma_{zz} - \sigma_{zz}\sigma_{xx} + 3\left(\tau_{xy}^2 + \tau_{yz}^2 + \tau_{xz}^2\right)} \leq \sigma_{zul}$$
$$= \sqrt{0.5 \cdot \left[\left(\sigma_{xx} - \sigma_{yy}\right)^2 + \left(\sigma_{yy} - \sigma_{zz}\right)^2 + \left(\sigma_{zz} - \sigma_{xx}\right)^2\right] + 3\left(\tau_{xy}^2 + \tau_{yz}^2 + \tau_{xz}^2\right)} \leq \sigma_{zul} \tag{3.21}$$

Unbeantwortet blieb bisher die Frage, wie die Spannungen der Spannungsmatrix in Gl. (3.14) berechnet werden können. Wie bei den Kontaktmodellen können auch hier FEM- und Halbraummodelle zum Einsatz kommen. Wird die Kontaktberechnung mit kommerziellen FEM-Programmen durchgeführt, liegen die gesuchten Spannungen der Spannungsmatrix bzw. die gesuchten Vergleichsspannungen bereits als Ergebnis vor. Bei einer Kontaktberechnung auf Basis der Halbraummodellierung sind die entsprechenden Spannungsberechnungen noch nachzuschalten. Für diesen Fall stehen widerrum Halbraummodelle zur Verfügung.

Die Berechnung der Spannungen in einem elastischen Halbraum bei Einwirkung einer Punktlast wurde 1936 erstmalig von MINDLIN vorgestellt [106]. Bei einer verteilten Anordnung von mehreren Punktlasten ergeben sich die Spannungen durch additive Überlagerung am betrachteten Punkt. Die Gleichungen sind grundsätzlich für beliebige raue Kontakte geeignet. Allerdings haben diese den Nachteil, dass bei z = 0 eine Singularität vorliegt. Weitere Lösungen wurden von KARAS für den glatten Linienkontakt oder von HAMILTON und GOODMANN für den glatten Punktkontakt vorgestellt [65], [86]. Eine Lösung für beliebige raue Kontakte, ohne eine Singularität bei z = 0, wurde von LIU und WANG angegeben [98]. Danach bestehen grundsätzlich drei Möglichkeiten die Spannungen zu berechnen.

1. Verwendung der Green'schen Funktion g

$$\sigma(x,y,z) = \iint\limits_{(\Omega)} \left[p(x',y',z=0) \cdot g_p(x-x',y-y',z) + \tau(x',y',z=0) \cdot g_\tau(x-x',y-y',z) \right] dx'dy'$$

$$= p * g_p + \tau * g_\tau$$

$$(3.22)$$

2. Verwendung des Äquivalents der Green'schen Funktion im Frequenzbereich der Frequenz-Antwort-Funktion (Inverse Fouriertransformation IFT)

$$\sigma(x,y,z) = IFT_{mn}\left(\widetilde{\widetilde{p}}\,\widetilde{\widetilde{g}}_p + \widetilde{\widetilde{\tau}}\,\widetilde{\widetilde{g}}_\tau \right) \tag{3.23}$$

3. Verwendung von Einflusszahlen D

$$\sigma(x,y,z) = \iint\limits_{(\Omega)} \left[p(x',y',z=0) \cdot D_p(x-x',y-y',z) + \tau(x',y',z=0) \cdot D_\tau(x-x',y-y',z) \right] dx'dy'$$

$$(3.24)$$

Im Weiteren wird die Berechnung mittels Einflusszahlen näher erläutert. Allgemein soll für die Einflusszahlen gelten:

$$D_{p,\tau}(x,y,z) = \int\limits_{x_-}^{x_+} \int\limits_{y_-}^{y_+} g_{p,\tau}(x,y,z)\,dxdy$$

mit $$(3.25)$$

$$x_+ = x - x' + (\Delta x / 2) \qquad x_- = x - x' - (\Delta x / 2)$$

$$y_+ = y - y' + (\Delta y / 2) \qquad y_- = y - y' - (\Delta y / 2)$$

Mit der Beziehung

$$T_{p,\tau}(x,y,z) \equiv 2\pi \cdot \iint\limits_{(\Omega)} g_{p,\tau}(x,y,z)\,dxdy \tag{3.26}$$

kann für die Einflusszahlen auch geschrieben werden:

$$D_{p,\tau}(x,y,z) = \frac{T_{p,\tau}(x_+,y_+,z) + T_{p,\tau}(x_-,y_-,z) - T_{p,\tau}(x_-,y_+,z) - T_{p,\tau}(x_+,y_-,z)}{2\pi} \tag{3.27}$$

Die Einflusszahlen $D_{p,\tau}$ sind für die Normalbeanspruchung (Kontaktdruck p) und die Tangentialbeanspruchung (Reibungsschubspannung τ) für jede Spannung der Spannungsmatrix getrennt zu ermitteln (z.B. $\sigma_{xx} = p \cdot D_{p,xx} + \tau \cdot D_{\tau,xx}$ oder $\tau_{xy} = p \cdot D_{p,xy} + \tau \cdot D_{\tau,xy}$). Basierend auf den Arbeiten [2], [74] und [85] werden in [98] für $T_{p,\tau}$ folgende Beziehungen angegeben:

$$T_{p,xx}(x,y,z) = -2v \cdot \tan^{-1}\left(\frac{x \cdot y}{R \cdot z}\right) + 2(1-2v) \cdot \tan^{-1}\left[\frac{x}{R+y+z} - \frac{x \cdot z}{R \cdot (R+y)}\right] \tag{3.28}$$

$$T_{p,yy}(x,y,z) = T_{p,xx}(x,y,z) \tag{3.29}$$

$$T_{p,zz}(x,y,z) = -\tan^{-1}\left(\frac{x \cdot y}{R \cdot z}\right) + \frac{x \cdot z}{R \cdot (R+y)} + \frac{y \cdot z}{R \cdot (R+x)} \tag{3.30}$$

$$T_{p,xy}(x,y,z) = (2v-1) \cdot \log(R+z) - \frac{z}{R} \tag{3.31}$$

$$T_{p,xz}(x,y,z) = \frac{-z^2}{R \cdot (R+y)} \tag{3.32}$$

$$T_{p,yz}(x,y,z) = \frac{-z^2}{R \cdot (R+x)} \tag{3.33}$$

$$T_{\tau,xx}(x,y,z) = 2 \cdot \ln(R+y) + z \cdot (1-2v) \cdot \left[\frac{y}{R \cdot (R+z)} + \frac{z}{R \cdot (R+y)}\right] - \frac{2v \cdot x^2}{R \cdot (R+y)} \tag{3.34}$$

$$T_{\tau,yy}(x,y,z) = 2v \cdot \ln(R+y) - z \cdot (1-2v) \cdot \frac{y}{R \cdot (R+z)} - \frac{2v \cdot y}{R} \tag{3.35}$$

$$T_{\tau,zz}(x,y,z) = \frac{-z^2}{R \cdot (R+y)} \tag{3.36}$$

$$T_{\tau,xy}(x,y,z) = \ln(R+x) - z \cdot (1-2v) \cdot \frac{x}{R \cdot (R+z)} - \frac{2v \cdot x}{R} \tag{3.37}$$

$$T_{\tau,xz}(x,y,z) = -\frac{x \cdot z}{R \cdot (R+y)} - \tan^{-1}\left(\frac{x \cdot y}{R \cdot z}\right) \tag{3.38}$$

$$T_{\tau,yz}(x,y,z) = -\frac{z}{R} \tag{3.39}$$

Der Abstand R berechnet sich aus:

$$R = \sqrt{x^2 + y^2 + z^2} \tag{3.40}$$

Weiterhin ist nachfolgender Klammerausdruck in den Gleichungen (3.28), (3.30) und (3.38) bei $z = 0$ durch folgende Beziehung zu ersetzen:

$$\left[\tan^{-1}\left(\frac{x \cdot y}{R \cdot z}\right)\right]_{z=0} = \frac{\pi}{2} \cdot \operatorname{sign}(x \cdot y) \qquad (3.41)$$

Die unter Verwendung der Einflusszahlen und der Gestaltänderungsenergiehypothese nach Gl. (3.21) berechneten Vergleichsspannungsfelder (Spannungszwiebeln) sind für den elliptischen Punktkontakt aus Bild 3-7 für unterschiedliche Reibungszahlen bei glatter und rauer Oberfläche in Bild 3-10 für die yz-Symmetrieschnittebene dargestellt. Zu erkennen ist, dass sich im glatten reibungsfreien Fall (f = 0) ein symmetrisches Spannungsfeld einstellt und das Vergleichsspannungsmaximum unterhalb der Oberfläche liegt. Mit zunehmender Reibung (f > 0) stellt sich eine immer stärkere Unsymmetrie des Spannungsfeldes ein, wobei das Maximum allmählich in Richtung Oberfläche wandert. Für das betrachtete Kontaktbeispiel würde das Maximum mit $\sigma_{VGmax} = 860$ N/mm^2 die Oberfläche bei f = 0.34 erreichen.

Anders sehen die Ergebnisse dagegen bei einer rauen Oberfläche aus. Schon im reibungsfreien Fall bilden sich durch die inhomogene Kontaktdruckverteilung wesentlich höhere Maxima oberhalb der Werkstofffestigkeit vieler Werkstoffe aus, die bereits nahe der Oberfläche liegen. Das Spannungsfeld kann als eine "Überlagerung" von mikrogeometrisch (Rauheiten) und makrogeometrisch (Kontaktkörpergeometrie) bedingten Spannungsfeldern interpretiert werden. Mit zunehmender Reibung wird die oberflächennahe Beanspruchung weiter gesteigert, wobei die Maxima vielfach an der Oberfläche liegen. Die Folge sind oberflächeninduzierte Risse, die bei ungeschmierten Tribosystemen zu kontinuierlichem Abtragverschleiß bzw. bei mischreibungsbeanspruchten Tribosystemen zu Graufleckigkeit (Micropittings) führen können. Überschreiten die Spannungen im makrogeometrisch bedingten Spannungsfeld ebenfalls Werkstofffestigkeiten (z.B. Dauerfestigkeiten), werden dort genauso Risse initiiert, die allmählich zur Oberfläche wandern können. Die Folge sind dann ermüdungsbedingte Grübchenschäden (Pittings). Zu beachten ist, dass für die Beurteilung der Werkstoffbeanspruchung bei rauen Kontakten die Betrachtung der Symmetrieschnittebene allein nicht ausreichend ist. Vielmehr ist das gesamte Volumen unterhalb des Kontaktes auszuwerten.

Die zuvor berechneten Spannungsfelder können zusätzlich mit Eigenspannungsfeldern aus Messungen (röntgenografisch, Bohrloch- oder Ringkernverfahren) und/oder berechneten Wärmespannungsfeldern [99], [100], [126] überlagert werden. Neben dem hier vorgestellten Modell für den unbeschichteten isotropen Halbraum existieren auch Modelle für den beschichteten isotropen Halbraum [98], [126] sowie Modelle für den unbeschichteten und beschichteten anisotropen Halbraum [136], [147], [138], [128]. Außerdem können die berechneten Spannungen zur Ermittlung der Ermüdungslebensdauer von wälzbeanspruchten Kontakten genutzt werden [59]. Für nähere Ausführungen zu den letztgenannten Punkten sei auf die Literatur verwiesen.

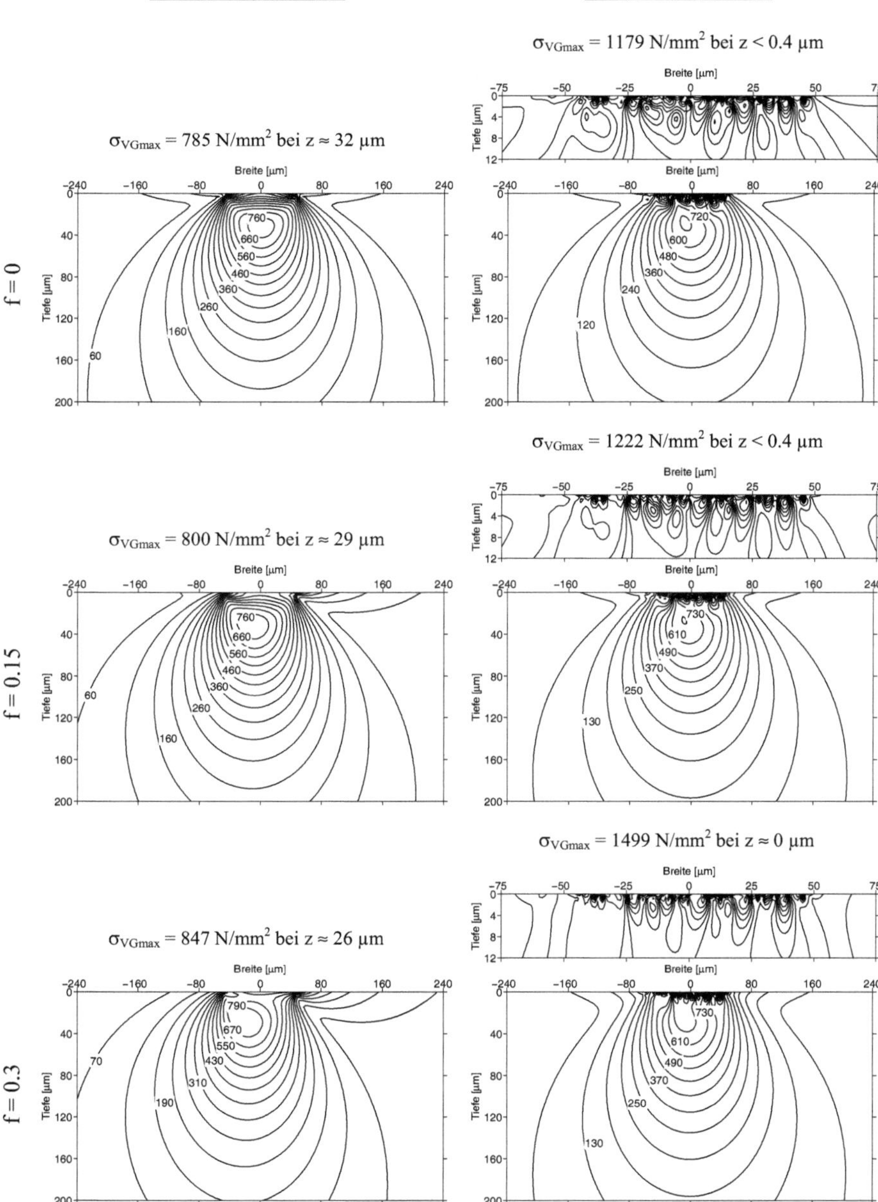

Bild 3-10: Von Mises-Vergleichsspannungen σ_{VG} in der yz-Symmetrieschnittebene für das Kontaktbeispiel aus Bild 3-7 (Darstellung erfolgt für unteren Körper)

3.3   Mikrohydrodynamik rauer Oberflächen

Die geometriebedingte hydrodynamische Druckentwicklung geschmierter Tribosysteme wird bei großen Spalthöhen vorrangig durch die Makrogeometrie der Körper bestimmt. Die Oberflächenmikrogeometrien (Rauheiten) der Körper können hier vernachlässigt werden. Mit abnehmender Spalthöhe wird die makrohydrodynamische Druckentwicklung jedoch immer mehr durch mikrohydrodynamische Effekte an den Rauigkeiten beeinflusst. Je nach Größe der Rauheiten und Ausrichtung der Rauheitsstrukturen zur Strömungsrichtung, kann es zu einer Steigerung oder Minderung der makrohydrodynamischen Druckentwicklung kommen. Gezielte Mikrostrukturierungsmaßnahmen können somit leistungssteigernde oder lebensdauererhöhende Wirkungen zur Folge haben.

Die Berücksichtigung mikrohydrodynamischer Einflüsse auf die Makrohydrodynamik kann grundsätzlich auf zwei Wegen erfolgen. Entweder durch die Beschreibung der Schmierspaltgeometrie (Spaltfunktion) bis in die mikroskopische Ebene hinein (direkte Kopplung) oder durch die Einführung von Korrekturfaktoren (Flussfaktoren) in die Reynolds'sche Differenzialgleichung, wobei die Schmierspaltgeometrie weiterhin auf makroskopischer Ebene beschrieben wird (indirekte Kopplung).

3.3.1   Direkte Kopplung von Mikro- und Makrohydrodynamik

Die direkte Kopplung ist wegen der erforderlichen hohen Rechenzeiten aktuell nur für kleinere Kontaktflächen darstellbar, wie sie z.B. bei konzentrierten EHD-Kontakten auftreten. Erste Umsetzungen der direkten Kopplung unter isothermen Bedingungen wurden mit synthetischen Rauheiten von CHANG [34], für reale Rauheiten von JIANG ET AL. [82], HU und ZHU [75] oder REDLICH [118] bzw. unter nicht-isothermen Bedingungen für reale Rauheiten von CHANG und FARNUM [35], XU und SADEGHI [151], SOLOVYEV [133] oder SCHOLZ [129] vorgestellt.

Die Berücksichtigung der rauen Oberflächen erfordert die Erweiterung der makrogeometrischen Spalthöhendefinition für glatte Oberflächen. Dazu werden der nominellen Spalthöhe h der glatten Oberflächen die lokalen Rauheitsamplituden $\delta_{1,2}(x,y)$ entsprechend Bild 3-11 oben so überlagert, dass der Abstand der Mittellinien der Rauheitsprofile der nominellen Spalthöhe entspricht:

$$h_\delta(x,y) = h + \delta_1(x,y) + \delta_2(x,y) \tag{3.42}$$

Die Spalthöhendefinition nach Gl. (3.42) ist nur für starre Oberflächen gültig. Sollen deformationsbedingte Spaltaufweitungen, wie sie aus hydrodynamischen und/oder Festkörperkontaktdrücken resultieren, möglich sein, ist die Spalthöhendefinition für starre Oberflächen um die lokalen Verformungen $w_{1,2}(x,y)$ entsprechend Bild 3-11 unten zu erweitern:

$$h_{\delta w}(x,y) = h + \delta_1(x,y) + \delta_2(x,y) + w_1(x,y) + w_2(x,y) \tag{3.43}$$

Die Verformungen $w_{1,2}(x,y)$ lassen sich z.B. durch Kopplung mit dem Halbraummodell in Kapitel 3.1 bestimmen. Durch Zusammenfassen der lokalen Rauheitsamplituden und Verformungen entsprechend

$$\delta_{w1}(x,y) = \delta_1(x,y) + w_1(x,y) \tag{3.44}$$

$$\delta_{w2}(x,y) = \delta_2(x,y) + w_2(x,y) \tag{3.45}$$

lässt sich für die Spalthöhendefinition auch kürzer schreiben:

$$h_{\delta w}(x,y) = h + \delta_{w1}(x,y) + \delta_{w2}(x,y) \tag{3.46}$$

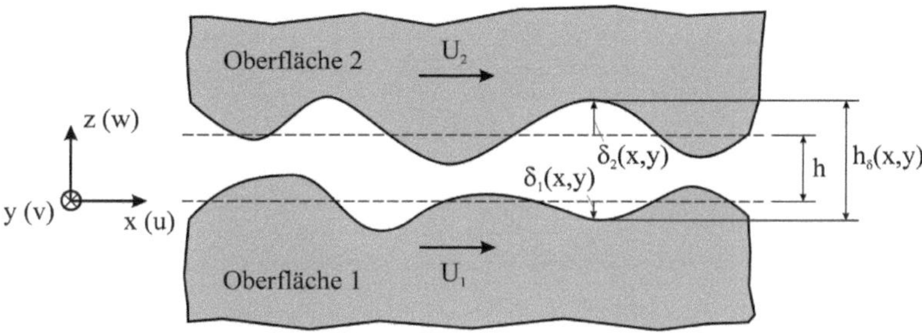

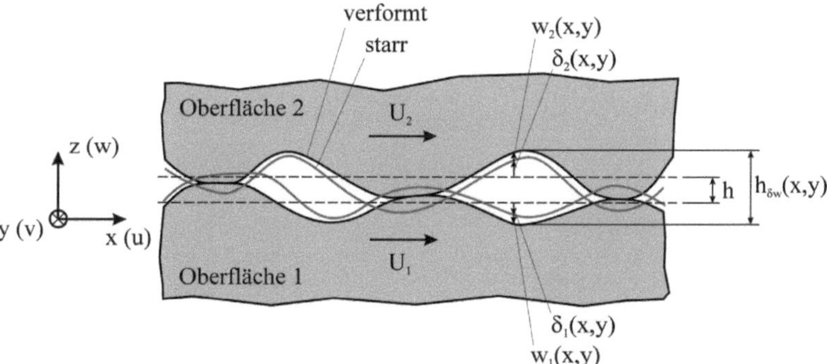

Bild 3-11: Definition der Spalthöhe bei rauen starren Oberflächen (oben) und rauen verformbaren Oberflächen (unten)

Mit der Spalthöhendefinition nach Gl. (3.46) kann die Druckentwicklung aufgrund von Makro- und Mikrohydrodynamik für starre oder verformbare Oberflächen grundsätzlich mit jeder Form der verallgemeinerten Reynolds'schen Differenzialgleichung beschrieben werden (siehe Kapitel 2). Für Gl. (2-40) gilt so z.B. unter Berücksichtigung von masserhaltender Kavitation (siehe Kapitel 2.3.2):

$$\frac{\partial}{\partial x}\left(\frac{\rho_{liq}h_{\delta w}^3}{12\eta_{liq}}\frac{\partial p}{\partial x}\right)+\frac{\partial}{\partial y}\left(\frac{\rho_{liq}h_{\delta w}^3}{12\eta_{liq}}\frac{\partial p}{\partial y}\right)=\frac{(U_1+U_2)}{2}\frac{\partial(\theta\rho_{liq}h_{\delta w})}{\partial x}+$$

$$\frac{(V_1+V_2)}{2}\frac{\partial(\theta\rho_{liq}h_{\delta w})}{\partial y}+\frac{\partial(\theta\rho_{liq}h_{\delta w})}{\partial t} \tag{3-47}$$

Liegt ein stationär belastetes Tribosystem mit einem glatten bewegten Körper und einem rauen stehenden Körper vor, genügt es, die Reynolds'sche Differenzialgleichung ohne Berücksichtigung des Verdrängungsterms zu verwenden [118], [133]. Werden beide Körper als rau betrachtet, ist die Reynolds'sche Differenzialgleichung sowohl bei stationär als auch bei instationär belasteten Tribosystemen inklusive des Verdrängungsterms zu lösen [129]. Das Ergebnis einer direkten Kopplung ist für den Kontakt einer glatten bewegten Kugel mit einer rauen stehenden Ebene in Bild 3-12 dargestellt.

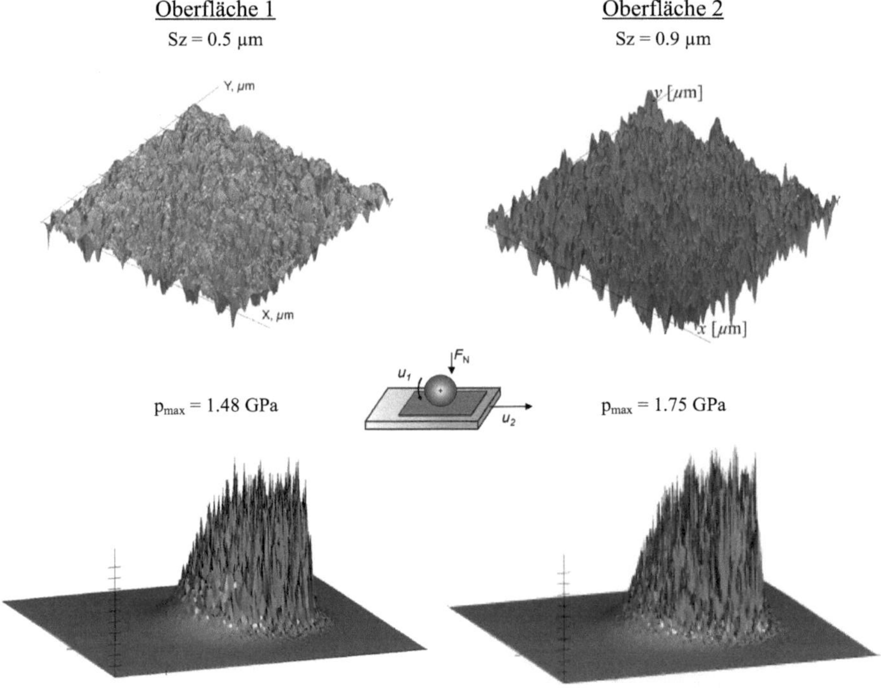

Bild 3-12:   Elastohydrodynamische Druckverteilungen in einem geschmierten Kugel/Ebene-Kontakt für zwei unterschiedliche Rauheitsstrukturen der Ebene [132]
(F_N = 165 N, U_1 = 8 m/s, U_2 = 0 m/s, D = 41.275 mm, FVA3-Öl, glatte Kugel)

Die direkte Simulation eröffnet im geschmierten Kontakt zudem die Möglichkeit, den Einfluss der Rauheiten, auch über einen vollständig trennenden Schmierfilm hinweg, auf die Ausbildung der Spannungen im Werkstoff der beteiligten Körper zu analysieren [126], [129].

3.3.2 Indirekte Kopplung von Mikro- und Makrohydrodynamik

Im Falle großflächiger hydrodynamischer Kontakte ist die direkte Kopplung derzeit noch nicht praktikabel anwendbar. So wären z.B. für ein Gleitlager mit einem Durchmesser von 51 mm und einer Breite von 20 mm ca. 3.2 Milliarden Punkte erforderlich, um die Spaltfunktion mit einem Punktabstand von 1 µm aufzulösen. Einen Kompromiss stellt das 1978 von PATIR und CHENG vorgestellte Verfahren der Flussfaktoren dar [111], [112]. Hierbei wird der mittlere Volumenstrom zwischen zwei rauen Teilausschnitten der Oberflächen für eine vorgegebene mittlere Spalthöhe h und speziell definierten Randbedingungen richtungsabhängig (x- oder y-Richtung) bilanziert. Der Unterschied zwischen dem Volumenstrom im rauen Spalt zum Volumenstrom im glatten Spalt, wird durch Flussfaktoren für die Druckströmung Φ^p und für die Scherströmung Φ^s ausgedrückt, die als Korrekturfaktoren in die Reynolds'sche Differenzialgleichung einfließen. PATIR und CHENG entwickelten außerdem Schubspannungsfaktoren Φ^{fs} für die x- und y-Richtung, die den Einfluss der Mikrohydrodynamik auf die Reibungsschubspannung im Schmierfilm berücksichtigen sollen [111], [113]. Die Untersuchungen wurden für starre und stochastisch modellierte Oberflächen durchgeführt. Kam es bei kleinen Spalthöhen durch geometrische Überschneidungen von Rauheiten zu negativen Spalthöhen, wurden diese Bereiche als Festkörperkontakte interpretiert, allerdings auch weiterhin in der Volumenstrombilanzierung belassen, indem die Spalthöhen an diesen Stellen auf einen sehr kleinen Wert gesetzt wurden. Lokale Festkörperkontaktdrücke wurden nicht berechnet.

Das Verfahren der Flussfaktoren wurde in der Folge von anderen Autoren aufgegriffen und weiterentwickelt. ELROD [49] und TRIPP [139] erarbeiteten unter Nutzung von statistischen Oberflächenkenngrößen analytische Lösungen für die Druck- und Scherflussfaktoren, in denen Festkörperkontakte jedoch unberücksichtigt blieben. Ihre Ergebnisse zeigten starke Abweichungen zu den Ergebnissen von PATIR und CHENG. Dieser Konflikt wurde von RIENÄCKER [120] für stochastisch modellierte Oberflächen untersucht. Im Ergebnis bestätigte er die Ergebnisse von PATIR und CHENG. Außerdem erweiterte er die Flussfaktorenberechnung um das Kontaktdruckmodell von GREENWOOD und TRIPP [63], wodurch er zusätzlich lokale Festkörperkontaktdrücke berechnen konnte, sodass neben den Flussfaktoren auch der mittlere Festkörperkontaktdruck in Abhängigkeit von der mittleren Spaltweite vorlag. Weiterhin konnte er durch eine FEM-Formulierung seiner Flusssimulation, im Gegensatz zu PATIR und CHENG, auftretende Festkörperkontakte eindeutig aus dem Strömungsgebiet herauslösen. LAGEMANN [93] erweiterte das Modell von RIENÄCKER um ein auf der Halbraumtheorie basierendes elastisch-plastisches Kontaktmodell (siehe Kapitel 3.1) und berechnete damit Flussfaktoren und Festkörperkontaktdrücke für real vermessene Oberflächen unter Berücksichtigung von elastischen Rückwirkungen der Festkörperkontakte auf die Spaltgeometrie (elastische Spaltaufweitung). Elastische Spaltaufweitungen, die auch aus der hydrodynamischen Druckverteilung resultieren (Elastohydrodynamik), wurden von ILLNER ET AL. [79] zusätzlich berücksichtigt. Alternative Randbedingungen zur Flussfaktorenberechnung wurden von LUNDE und TØNDER [103] vorgeschlagen, fanden aber keine weitere Verbreitung.

Bei der Relativbewegung rauer Oberflächen können lokal Mikrokavitationseffekte auftreten, da sich Rauheitsberge und -täler gegeneinander verschieben, wodurch es zu lokalen Spaltänderungen kommt. In den Phasen einer Spaltvergrößerung (wenn sich z.B. gerade zwei Täler gegenüberstehen) kann das einströmende Fluid den lokal vergrößerten Spalt eventuell nicht schnell genug wieder füllen. Mikrokaviation ist dann die Folge (siehe Kapitel 2.3). In allen vorgenannten Arbeiten dürften die Flusssimulationen mit einem nichtmasserhaltendem Kavitationsmodell durchgeführt worden sein. HARP und SALANT [68], [69], ROCKE und SALANT [121] und ILLNER ET AL. [79] führen die Flusssimulation mit masseerhaltenden Kavitationsmodellen auf Basis der JFO-Theorie durch (siehe Kapitel 2.3.2). Dabei zeigt sich, dass die mit einem masseerhaltenden Kavitationsmodell berechneten Scherflussfaktoren zum Teil größere Unterschiede zu den mit einem nichtmasserhaltendem Kaviationsmodell berechneten aufweisen.

Eine Berechnung der Flussfaktoren mit den Navier-Stokes-Gleichungen wurde von BRENNER ET AL. [26] für die Paarung glatte gegen real raue Oberfläche bei rein laminarer Strömung auf Basis der Lattice-Boltzmann-Methode durchgeführt. Festkörperkontakte und elastische Spaltaufweitungen blieben unberücksichtigt. KRAKER ET AL. [88] berechneten Flussfaktoren für die Paarung einer glatten Oberfläche gegen eine Oberfläche mit einer einzelnen Tasche. Außerdem zeigten sie, dass sich bei größeren Taschentiefen oder Druckgradienten Abweichungen im Druckverlauf zwischen der Reynolds- und der Navier-Stokes-Lösung einstellen.

Nachfolgend soll die Flussfaktorenberechnung auf Grundlage der Reynolds'schen Differenzialgleichung in Kopplung mit einem masseerhaltenden Kavitationsmodell und deformationsbedingten Spaltaufweitungen aufgrund hydrodynamischer und Festkörperkontaktdrücke näher erläutert werden.

Die Berechnung der Strömung zwischen den rauen Oberflächen gelingt mit der Reynolds'schen Differenzialgleichung auf zwei Wegen. Entweder kann die Reynolds'sche Differenzialgleichung (3-47) direkt verwendet werden oder die Reynolds'sche Differenzialgleichung ist entsprechend der Vorgehensweise von PATIR und CHENG so umzuschreiben, dass im Couette- und im Verdrängungsterm die Terme für die makro- und mikrogeometrischen Spalthöhenanteile einzeln ausgewiesen werden. Für die Couetteterme in Gl. (3-47) ergeben sich in diesem Fall mit der Summenregel der Differenzialrechnung

$$
\begin{aligned}
\frac{(U_1 + U_2)}{2} \frac{\partial(\theta\rho_{liq}h_{\delta w})}{\partial x} &= \frac{U_1}{2}\frac{\partial(\theta\rho_{liq}h_{\delta w})}{\partial x} + \frac{U_2}{2}\frac{\partial(\theta\rho_{liq}h_{\delta w})}{\partial x} \\
&= \frac{U_1}{2}\frac{\partial[\theta\rho_{liq}(h+\delta_{w1}+\delta_{w2})]}{\partial x} + \frac{U_2}{2}\frac{\partial[\theta\rho_{liq}(h+\delta_{w1}+\delta_{w2})]}{\partial x} \\
&= \frac{U_1}{2}\left[\frac{\partial(\theta\rho_{liq}h)}{\partial x} + \frac{\partial(\theta\rho_{liq}\delta_{w1})}{\partial x} + \frac{\partial(\theta\rho_{liq}\delta_{w2})}{\partial x}\right] + \\
&\quad\ \frac{U_2}{2}\left[\frac{\partial(\theta\rho_{liq}h)}{\partial x} + \frac{\partial(\theta\rho_{liq}\delta_{w1})}{\partial x} + \frac{\partial(\theta\rho_{liq}\delta_{w2})}{\partial x}\right]
\end{aligned}
\tag{3.48}
$$

bzw.

$$\frac{(V_1 + V_2)}{2}\frac{\partial(\theta\rho_{liq}h_{\delta w})}{\partial y} = \frac{V_1}{2}\left[\frac{\partial(\theta\rho_{liq}h)}{\partial y} + \frac{\partial(\theta\rho_{liq}\delta_{w1})}{\partial y} + \frac{\partial(\theta\rho_{liq}\delta_{w2})}{\partial y}\right] +$$
$$\frac{V_2}{2}\left[\frac{\partial(\theta\rho_{liq}h)}{\partial y} + \frac{\partial(\theta\rho_{liq}\delta_{w1})}{\partial y} + \frac{\partial(\theta\rho_{liq}\delta_{w2})}{\partial y}\right]$$

$$(3.49)$$

und für den Verdrängungsterm:

$$\frac{\partial(\theta\rho_{liq}h_{\delta w})}{\partial t} = \frac{\partial[\theta\rho_{liq}(h + \delta_{w1} + \delta_{w2})]}{\partial t} = \frac{\partial(\theta\rho_{liq}h)}{\partial t} + \frac{\partial(\theta\rho_{liq}\delta_{w1})}{\partial t} + \frac{\partial(\theta\rho_{liq}\delta_{w2})}{\partial t}$$

$$(3.50)$$

Da die Flussfaktorenberechnung jeweils für eine konstante nominelle Spalthöhe h erfolgt, ist die zeitliche Ableitung $\partial(\theta\rho_{liq}h)/\partial t = 0$. Die zeitliche Ableitung der Rauheitsamplituden resultiert aus der Bewegung der rauen Oberflächen. Bei einer ortsfesten Betrachtungsweise kann entsprechend Bild 3-11 und der Vereinbarung, dass eine Spaltverengung mit negativem Vorzeichen anzusetzen ist, mit den Ortsableitungen der beiden Terme auch geschrieben werden:

$$\frac{\partial(\theta\rho_{liq}\delta_{w1})}{\partial t} = -\frac{\partial(\theta\rho_{liq}\delta_{w1})}{\partial x}\frac{\partial x}{\partial t} - \frac{\partial(\theta\rho_{liq}\delta_{w1})}{\partial y}\frac{\partial y}{\partial t} = -U_1\frac{\partial(\theta\rho_{liq}\delta_{w1})}{\partial x} - V_1\frac{\partial(\theta\rho_{liq}\delta_{w1})}{\partial y}$$

$$\frac{\partial(\theta\rho_{liq}\delta_{w2})}{\partial t} = -\frac{\partial(\theta\rho_{liq}\delta_{w2})}{\partial x}\frac{\partial x}{\partial t} - \frac{\partial(\theta\rho_{liq}\delta_{w2})}{\partial y}\frac{\partial y}{\partial t} = -U_2\frac{\partial(\theta\rho_{liq}\delta_{w2})}{\partial x} - V_2\frac{\partial(\theta\rho_{liq}\delta_{w2})}{\partial y}$$

$$(3.51)$$

Durch Einsetzen der Gleichungen (3.48), (3.49) und (3.51) in Gl. (3-47) folgt nach einem Zusammenfassen der Terme eine Reynolds'sche Differenzialgleichung, die ebenfalls für die Berechnung der Mikrohydrodynamik bei konstanter nomineller Spalthöhe geeignet ist:

$$\frac{\partial}{\partial x}\left(\frac{\rho_{liq}h_{\delta w}^3}{12\eta_{liq}}\frac{\partial p}{\partial x}\right) + \frac{\partial}{\partial y}\left(\frac{\rho_{liq}h_{\delta w}^3}{12\eta_{liq}}\frac{\partial p}{\partial y}\right) =$$
$$\frac{(U_1 + U_2)}{2}\frac{\partial(\theta\rho_{liq}h)}{\partial x} + \frac{(U_2 - U_1)}{2}\frac{\partial[\theta\rho_{liq}(\delta_{w1} - \delta_{w2})]}{\partial x} +$$
$$\frac{(V_1 + V_2)}{2}\frac{\partial(\theta\rho_{liq}h)}{\partial y} + \frac{(V_2 - V_1)}{2}\frac{\partial[\theta\rho_{liq}(\delta_{w1} - \delta_{w2})]}{\partial y}$$

$$(3-52)$$

mit $\quad p > p_{cav} \quad$ und $\quad \theta = 1 \quad$ im Überdruckgebiet

$$(3-53)$$

$\quad\quad p = p_{cav} \quad$ und $\quad \theta < 1 \quad$ im Kavitationsgebiet

In Gl. (3-52) beschreiben der zweite und vierte Term der rechten Seite eine zusätzliche Förderwirkung, die aus der Relativbewegung der rauen Oberflächen resultiert. Weiterhin werden die Druckterme auf der linken Seite durch die um die Mikrogeometrie erweiterte Spalthöhe beeinflusst.

Normalerweise erfolgt die Berechnung der Flussfaktoren bei der Vorgehensweise nach PATIR und CHENG aus den Volumenströmen. Abweichend davon werden hier die Massenströme $\dot{m}$ verwendet, da die Flusssimulation unter Berücksichtigung von lokaler Kavitation bei Einhaltung der Massenbilanz erfolgt. Die lokalen Massenströme im rauen Spalt ergeben sich für die x- und y-Richtung in Anlehnung an Gl. (3-52), die eine Massenbilanzgleichung darstellt, zu:

$$\dot{m}_{x,\text{rough}}(x,y) = -\frac{\rho_{\text{liq}} h_{\delta w}^3}{12\eta_{\text{liq}}}\frac{\partial p}{\partial x} + \frac{(U_1+U_2)}{2}\theta\rho_{\text{liq}}h + \frac{(U_2-U_1)}{2}\theta\rho_{\text{liq}}(\delta_{w1}-\delta_{w2}) \tag{3-54}$$

$$\dot{m}_{y,\text{rough}}(x,y) = -\frac{\rho_{\text{liq}} h_{\delta w}^3}{12\eta_{\text{liq}}}\frac{\partial p}{\partial y} + \frac{(V_1+V_2)}{2}\theta\rho_{\text{liq}}h + \frac{(V_2-V_1)}{2}\theta\rho_{\text{liq}}(\delta_{w1}-\delta_{w2}) \tag{3-55}$$

Aus diesen lokalen Massenströmen können für das gesamte Schmierspaltgebiet Ω integrale Massenströme gebildet werden:

$$\begin{aligned}
\overline{\dot{m}}_{x,\text{rough}} &= \frac{1}{\Omega}\int_{(\Omega)}\dot{m}_{x,\text{rough}}(x,y)d\Omega \\
&= \frac{1}{\Omega}\int -\frac{\rho_{\text{liq}}h_{\delta w}^3}{12\eta_{\text{liq}}}\frac{\partial p}{\partial x}d\Omega + \frac{1}{\Omega}\int_{(\Omega)}\left(\frac{(U_1+U_2)}{2}\theta\rho_{\text{liq}}h\right)d\Omega + \\
&\quad \frac{1}{\Omega}\int_{(\Omega)}\left(\frac{(U_2-U_1)}{2}\theta\rho_{\text{liq}}(\delta_{w1}-\delta_{w2})\right)d\Omega
\end{aligned} \tag{3-56}$$

$$\begin{aligned}
\overline{\dot{m}}_{y,\text{rough}} &= \frac{1}{\Omega}\int_{(\Omega)}\dot{m}_{y,\text{rough}}(x,y)d\Omega \\
&= \frac{1}{\Omega}\int -\frac{\rho_{\text{liq}}h_{\delta w}^3}{12\eta_{\text{liq}}}\frac{\partial p}{\partial y}d\Omega + \frac{1}{\Omega}\int_{(\Omega)}\left(\frac{(V_1+V_2)}{2}\theta\rho_{\text{liq}}h\right)d\Omega + \\
&\quad \frac{1}{\Omega}\int_{(\Omega)}\left(\frac{(V_2-V_1)}{2}\theta\rho_{\text{liq}}(\delta_{w1}-\delta_{w2})\right)d\Omega
\end{aligned} \tag{3-57}$$

Grundgedanke der Theorie der Flussfaktoren ist die Formulierung mittlerer Schmierstoffflüsse. Daher können die obigen Gleichungen auch so umgeschrieben werden, dass die lokalen Schwankungen von Druck, Spalthöhe, Viskosität, Dichte und Spaltfüllungsgrad durch mittlere Werte in Kombination mit geeigneten Korrekturfaktoren – den Druckflussfaktoren Φ^p und den Scherflussfaktoren Φ^s – ersetzt werden:

$$\overline{\dot{m}}_{x,\text{rough}} = -\Phi_{xx}^p\frac{\overline{\rho}_{\text{liq}}h_{\text{def}}^3}{12\overline{\eta}_{\text{liq}}}\frac{\partial\overline{p}}{\partial x} + \frac{(U_1+U_2)}{2}\overline{\theta}\overline{\rho}_{\text{liq}}h_{\text{def}} + \frac{(U_2-U_1)}{2}\overline{\theta}\overline{\rho}_{\text{liq}}\Phi_{xx}^s \tag{3-58}$$

$$\overline{\dot{m}}_{y,rough} = -\Phi_{yy}^{p}\frac{\overline{\rho}_{liq}h_{def}^{3}}{12\overline{\eta}_{liq}}\frac{\partial\overline{p}}{\partial y} + \frac{\left(V_{1}+V_{2}\right)}{2}\overline{\theta\rho}_{liq}h_{def} + \frac{\left(V_{2}-V_{1}\right)}{2}\overline{\theta\rho}_{liq}\Phi_{yy}^{s} \tag{3-59}$$

Für die hydrodynamischen Reibungsschubspannungen kann ein zu den Massenströmen identischer Weg beschritten werden. Die lokalen Reibungsschubspannungen in x- und y-Richtung ergeben sich für ein Newton'sches Fluid mit $\theta\eta_{liq}(z) = $ konst zu (siehe Kapitel 4.2):

$$\tau_{fx}^{1,2}(x,y) = \left(U_{2}-U_{1}\right)\frac{\theta\eta_{liq}}{h_{\delta w}} \mp \frac{h_{\delta w}}{2}\frac{\partial p}{\partial x} \tag{3-60}$$

$$\tau_{fy}^{1,2}(x,y) = \left(V_{2}-V_{1}\right)\frac{\theta\eta_{liq}}{h_{\delta w}} \mp \frac{h_{\delta w}}{2}\frac{\partial p}{\partial y} \tag{3-61}$$

Die positiven Vorzeichen beziehen sich auf den Körper 2 und die negativen Vorzeichen auf den Körper 1.

Die integralen Reibungsschubspannungen für das gesamte Schmierspaltgebiet folgen aus:

$$\begin{aligned}
\overline{\tau}_{fx}^{1,2} &= \frac{1}{\Omega}\int\limits_{(\Omega)}\tau_{fx}^{1,2}(x,y)d\Omega = \frac{1}{\Omega}\int\limits_{(\Omega)}\left(U_{2}-U_{1}\right)\frac{\theta\eta_{liq}}{h_{\delta w}}d\Omega \mp \frac{1}{\Omega}\int\limits_{(\Omega)}\frac{h_{\delta w}}{2}\frac{\partial p}{\partial x}d\Omega \\
&= \left(U_{2}-U_{1}\right)\overline{\theta\eta}_{liq}\frac{1}{\Omega}\int\limits_{(\Omega)}\frac{1}{h_{\delta w}}d\Omega \mp \frac{1}{\Omega}\int\limits_{(\Omega)}\frac{h_{\delta w}}{2}\frac{\partial p}{\partial x}d\Omega
\end{aligned} \tag{3-62}$$

$$\begin{aligned}
\overline{\tau}_{fy}^{1,2} &= \frac{1}{\Omega}\int\limits_{(\Omega)}\tau_{fy}^{1,2}(x,y)d\Omega = \frac{1}{\Omega}\int\limits_{(\Omega)}\left(V_{2}-V_{1}\right)\frac{\theta\eta_{liq}}{h_{\delta w}}d\Omega \mp \frac{1}{\Omega}\int\limits_{(\Omega)}\frac{h_{\delta w}}{2}\frac{\partial p}{\partial y}d\Omega \\
&= \left(V_{2}-V_{1}\right)\overline{\theta\eta}_{liq}\frac{1}{\Omega}\int\limits_{(\Omega)}\frac{1}{h_{\delta w}}d\Omega \mp \frac{1}{\Omega}\int\limits_{(\Omega)}\frac{h_{\delta w}}{2}\frac{\partial p}{\partial y}d\Omega
\end{aligned} \tag{3-63}$$

Ausgedrückt durch mittlere Werte für den Druck, die Spalthöhe, die Viskosität und den Spaltfüllungsgrad in Kombination mit geeigneten Korrekturfaktoren – einem Oberflächenfaktor Φ_{f} und den Schubspannungsfaktoren Φ^{fs} und Φ^{fp} – folgt:

$$\begin{aligned}
\overline{\tau}_{fx}^{1,2} &= \left(U_{2}-U_{1}\right)\frac{\overline{\theta\eta}_{liq}}{h_{def}}\Phi_{f} \mp \left(U_{2}-U_{1}\right)\frac{\overline{\theta\eta}_{liq}}{h_{def}}\Phi_{xx}^{fs} \mp \Phi_{xx}^{fp}\frac{h_{def}}{2}\frac{\partial p}{\partial x} \\
&= \left(U_{2}-U_{1}\right)\frac{\overline{\theta\eta}_{liq}}{h_{def}}\left(\Phi_{f} \mp \Phi_{xx}^{fs}\right) \mp \Phi_{xx}^{fp}\frac{h_{def}}{2}\frac{\partial\overline{p}}{\partial x}
\end{aligned} \tag{3-64}$$

$$\overline{\tau}_{fy}^{1,2} = \left(V_2 - V_1\right)\frac{\overline{\theta\eta}_{liq}}{h_{def}}\,\Phi_f \mp \left(V_2 - V_1\right)\frac{\overline{\theta\eta}_{liq}}{h_{def}}\,\Phi_{yy}^{fs} \mp \Phi_{yy}^{fp}\,\frac{h_{def}}{2}\,\frac{\partial\overline{p}}{\partial y}$$

$$= \left(V_2 - V_1\right)\frac{\overline{\theta\eta}_{liq}}{h_{def}}\left(\Phi_f \mp \Phi_{yy}^{fs}\right) \mp \Phi_{yy}^{fp}\,\frac{h_{def}}{2}\,\frac{\partial\overline{p}}{\partial y} \tag{3-65}$$

Der Oberflächenfaktor entspricht einem Korrekturfaktor für die Rauheiten. Er stellt eine Beziehung zwischen Gl. (3.46) und Gl. (3-67) her, ist immer positiv und tendiert mit zunehmender Spalthöhe h_{def} gegen 1. Es gilt:

$$\Phi_f = h_{def}\,\frac{1}{\Omega}\int\limits_{(\Omega)}\frac{1}{h_{\delta w}(x,y)}\,d\Omega \qquad\qquad \lim_{h_{def}\to\infty}\Phi_f = 1 \tag{3-66}$$

Der Schubspannungsfaktor der Scherströmung Φ^{fs} berücksichtigt, dass an der raueren der beiden Oberflächen tendenziell eine kleinere scherströmungsbedingte Reibungsschubspannung angreift. Begründet wird dies damit, dass das Fluid in den Tälern weitestgehend nicht an der Scherung teilnimmt. Der Schubspannungsfaktor kann positiv oder negativ sein.

Der Schubspannungsfaktor der Druckströmung Φ^{fp} berücksichtigt den reduzierenden Einfluss der lokal unterschiedlichen Spalthöhen der rauen Oberflächen und der dort wirksamen Druckgradienten auf die druckströmungsbedingte Reibungsschubspannung. Dieser Schubspannungsfaktor ist immer positiv und strebt mit zunehmender Spalthöhe h_{def} gegen 1.

Der Mittelwert der lokalen Spalthöhen h_{def} resultiert bei Berücksichtigung von deformationsbedingten Spaltaufweitungen aus Gl. (3.46) und entspricht dem mittleren Abstand der rauen verformten Oberflächen. Im Falle starrer Oberflächen ist $h_{\delta w}(x,y) = h_\delta(x,y)$ zu setzen. Der Mittelwert der lokalen Spalthöhen wird erhalten aus:

$$h_{def} = \frac{1}{\Omega}\int\limits_{(\Omega)}h_{\delta w}(x,y)\,d\Omega \tag{3-67}$$

Die in x- und y-Richtung eingeführten Fluss- und Schubspannungsfaktoren gelten jeweils nur für Strömungen in diese Richtungen. Aus diesem Grund ist es zwingend notwendig, dass die Koordinatensysteme auf der Makro- und Mikroebene übereinstimmen, d.h. die Ausrichtung der rauen Oberflächenausschnitte korreliert. Die Berechnung der Flussfaktoren wird für die Druck- und Scherströmung bei unterschiedlichen Randbedingungen unabhängig voneinander durchgeführt.

3.3.2.1 Druckflusssimulation

Zur Berechnung der Druckflussfaktoren wird die Reynolds'sche Differenzialgleichung (3-52) so gelöst, dass durch die gewählten Druck- und Geschwindigkeitsrandbedingungen ausschließlich eine Druckströmung in x- oder y-Richtung vorliegt (siehe Bild 3-13). Ein Fluss über die Seiten wird ausgeschlossen.

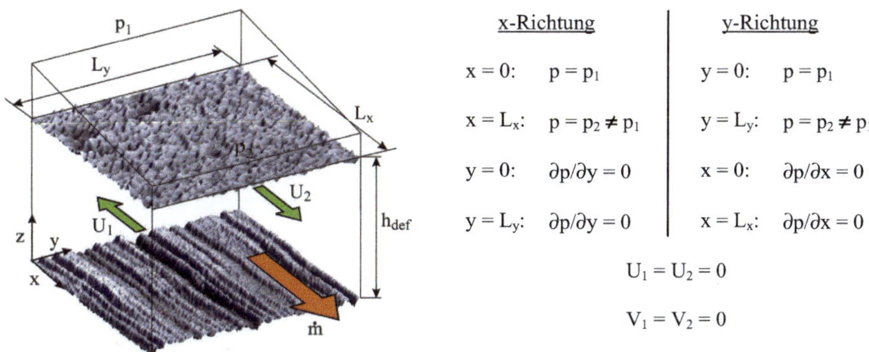

	x-Richtung	y-Richtung
$x = 0$:	$p = p_1$	$y = 0$:$\quad p = p_1$
$x = L_x$:	$p = p_2 \neq p_1$	$y = L_y$:$\quad p = p_2 \neq p_1$
$y = 0$:	$\partial p/\partial y = 0$	$x = 0$:$\quad \partial p/\partial x = 0$
$y = L_y$:	$\partial p/\partial y = 0$	$x = L_x$:$\quad \partial p/\partial x = 0$

$$U_1 = U_2 = 0$$

$$V_1 = V_2 = 0$$

Bild 3-13:   Randbedingungen für die Druckflusssimulation

Durch Gleichsetzen der Gleichungen (3-56) und (3-58) für die x-Richtung bzw. (3-57) und (3-59) für die y-Richtung und durch die gewählten Geschwindigkeitsrandbedingungen, durch die die 2. und 3.Terme in allen vier Gleichungen zu Null werden, folgt nach Umstellen für die Druckflussfaktoren:

$$\Phi_{xx}^{p} = \frac{1}{\dfrac{\overline{\rho}_{liq} h_{def}^{3}}{12 \overline{\eta}_{liq}} \dfrac{\partial \overline{p}}{\partial x}} \left(\frac{1}{\Omega} \int_{(\Omega)} \frac{\rho_{liq} h_{\delta w}^{3}}{12 \eta_{liq}} \frac{\partial p}{\partial x} d\Omega \right) \tag{3-68}$$

$$\Phi_{yy}^{p} = \frac{1}{\dfrac{\overline{\rho}_{liq} h_{def}^{3}}{12 \overline{\eta}_{liq}} \dfrac{\partial \overline{p}}{\partial y}} \left(\frac{1}{\Omega} \int_{(\Omega)} \frac{\rho_{liq} h_{\delta w}^{3}}{12 \eta_{liq}} \frac{\partial p}{\partial y} d\Omega \right) \tag{3-69}$$

Der Druckflussfaktor ist dimensionslos und kann als Verhältnis vom Massenstrom im rauen Spalt zum Massenstrom im glatten Spalt interpretiert werden. Bild 3-14 zeigt prinzipielle Verläufe des Druckflussfaktors in Abhängigkeit der verformten Spalthöhe. Für $\Phi^{p} = 1$ liegt keine Veränderung des Strömungsverhaltens infolge der Oberflächenrauigkeiten vor. Druckflussfaktoren im Bereich von $\Phi^{p} < 1$ resultieren aus einer im Vergleich zu ideal glatten Oberflächen stärkeren Behinderung der Strömung und bewirken eine höhere hydrodynamische Druckentwicklung. Bei einer Begünstigung des Strömungsverhaltens stellen sich Druckflussfaktoren von $\Phi^{p} > 1$ mit der Folge einer geringeren hydrodynamischen Druckentwicklung ein. Der Einfluss des Druckflussfaktors nimmt mit sinkender Spalthöhe zu. Dieses Verhalten korreliert mit der Vorstellung, dass erst bei Spalthöhen im Bereich der Größe der Rauheiten spürbare Einflüsse auf das hydrodynamische Strömungsverhalten zu erwarten sind.

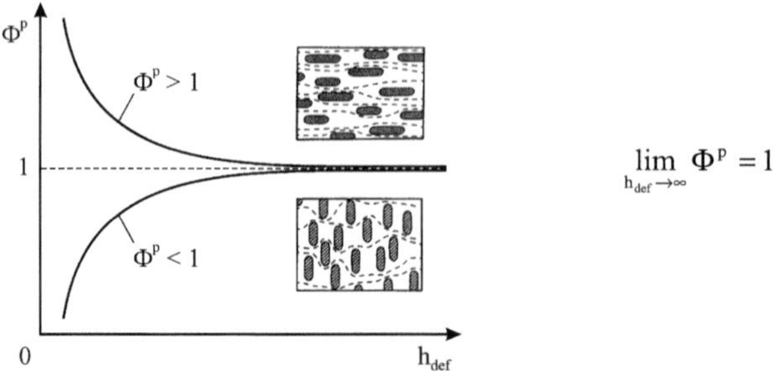

Bild 3-14:   Prinzipielle Verläufe des Druckflussfaktors

Die Gleichungen für die Schubspannungsfaktoren der Druckströmung erhält man durch
Gleichsetzen von Gl. (3-62) und (3-64) für die x-Richtung bzw. von Gl. (3-63) und (3-65) für
die y-Richtung. Auf Grund der gewählten Randbedingungen entfällt in allen vier Gleichungen
der 1. Term, sodass für die Schubspannungsfaktoren folgt:

$$\Phi_{xx}^{fp} = \frac{1}{\dfrac{h_{def}}{2}\dfrac{\partial \overline{p}}{\partial x}} \left(\frac{1}{\Omega} \int_{(\Omega)} \frac{h_{\delta w}}{2} \frac{\partial p}{\partial x} d\Omega \right) \qquad (3\text{-}70)$$

$$\Phi_{yy}^{fp} = \frac{1}{\dfrac{h_{def}}{2}\dfrac{\partial \overline{p}}{\partial y}} \left(\frac{1}{\Omega} \int_{(\Omega)} \frac{h_{\delta w}}{2} \frac{\partial p}{\partial y} d\Omega \right) \qquad (3\text{-}71)$$

Den prinzipiellen Verlauf des Schubspannungsfaktors der Druckströmung in Abhängigkeit
von der verformten Spalthöhe zeigt Bild 3-15. Bei $\Phi^{fp} = 1$ liegt keine Veränderung der hydrodynamischen Schubspannung infolge mikrohydrodynamischer Effekte vor. Mit sinkender
Schmierspalthöhe nimmt der Schubspannungsfaktor nichtlinear ab. Für $\Phi^{fp} < 1$ stellt sich eine
Verringerung der druckströmungsbedingten hydrodynamischen Schubspannung infolge
mikrohydrodynamischer Effekte ein.

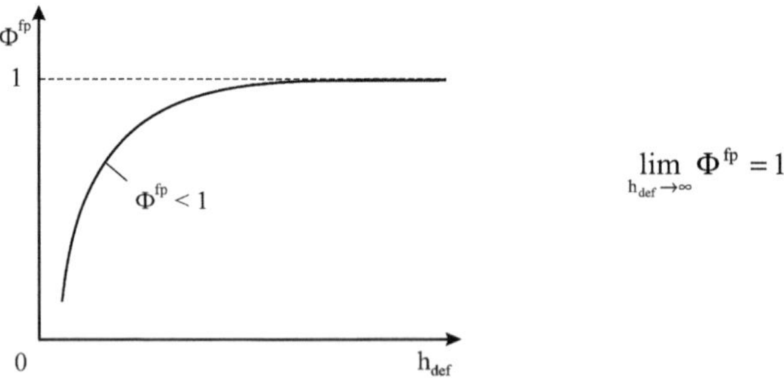

Bild 3-15:   Prinzipieller Verlauf des Schubspannungsfaktors der Druckströmung

Im Mischreibungsgebiet teilt sich die äußere Last auf einen Flüssigkeits- und einen Festkörpertraganteil auf. Während dies bei einer direkten Kopplung von Makro- und Mikrohydrodynamik rauheitsbezogen berücksichtigt werden kann, ist dies bei einer indirekten Kopplung nicht möglich. Einen Ausweg bietet hier eine integrale Festkörperkontaktdruckkurve, wie sie prinzipiell im Bild 3-16 dargestellt ist. Diese wird, mit dem Kontaktmodell aus Kapitel 3.1, für die rauen Oberflächenausschnitte bestimmt und spalthöhenabhängig in die Berechnung der makrohydrodynamischen Druckverteilung eingebunden.

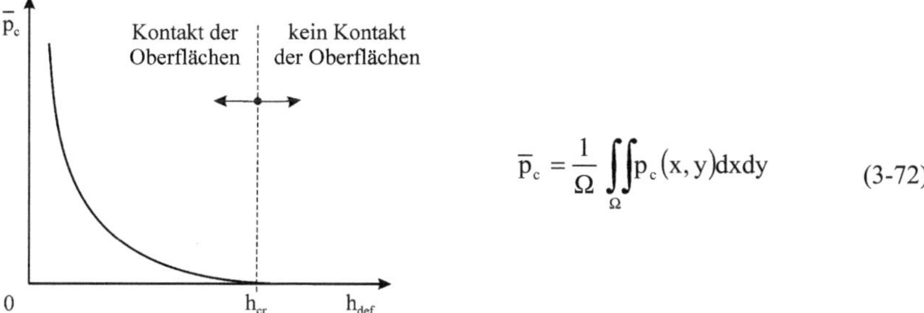

$$\overline{p}_c = \frac{1}{\Omega} \iint_\Omega p_c(x,y)\,dxdy \qquad (3\text{-}72)$$

Bild 3-16:   Prinzipieller Verlauf des integralen Festkörperkontaktdrucks

Im Bild 3-17 sind für die gepaarten anisotropen Oberflächen die berechneten integralen Festkörperkontaktdrücke sowie die berechneten Druckfluss- und Schubspannungsfaktoren für die x- und y-Richtung für zwei unterschiedliche Druckrandbedingungen dargestellt. Obwohl im Spalt unterschiedliche hydrodynamische Drücke wirken, liegen alle Werte, aufgetragen über der gemittelten verformten Spalthöhe, auf einer gemeinsamen Kurve. Geringfügige Abweichungen stellen sich zum Teil erst bei sehr kleinen Spalthöhen ein. Deckungsgleiche Kurven werden auch erhalten, wenn andere Druckdifferenzen oder Druckniveaus gewählt werden [79]. Die Ursache für das Aufeinanderliegen der Kurven liegt in der stark „glättenden" Mittelwertbildung zur Ermittlung der Größen. Selbst eine teilelastische Berechnung, bei der nur die elastische Spaltaufweitung durch Festkörperkontakte Berücksichtigung findet, führt zu identischen Ergebnissen. Dies trifft allerdings nur für die Druckflusssimulation zu. Bei der Scherflusssimulation stellen sich andere Zusammenhänge ein (siehe Bild 3-20).

Aus Bild 3-17 ist gut zu erkennen, dass eine Spaltströmung in x-Richtung wegen der Kanalwirkung der Rauheitstäler zu einer Strömungsbegünstigung ($\Phi^p > 1$) und in y-Richtung durch eine Sperrwirkung der Rauheitsberge zu einer Strömungsbehinderung ($\Phi^p < 1$) führt. Mikrokavitationseffekte sind bei der Druckflusssimulation aufgrund der gewählten Randbedingungen nicht möglich.

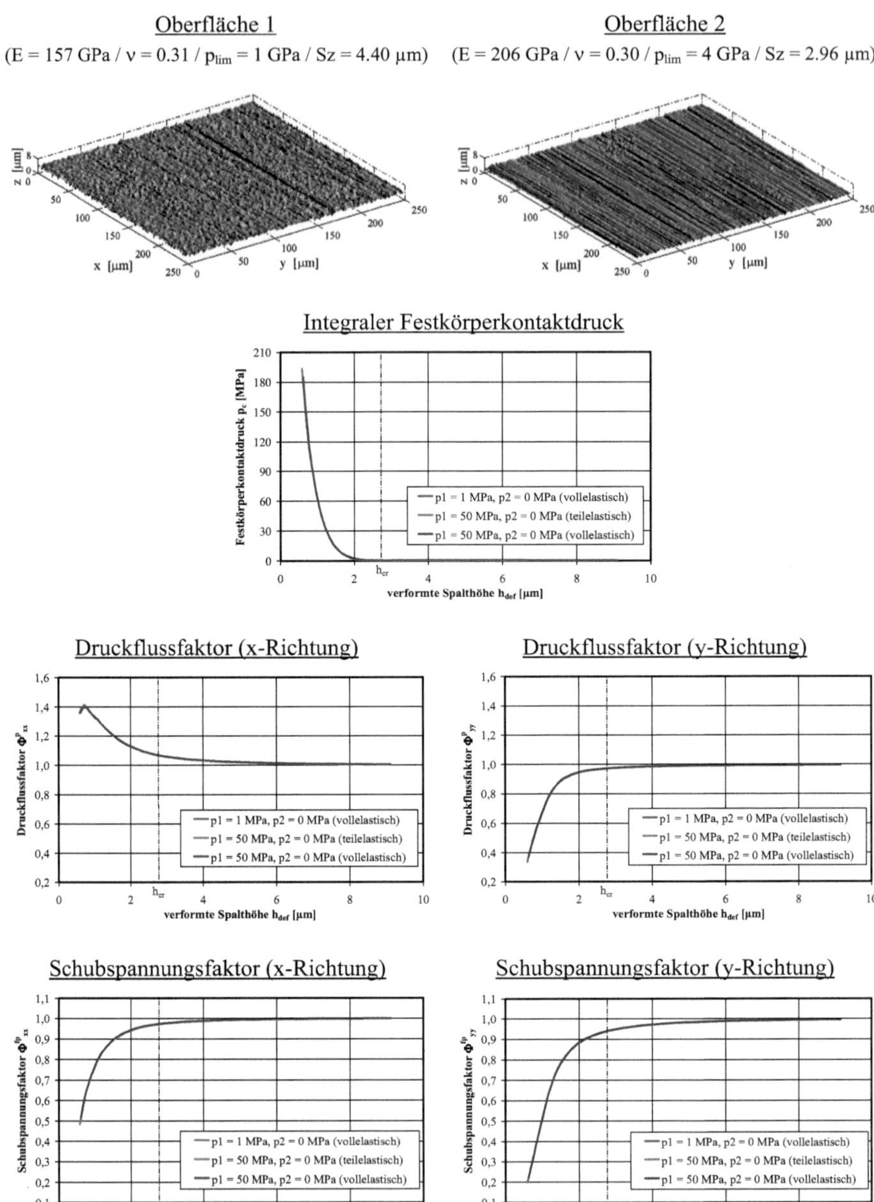

Bild 3-17:   Integrale Festkörperkontaktdruckkurve und Fluss- und Schubspannungsfaktoren der Druckströmung in x- und y-Richtung (η_{liq} = 10 mPa·s, ρ_{liq} = 850 kg/m^3)

3.3.2.2　Scherflusssimulation

Zur Berechnung der Scherflussfaktoren werden die Druck- und Geschwindigkeitsrandbedingungen so gewählt (siehe Bild 3-18), dass sich durch die gegenseitige Verschiebung der rauen Oberflächen eine allein aus den Rauheitsamplituden resultierende lokale Verdrängungsströmung einstellt. Wie bei der Druckflusssimulation werden auch hier keine Seitenflüsse zugelassen.

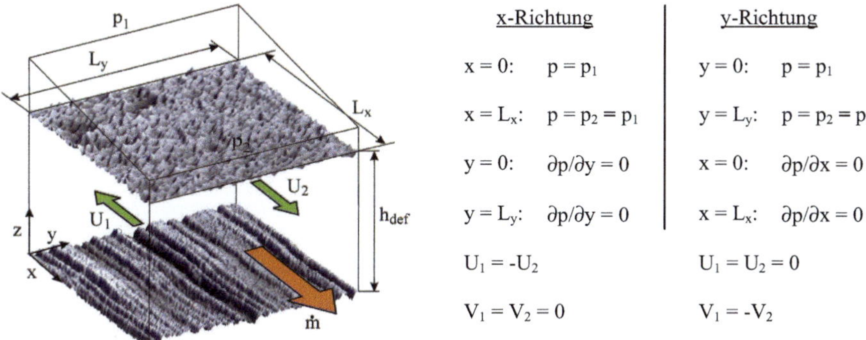

x-Richtung		y-Richtung	
$x = 0:$	$p = p_1$	$y = 0:$	$p = p_1$
$x = L_x:$	$p = p_2 = p_1$	$y = L_y:$	$p = p_2 = p_1$
$y = 0:$	$\partial p/\partial y = 0$	$x = 0:$	$\partial p/\partial x = 0$
$y = L_y:$	$\partial p/\partial y = 0$	$x = L_x:$	$\partial p/\partial x = 0$
$U_1 = -U_2$		$U_1 = U_2 = 0$	
$V_1 = V_2 = 0$		$V_1 = -V_2$	

Bild 3-18:　Randbedingungen für die Scherflusssimulation

Durch die gewählten Geschwindigkeitsrandbedingungen werden in den Gleichungen (3-56) und (3-57) die 2. Terme zu Null. Außerdem werden die 3. Terme zu Null, da der Mittelwert der positiven und negativen Rauheitsamplituden δ_w, bezogen auf die Profilmittellinien der verformten rauen Oberflächen, zu Null wird. In den Gleichungen (3-58) und (3-59) werden durch die gewählten Druck- und Geschwindigkeitsrandbedingungen die 1. und 2. Terme zu Null. Werden die Gleichungen (3-56) und (3-58) für die x-Richtung bzw. (3-57) und (3-59) für die y-Richtung wiederum gleichgesetzt, folgt für die Scherflussfaktoren:

$$\Phi_{xx}^{s} = \frac{-2}{(U_2 - U_1)\bar{\bar{\theta}}\bar{\rho}_{liq}} \left(\frac{1}{\Omega} \int_{(\Omega)} \frac{\rho_{liq} h_{\delta w}^3}{12\eta_{liq}} \frac{\partial p}{\partial x} d\Omega \right) \tag{3-73}$$

$$\Phi_{yy}^{s} = \frac{-2}{(V_2 - V_1)\bar{\bar{\theta}}\bar{\rho}_{liq}} \left(\frac{1}{\Omega} \int_{(\Omega)} \frac{\rho_{liq} h_{\delta w}^3}{12\eta_{liq}} \frac{\partial p}{\partial y} d\Omega \right) \tag{3-74}$$

Während der Druckflussfaktor dimensionslos ist, besitzt der Scherflussfaktor die Einheit [m]. Er kann damit als eine durch lokale Verdrängungsströmungen an den einzelnen Rauigkeiten bedingte Spalthöhenänderung interpretiert werden. Da der Einfluss der lokalen Verdrängungsströmungen mit abnehmender Schmierspalthöhe zunimmt, erhöht sich auch in entsprechendem Maße der Scherflussfaktor. Der im Bild 3-19 dargestellte prinzipielle Verlauf des Scherflussfaktors über der verformten Spalthöhe spiegelt dieses Verhalten wider. Im Bereich des Wendepunkts der Kurve erfolgt der Übergang in das Gebiet der Mischreibung. Im Mischreibungsgebiet erreicht der Verlauf des Scherflussfaktors ein Maximum und fällt mit weiter sinkender Spalthöhe wieder ab. Dieses Verhalten ist auf die Zunahme von Festkörperkontakten im Mischreibungsgebiet und der damit verbundenen Verkleinerung des hydrodynamischen Bereichs im Spalt zurückzuführen. Der Scherflussfaktor kann positiv oder negativ sein bzw. mit abnehmender Spalthöhe auch sein Vorzeichen wechseln. Das Vorzeichen zeigt die Richtung des resultierenden Schmierstoffflusses zwischen den rauen Oberflächen an, die sich mit abnehmender Spalthöhe ändern kann (siehe Bild 3-20).

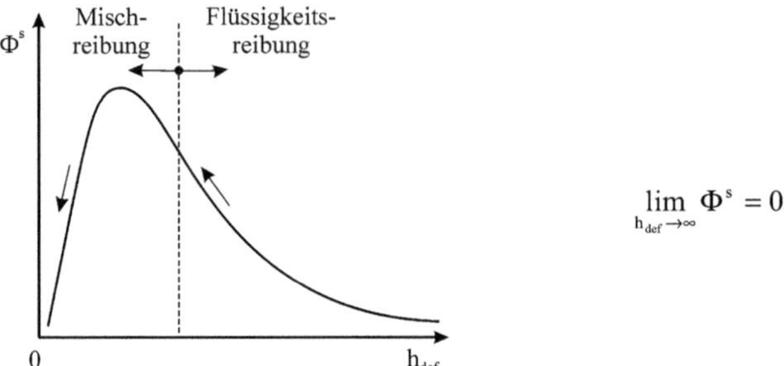

Bild 3-19:   Prinzipieller Verlauf des Scherflussfaktors

Die Gleichungen für die Schubspannungsfaktoren der Scherströmung resultieren wiederum aus dem Gleichsetzen von Gl. (3-62) und (3-64) für die x-Richtung bzw. von Gl. (3-63) und (3-65) für die y-Richtung. Dabei lässt sich der 1. Term in allen Gleichungen durch Kürzen eliminieren. Weiterhin entfällt durch die gewählten Randbedingungen der 3.Term in den Gleichungen   (3-64) und (3-65), sodass schließlich für die Schubspannungsfaktoren geschrieben werden kann:

$$\Phi_{xx}^{fs} = \frac{h_{def}}{(U_2 - U_1)\overline{\theta}\,\overline{\eta}_{liq}}\left(\frac{1}{\Omega} \int\limits_{(\Omega)}^{h_{\delta w}} \frac{\partial p}{2\ \partial x}d\Omega \right) \tag{3-75}$$

$$\Phi_{yy}^{fs} = \frac{h_{def}}{(V_2 - V_1)\overline{\theta}\,\overline{\eta}_{liq}}\left(\frac{1}{\Omega} \int\limits_{(\Omega)}^{h_{\delta w}} \frac{\partial p}{2\ \partial y}d\Omega \right) \tag{3-76}$$

Der prinzipielle Verlauf des Schubspannungsfaktors der Scherströmung entspricht dem Verlauf des Scherflussfaktors im Bild 3-19.

Bild 3-20 zeigt die berechneten Scherfluss- und Schubspannungsfaktoren für die Oberflächen aus Bild 3-17. Aus den Ergebnissen wird ersichtlich, dass die Kurven aus einer vollelastischen Berechnung unter Berücksichtigung von nicht-masseerhaltender Mikrokavitation (Annahme, dass trotz auftretender Mikrokavitation der Spalt im Kavitationsgebiet immer vollgefüllt bleibt) wie schon bei den Faktoren der Druckströmung, unabhängig vom Druckniveau, vollständig aufeinanderliegen. Die Kurve für eine teilelastische Berechnung ist jetzt allerdings nur noch teilweise zu den anderen Kurven deckungsgleich. Speziell im Mischreibungsgebiet, d.h. bei kleineren Spalthöhen, die in vielen Tribosystemen häufig auch erreicht werden, sind größere Abweichungen erkennbar. So ergeben sich im vorliegenden Beispiel sowohl beim Scherfluss- als auch beim Schubspannungsfaktor Unterschiede von teils mehreren 100 %. Da bei teilelastischer Berechnung Spaltaufweitungen durch hydrodynamische Drücke, die aus der Verdrängungswirkung der Rauheiten resultieren, ausgeschlossen sind, werden in der Folge lokal andere hydrodynamische Drücke und dadurch auch andere lokale Flüsse in Größe und Strömungsrichtung berechnet. Obwohl die mittleren verformten Spalthöhen bei teilelastischer und vollelastischer Berechnung gleich sind, resultieren hieraus zwangsläufig andere integrale Schmierstoffflüsse und damit auch andere Faktoren der Scherströmung. Unterschiedliche Ergebnisse in der makroskopischen Mischreibungsberechnung sind die Folge. Geht bei gleicher verformter Spalthöhe der Einfluss der Rauheiten bei einer teilelastischen Berechnung bereits gegen Null, ist dies bei einer vollelastischen Berechnung noch nicht gegeben. Dies ist erst bei noch kleineren Spalthöhen der Fall. Wenn der Einfluss der berechneten hydrodynamischen Drücke anscheinend so groß ist, bedeutet dies aber auch, dass es bei einer vollelastischen Berechnung zu Unterschieden kommen wird, je nachdem, ob ein elastisch-plastisches (wie hier geschehen) bzw. ein rein elastisches Verformungsverhalten der rauen Oberflächen berücksichtigt wird.

Wird mit masseerhaltender Mikrokavitation gerechnet, stellen sich im Spalt lokale Teilfüllungszustände ein. Dies hat unmittelbare Auswirkungen auf die lokale Druckentwicklung und die sich dazu einstellenden lokalen Schmierstoffflüsse. Speziell im Mischreibungsgebiet stellen sich zwischen den berechneten Kurvenverläufen bei nicht-masseerhaltender und bei masseerhaltender Mikrokavitation Abweichungen ein, obwohl die gesamten Kavitationsgebiete und damit die Gebiete, in denen Teilfüllungszustände aufgetreten sind, bei den kleinsten Spalthöhen für die vollelastischen Berechnungen nicht größer als 9 % und für die teilelastischen Berechnungen nicht größer als 2.5 % waren. Die wesentlichen Einflussfaktoren auf die Mikrokavitation sind die Oberflächenmikrogeometrie, die Spalthöhe, das anliegende Druckniveau, die Geschwindigkeitsdifferenz und die Viskosität. Zunehmende Rauigkeiten, Viskositäten und Geschwindigkeitsdifferenzen sowie abnehmende Spalthöhen und Druckniveaus begünstigen Mikrokavitation. Damit wird klar, dass einer ausreichend guten Ermittlung der Scherflussfaktoren entsprechende Aufmerksamkeit geschenkt werden sollte. Für ein gegebenes Rauheitsprofil kann dies eventuell die Ermittlung von 3D-Kennfeldern oder die Auftragung der Fluss- und Schubspannungsfaktoren über einer Kavitationskennzahl, wie in [68] oder [69] vorgeschlagen, erforderlich machen.

Die Frage, ob masseerhaltende Mikrokavitation überhaupt berücksichtigt werden sollte, ist mit ja zu beantworten, da Mikrokavitationsgebiete bei nicht-masseerhaltender Kavitation genauso wie bei masserhaltender Kavitation auftreten, nur eben bei nicht-masseerhaltender Kavitation nicht physikalisch sauber behandelt werden. Wie gezeigt werden konnte, haben aber schon kleine jedoch korrekt behandelte Kavitationsgebiete erheblichen Einfluss auf den Scherfluss- und Schubspannungsfaktor, die beide letztendlich unmittelbare Auswirkungen auf die makroskopische Spalthöhe und damit auf die Mischreibungsberechnung haben.

Ohne masseerhaltende Mikrokavitation

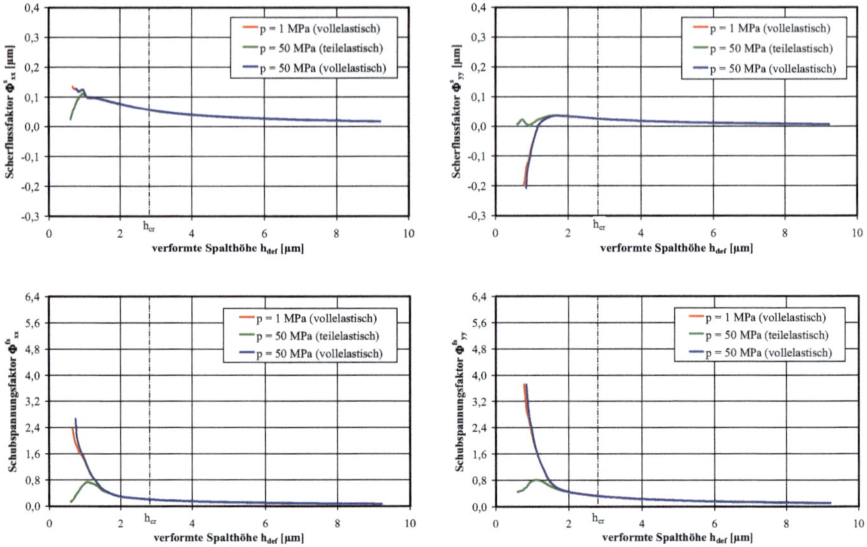

Mit masseerhaltender Mikrokavitation

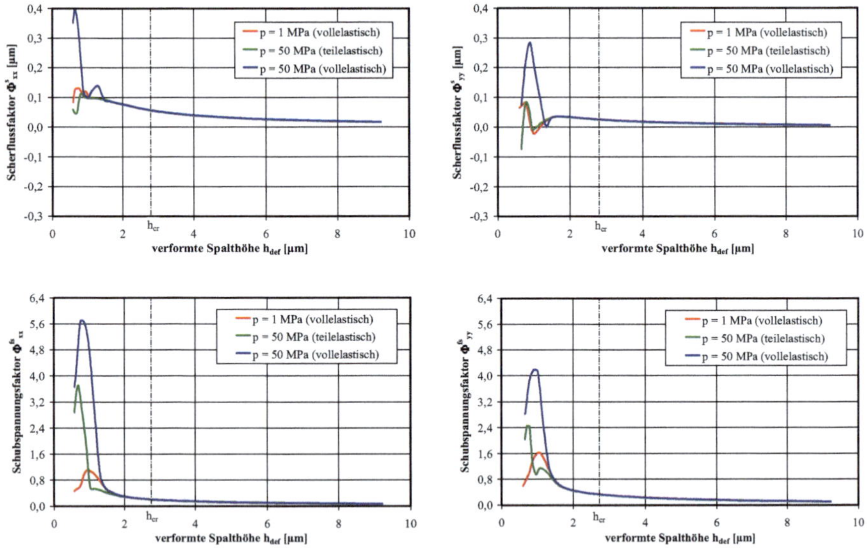

Bild 3-20:   Fluss- und Schubspannungsfaktoren der Scherströmung in x- und y-Richtung bei nichtmasseerhaltender und masseerhaltender Mikrokavitation für $U_1 = V_1 = 1$ m/s (Oberflächen siehe Bild 3-17, $\eta_{liq} = 10$ mPa·s, $\rho_{liq} = 850$ kg/m^3)

3.3.2.3 Modifikation der makrohydrodynamischen Gleichungen

Die indirekte Kopplung von Mikro- und Makrohydrodynamik gelingt nun dadurch, dass in der Reynolds'schen Differenzialgleichung und den Gleichungen für die hydrodynamischen Reibungsschubspannungen, in die lediglich die Spalthöhendefinition für die Makrogeometrie einfließt, relevante Druck- und Scherströmungsterme mit den zuvor berechneten Flussfaktoren bzw. Schubspannungsfaktoren modifiziert werden. Die gesuchte Reynolds'sche Differenzialgleichung ergibt sich aufbauend auf Gl. (3-52). Dabei sind die Massenströme nach Gl. (3-58) und (3-59) zu berücksichtigen sowie der Sachverhalt, dass der Term $\partial(\theta\rho_{liq}h)/\partial t$ in der nachfolgenden Gleichung ungleich Null sein kann (siehe Herleitung von Gl. (3-52)):

$$\frac{\partial}{\partial x}\left(\Phi_{xx}^{p}\frac{\rho_{liq}h^{3}}{12\eta_{liq}}\frac{\partial p}{\partial x}\right)+\frac{\partial}{\partial y}\left(\Phi_{yy}^{p}\frac{\rho_{liq}h^{3}}{12\eta_{liq}}\frac{\partial p}{\partial y}\right)=$$

$$\frac{(U_{1}+U_{2})}{2}\frac{\partial(\theta\rho_{liq}h)}{\partial x}+\frac{(U_{2}-U_{1})}{2}\frac{\partial[\theta\rho_{liq}\Phi_{xx}^{s}]}{\partial x}+$$

$$\frac{(V_{1}+V_{2})}{2}\frac{\partial(\theta\rho_{liq}h)}{\partial y}+\frac{(V_{2}-V_{1})}{2}\frac{\partial[\theta\rho_{liq}\Phi_{yy}^{s}]}{\partial y}+\frac{\partial(\theta\rho_{liq}h)}{\partial t} \qquad (3\text{-}77)$$

$$\begin{array}{llll} \text{mit} & p > p_{cav} & \text{und} & \theta = 1 \qquad \text{im Überdruckgebiet} \\[2mm] & p = p_{cav} & \text{und} & \theta < 1 \qquad \text{im Kavitationsgebiet} \end{array} \qquad (3\text{-}78)$$

Die Reynolds'sche Differenzialgleichung (3-77) ist geeignet für die Berechnung der mikro- und makrohydrodynamischen Druckentwicklung in Schmierspalten von großflächigen rauen Oberflächen unter Berücksichtigung einer in Spaltlängen- und Spaltbreitenrichtung veränderlichen Viskosität und Dichte (kompressible Strömung) sowie von Kavitation unter Einhaltung der Massebilanz bei instationären Betriebsbedingungen.

Die Gleichungen für die hydrodynamischen Reibungsschubspannungen lauten:

$$\tau_{fx}^{1,2} = (U_{2}-U_{1})\frac{\theta\eta_{liq}}{h}\left(\Phi_{f}\mp\Phi_{xx}^{fs}\right)\mp\frac{h}{2}\frac{\partial p}{\partial x}\Phi_{xx}^{fp} \qquad (3\text{-}79)$$

$$\tau_{fy}^{1,2} = (V_{2}-V_{1})\frac{\theta\eta_{liq}}{h}\left(\Phi_{f}\mp\Phi_{yy}^{fs}\right)\mp\frac{h}{2}\frac{\partial p}{\partial y}\Phi_{yy}^{fp} \qquad (3\text{-}80)$$

Dabei beziehen sich die positiven Vorzeichen auf Körper 2 und die negativen Vorzeichen auf Körper 1.

4 Reibung

In Anlehnung an [57] ist Reibung auf Wechselwirkungen zwischen sich berührenden Stoffbereichen von Körpern zurückzuführen, die einer Relativbewegung der Körper entgegenwirken. Wie in der Physik soll auch hier der Begriff „Körper" stellvertretend für alles stehen, was eine Masse hat und einen Raum einnimmt. Körper bestehen aus Stoffen, die fest, flüssig oder gasförmig sein können. Je nach Bewegungzustand der Körper kann in Reibung ohne Relativbewegung (Haftreibung oder statische Reibung) und Reibung mit Relativbewegung (Bewegungsreibung oder dynamische Reibung) unterschieden werden. In Abhängigkeit von der Zugehörigkeit der am Reibungsprozeß beteiligten Stoffbereiche kann äußere oder innere Reibung vorliegen. Bei äußerer Reibung sind die sich berührenden Stoffbereiche verschiedenen Körpern, bei innerer Reibung ein und demselben Körper zugehörig.

Weiterhin lassen sich mehrere Reibungszustände unterscheiden. Festkörperreibung ist die Reibung zwischen bzw. innerhalb von Stoffbereichen mit Festkörpereigenschaften. So kann die Festkörperreibung als äußere Reibung, hervorgerufen durch Adhäsion zwischen verschiedenen Stoffbereichen, und als innere Reibung, hervorgerufen durch Deformation innerhalb eines Stoffbereiches, vorliegen. Sind sich berührende Stoffbereiche von einer festen Grenzschicht bedeckt (z.B. Oxidschicht), wird dies Grenzschichtreibung genannt. Handelt es sich hingegen um einen sehr dünnen Grenzfilm (z.B. Adsorptionsschicht), wird von Grenzreibung gesprochen. Flüssigkeitsreibung ist die innere Reibung im Stoffbereich mit Flüssigkeitseigenschaften, Gasreibung die innere Reibung im Stoffbereich mit Gaseigenschaften. Mischreibung nennt man jede Mischform der zuvor genannten Reibungszustände, am häufigsten jedoch das gleichzeitige Vorhandensein von Festkörper- und Flüssigkeitsreibung.

Die Wirkung der Reibung ist durch eine Reibungskraft und eine Reibungsarbeit/-energie gekennzeichnet. Reibungsenergie ist der durch Energiedissipation und Energieakkumulation entstehende Verlust an aufgebrachter mechanischer Energie während des Reibungsprozesses. Die Darstellung der Reibung erfolgt im Allgemeinen als Reibungskraft und Reibungszahl, die sich aus dem Verhältnis von wirkender Reibungs- und wirkender Normalkraft ergibt.

Je nach Betrachtungsraum liegt eine makroskopische, mikroskopische/mesoskopische und molekulare Betrachtung der Reibung vor. Dementsprechend existieren Makro-, Mikro/Meso- und Molekularmodelle der Reibung. Die molekularen Modelle, die die Ursachen der Reibung durch molekulare bzw. atomare Wechselwirkungen beschreiben, stehen zum gegenwärtigen Zeitpunkt für eine geschlossene Reibungsberechnung nicht in vollem Umfang zur Verfügung. Zu vielfältig sind die auf die Reibung Einfluss nehmenden Faktoren. Sie werden aber zukünftig einen wichtigen Beitrag zum Verständnis der Elementarprozesse der Reibung liefern. Mikro/Mesomodelle, die die Wirkung der Reibung auf mikroskopischer/mesoskopischer Skala beschreiben, gestatten eine Auflösung der makroskopisch durch Versuche feststellbaren Auswirkungen (Makromodelle) bis in den Mikro/Mesobereich bzw. eine Berücksichtigung von molekularen Ansätzen zur Beschreibung von Einzelprozessen und stellen so ein Bindeglied zwischen den Makro- und Molekularmodellen dar.

Nachfolgend werden die Festkörperreibung, die die Grenz- und Grenzschichtreibung beinhaltet, die Flüssigkeitsreibung und die Mischreibung näher ausgeführt. Die Gasreibung wird nicht weiter behandelt, da hier der Fokus auf geschmierten und trockenlaufenden Tribosystemen liegt.

4.1 Festkörperreibung

Erste systematische Studien zur Festkörperreibung werden LEONARDO DA VINCI (1470) zugeschrieben. Er erkannte, dass die Reibung unabhängig von der scheinbaren Kontaktfläche und die Reibungskraft proportional zur Normalkraft ist. Die Proportionalitätskonstante bzw. die Reibungszahl f nahm er für glatte und polierte Körper unabhängig von der Materialpaarung als konstant mit f = 0.25 an [45]. AMONTONS (1699) bestätigte die bereits von LEONARDO DA VINCI gefundenen Zusammenhänge, die in der Literatur als AMONTONS Gesetze Eingang gefunden haben. Die Reibungszahl nahm er für die von ihm untersuchten Materialpaarungen als nahezu konstant mit f ≈ 0.3 an. COULOMB (1785) formulierte, dass die Reibung in statische (Haftreibung) und dynamische Reibung (Bewegungsreibung) zu unterscheiden ist und erkannte, dass die Reibungszahl für eine Materialpaarung variieren kann [45]. KRAGELSKIJ (1939) und BOWDEN ET AL. (1943) formulierten, dass die Mechanismen der Festkörperreibung aus Defomation und Adhäsion resultieren, wobei beide Anteile unterschiedlich stark ausgeprägt sein können [25], [87]. KRAGELSKIJ sprach von der Doppelnatur der Festkörperreibung.

Bei Festkörperreibung wird das Reibungs- und Verschleißverhalten in großem Maße durch die Struktur und Eigenschaften sich ausbildender Grenzschichten bestimmt. Eine wichtige Rolle spielen hierbei Adsorptions, Auftrags- und Reaktionsschichten. Die Wissenschaftsdisziplin die sich mit der Entstehung solcher Schichten beschäftigt ist die Tribochemie. Tribochemische Prozesse bewirken Wechselwirkungen von Grundkörper, Gegenkörper und angrenzendem Medium. Die Folge ist eine chemische Modifizierung der Oberflächen. So gehen z.B. Metalloberflächen auf Grund von plastischen Verformungen, die die Zunahme von Gitterfehlern begünstigen, verbunden mit reibbedingten Temperaturerhöhungen, in einen hochaktivierten instabilen Zustand über (reibbedingte Aktivierung). Dies führt zu einer hohen Reaktionsneigung der Oberfläche. Findet eine chemische Reaktion von Metallen mit Sauerstoff statt, wird allgemein von Oxidation gesprochen. Entstehen diese Oxidschichten im Reibungsprozess, wird dies Tribooxidation genannt.

Analysen zeigen, dass die Grenzschichten mehr oder weniger komplex aufgebaut sind. Nach Bild 4-1 wird allgemein in „innere" und „äußere" Grenzschicht unterschieden. So besteht z.B. die „innere" Grenzschicht bei Metallen aus einer fertigungsbedingten oder tribologisch verursachten Verformungs- bzw. Verfestigungszone. Diese „innere" Grenzschicht kann eine durch Anreicherung oder Verarmung gegenüber dem Grundwerkstoff abweichende Elementezusammensetzung und -konzentration aufweisen (Tribomutation). Die äußere Grenzschicht wird aus Adsorptions- und Auftrags- oder Reaktionsschichten gebildet. Die Schichtdicken sind vom Material, der Verfügbarkeit der schichtbildenen Partner und der Beanspruchung abhängig.

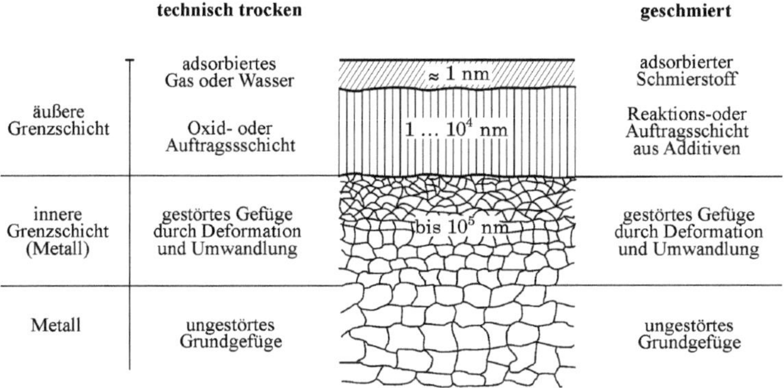

Bild 4-1:   Schematischer Aufbau von Grenzschichten bei Metallen

Bei einem geschmierten Kontakt kann die Bildung tribologisch günstiger Grenzschichten durch schichtbildende Additive unterstützt werden. Die Wirkung dieser Additive beruht auf Wechselwirkungsprozessen mit den Oberflächen. Dabei können Adsorptionsschichten, Reaktionsschichten durch Reaktion der Additive bzw. ihrer Bestandteile mit der Festkörperoberfläche oder Auftragsschichten ohne reaktive Beteiligung der Grundwerkstoffe gebildet werden. Während z.B. EP-Additive mit Metalloberflächen vorrangig Reaktionsschichten bilden (Metallsulfide, -chloride, -phosphate, -seifen usw.), reagieren AW- und FM-Additive auf den Metalloberflächen meist zu Adsorptions- oder Auftragsschichten (Metall-, Polymerschichten usw.). Die Wirksamkeit von Additiven hängt von der Aktivierungsenergie der Reaktion, der Oberflächentemperatur, der Additiv-Konzentration bzw. Verfügbarkeit an der Grenzfläche, des Trägerschmierstoffs und den chemisch-physikalischen Eigenschaften des Festkörpers ab.

Dass die Festkörperreibungsmechanismen Deformation und Adhäsion sowie die Tribochemie im tribologischen Prozeß nicht für sich allein, sondern in Wechselbeziehung miteinander stehen, verdeutlicht Bild 4-2. Deformation und Tribochemie beeinflussen sich z.B. dahingehend, dass die Deformation der Rauheiten zur Zerstörung von Grenzschichten führt und die sich ausbildenden Grenzschichten eine Festigkeitszunahme (Oxidschichten) oder Festigkeitsabnahme (Rebinder-Effekt) der oberflächennahen Bereiche bewirken können. Zur Anlagerung von Grenzschichten sind Bindungskräfte (freie Oberflächenenergien) erforderlich, die durch eine Grenzschichtanlagerung abgesättigt oder reduziert werden. Oberflächenbereiche mit freien Oberflächenenergien (adhäsive Wechselwirkungsflächen) werden durch die Deformation der Rauheiten gebildet. Bei einer Abwesenheit oder Zerstörung der Grenzschichten kann es hier zu Materialübertrag kommen, der eine Aufrauung bzw. Einglättung der Oberflächen bewirkt (z.B. durch Übertrags-/Transferschichten aus Metallen oder Polymeren). Es zeigt sich, dass die Einflußfaktoren auf Deformation, Adhäsion und Tribochemie sehr mannigfaltig und in komplizierter Weise miteinander verknüpft sind. Diese Wechselbeziehungen bestimmen letztendlich das Festkörperreibungs- und Verschleißverhalten eines Tribosystems. Zur Berechnung von Festkörperreibung ist daher eine ganzheitliche Betrachtung anzustreben, was aber aktuell noch nicht in vollem Umfang möglich ist.

Bild 4-2:   Wechselbeziehungen zwischen den Mechanismen der Festkörperreibung und der
              Tribochemie

Die Berechnung der Festkörperreibung als Reibungskraft geschieht normalerweise aus einer
vorzugebenen Festkörperreibungszahl f_s, die bestenfalls aus Versuchen bei unterschiedlichen
Beanspruchungskollektiven bestimmt wurde.

$$F_{fs} = f_s \cdot F_{ns} \qquad\qquad\qquad (4\text{-}1)$$

Durch die Vorgabe der Festkörperreibungszahl ist das Berechnungsergebnis zur Festkörperreibung indirekt schon vorgegeben. Häufig stehen entsprechende Werte zur Reibungszahl aus
Versuchen jedoch nicht zur Verfügung bzw. sind nicht auf andere Tribosysteme übertragbar.
In diesen Fällen wäre es hilfreich, wenn die Reibung vorausberechnet oder zumindestens aber
abgeschätzt werden könnte. Ein möglicher Lösungsansatz wird nachfolgend aufgezeigt.

Zur Berechnung der Festkörperreibungskräfte und zur Gewinnung eines tieferen Verständ-
nisses hinsichtlich des tribologischen Reibungsprozesses und der auftretenden Reibungsme-
chanismen (Elementarreibprozesse) erscheint es günstig, eine energetische Betrachtungsweise
einzuschlagen. Hierbei erfolgt eine Analyse der möglichen Reibungsursachen und eine Zerlegung der Reibungsarbeit in die hieraus resultierenden Anteile. Während eine Kraft durch
Betrag und Richtung definiert ist (vektorielle Größe), wird Arbeit allein durch einen Betrag
ohne Richtung (skalare Größe) beschrieben. Erst die Rückführung der Arbeit auf eine Kraft
entlang eines Weges führt zu einer gerichteten Betrachtung. Dies kann bei einer energetischen
Reibungsberechnung ausgenutzt werden. Weiterhin gestattet die energetische Vorgehensweise eine Aufteilung der Reibungsarbeit auf die Reibkörper. Obwohl die auf die Körper ein-
wirkenden Reibungskräfte im Kontakt entgegengesetzt gerichtet und gleich groß sind, können
sie in den Reibkörpern unterschiedliche Reibungsarbeiten verrichten. Für die Anwendung von
Verschleißmodellen kann dies von großem Vorteil sein.

Die energetische Betrachtungsweise der Reibung wurde in verschiedenen Arbeiten diskutiert oder umgesetzt. Eine umfangreiche energetische Analyse des Systems „Reibstelle" wurde von FLEISCHER durchgeführt [53]. Allgemein ergibt sich die Festkörperreibungsarbeit W_{fs} aus:

$$W_{fs} = f_s \cdot F_{ns} \cdot s_f = F_{fs} \cdot s_f \tag{4-2}$$

Die Festkörperreibungsarbeit kann entsprechend der Festkörperreibungsmechanismen auch als Summe der Energieanteile aus Deformation und Adhäsion geschrieben werden:

$$W_{fs} = \overbrace{W_{fs,def}}^{\text{Deformationskomponente}} + \overbrace{W_{fs,ad}}^{\text{Adhäsionskomponente}} \tag{4-3}$$

Ist die Festkörperreibungsarbeit und die in Normalenrichtung wirkende Festkörpertragkraft F_{ns} bekannt, kann durch Einsetzen und Umstellen auf die Festkörperreibungskraft F_{fs} oder die Festkörperreibungszahl f_s geschlossen werden.

$$F_{fs} = \frac{W_{fs,def} + W_{fs,ad}}{s_f} = F_{fs,def} + F_{fs,ad} \quad \text{bzw.} \quad f_s = \frac{W_{fs}}{F_{ns} \cdot s_f} = \frac{W_{fs,def} + W_{fs,ad}}{F_{ns} \cdot s_f} \tag{4-4}$$

Für real raue 3D-Oberflächen wurde diese Form der Festkörperreibungsberechnung erstmalig von BARTEL vorgestellt [11] und später von REDLICH [118] und SOLOVYEV [133] weiterentwickelt. Um die Festkörperreibung berechnen zu können, ist nach Gl. (4-4) noch der Reibungsweg festzulegen. Wurden in [11] und [118] aus Gründen der Rechenzeit noch Annahmen hinsichtlich der gewählten Reibungswege getroffen, konnte dieses Problem in [133] eindeutig gelöst werden, indem mit vertretbarem Aufwand eine Relativverschiebung der rauen Oberflächen realisiert wurde, wodurch entsprechend Bild 4-4 der Reibungsweg und die auf diesem Weg umgesetzten Reibungsarbeiten eindeutig zueinander definiert waren.

4.1.1 Deformationskomponente der Festkörperreibung

Die Deformationskomponente der Festkörperreibung ist gekennzeichnet durch eine Abplattung der Rauheiten und eine mehr oder weniger ausgeprägte Furchung des weicheren Kontaktpartners durch Rauheiten des härteren Kontaktpartners (Gegenkörperfurchung) bzw. durch eingebettete harte Verschleißpartikel (Teilchenfurchung). Die Furchung kann dabei mit oder ohne Materialverlust stattfinden. Weisen beide Kontaktpartner gleiche Härten auf, wird die Deformationskomponente vorrangig durch eine Abplattung der Rauheiten geprägt sein. Liegt ein größerer Härteunterschied vor, kann der Einfluss der Furchung entscheidend sein. Dies hängt im Wesentlichen vom Neigungswinkel der eindringenden härteren Rauheit, deren Eindringtiefe und den Materialeigenschaften des weicheren Kontaktpartners ab. Zudem wird die Furchung durch die sich ständig ändernden Kontaktverhältnisse beeinflusst.

Infolge einer Relativbewegung der rauen Oberflächen sind die Materialien Normal- und Tangentialspannungen unterworfen. Betrachtet man die Punkte der beanspruchten Kontaktbereiche, so werden diese in drei Koordinaten ausgelenkt. In Bild 4-3 ist dies für einen ausgewählten Punkt P dargestellt, der durch die Kraft F deformationsbedingt von P(x′,y′,z′) nach P(x,y,z) verschoben wird.

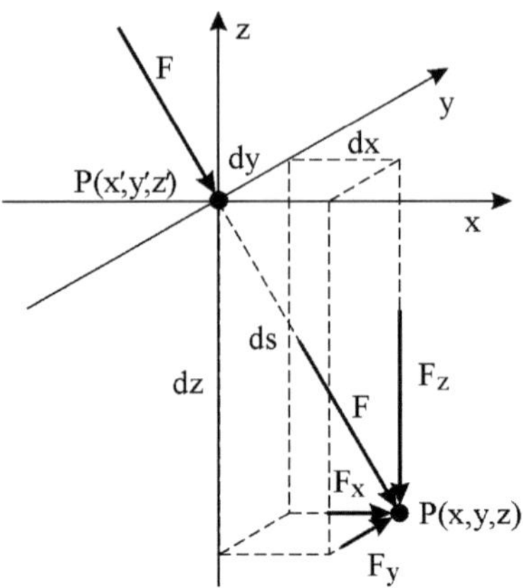

Bild 4-3:   Zerlegung der Kraft F in die Teilkräfte F_x, F_y und F_z

Nach den Regeln der Vektorrechnung lässt sich die Kraft F in Teilkräfte zerlegen. Die Deformationsarbeit zur Auslenkung des Punktes kann demnach auch als Summe dreier Einzelkomponenten geschrieben werden:

$$W_{def} = \int_0^{s_P} F\,ds = \int_0^{x_P} F_x\,dx + \int_0^{y_P} F_y\,dy + \int_0^{z_P} F_z\,dz = W_{def,x} + W_{def,y} + W_{def,z} \qquad (4\text{-}5)$$

Wird die Kontaktberechnung mittels FEM durchgeführt, lassen sich die Deformationsarbeiten in allen drei Raumrichtungen berechnen. Dies ist bei einer Verwendung des Halbraummodells nach Kapitel 3.1 nicht gegeben, da hier lediglich die Deformationsarbeit in z-Richtung bestimmt werden kann. Wird jedoch angenommen, dass für reale Neigungswinkel der kontaktierenden Rauheiten und bei Vernachlässigung von Wallaufwerfungen eine Verschiebung der Punkte der beanspruchten Kontaktbereiche vorwiegend in Richtung der Kraft F_z stattfinden wird, lässt sich die Deformationsarbeit näherungsweise aus der Deformationsarbeit in z- bzw. Normalenrichtung bestimmen:

$$W_{def} \approx W_{def,z} = W_{def,n} \qquad (4\text{-}6)$$

Die deformationsbedingte Reibungsarbeit setzt sich genauso wie die Deformationsarbeit (siehe Kapitel 3.1) aus einem elastischen sowie plastischen Anteil zusammen und entspricht genau dem Anteil der Deformationsarbeit, der als Verlust wirksam ist. So entspricht der plastische Anteil zu 100% der plastischen Deformationsarbeit, die wegen der aufgetretenen Versetzungswanderungen irreversibel verloren geht. Der elastische Anteil entspricht nur einem Teil der elastischen Deformationsarbeit, da diese größtenteils wieder zurückgewonnen wird. Der Verlust entsteht aus einer unvollkommenen Elastizität der Werkstoffe und wird elastische

Hysterese bzw. mechanische Dämpfung genannt. Hystereseeffekte spiegeln sich z.B. in der natürlichen Abnahme von mechanischen Schwingungen wider. Ein Maß für den auftretenden Verlust ist der Hysteresefaktor H als Verhältnis aus Verlustenergie und aufgebrachter elastischer Energie. Die Größe des Hysteresefaktors ist vom Werkstoff, der Deformationsgeschwindigkeit, der Belastungshöhe, der Belastungsart (ein- oder mehrachsig), der Belastungsdauer/-frequenz und der Temperatur abhängig. Tendenziell erhöht sich die Hysterese mit einer Zunahme der Belastungsparameter und der Temperatur. Eine hohe Hysterese weisen Gummi, Kunststoffe, Graugußeisen oder einige ferromagnetische Legierungen auf. Für eine Vielzahl von Materialien sind Hysterese-/Dämpfungskoeffizienten, die aus unterschiedlichen Schwingversuchen erhalten wurden, unter Hinweis auf die Versuchsparameter in [92] angegeben. Untersuchungen zum Dämpfungsanteil von Metallpaarungen im Reibungsprozeß, einschließlich quantitativer Angaben, liegen allerdings noch nicht im gewünschten Maße vor. Für die gesamte deformationsbedingte Reibungsarbeit kann damit geschrieben werden:

$$W_{fs,def} = W_{fs,def,el} + W_{fs,def,pl} \approx H_{red} \cdot W_{def,n,el} + W_{def,n,pl} \tag{4-7}$$

Der in Gl. (4-7) eingeführte reduzierte Hysteresefaktor H_{red} berücksichtigt eventuell unterschiedliche elastische Dämpfungseigenschaften der Materialpaarung. Mit

$$H_{red} \cdot W_{def,n,el} = H_1 \cdot W_{def,n,el_1} + H_2 \cdot W_{def,n,el_2} \tag{4-8}$$

und in Anlehnung an die Gleichungen (3.8) und (3.9), kann für den reduzierten Hysteresefaktor folgender Zusammenhang gefunden werden:

$$H_{red} = \frac{H_1}{\dfrac{E_1\left(1-v_2^2\right)}{E_2\left(1-v_1^2\right)}+1} + \frac{H_2}{\dfrac{E_2\left(1-v_1^2\right)}{E_1\left(1-v_2^2\right)}+1} \tag{4-9}$$

Nach Gl. (4-9) geht der Hysteresefaktor des elastischeren Materials mit einer höheren Gewichtung ein.

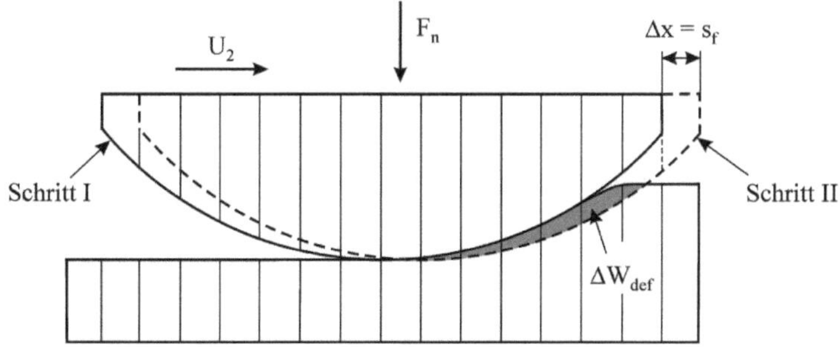

Bild 4-4:   Definition des Reibungsweges zur Berechnung der Festkörperreibung

Zur Berechnung der deformationsbedingten Reibungsarbeit werden im Schritt I die Oberflächen in Kontakt gebracht und die elastischen und plastischen Deformationsarbeiten bestimmt. Anschließend werden die Oberflächen um den Reibweg, der vorzugsweise dem
Diskretisierungsabstand der Oberfläche in Bewegungsrichtung entsprechen sollte, relativ
zueinander verschoben und die Kontaktberechnung in einem Schritt II wiederholt. Ergibt sich
von I nach II eine zunehmende Deformationsarbeit am Punkt (x,y), so wird diese Differenz
bei der Berechnung der deformationsbedingten Festkörperreibungsarbeit berücksichtigt. Mit

$$\Delta W_{def,el}^{I \to II}(x,y) = \begin{cases} W_{def,el}^{II}(x,y) - W_{def,el}^{I}(x,y) & \text{wenn} \quad W_{def,el}^{II}(x,y) > W_{def,el}^{I}(x,y) \\ 0 & \text{wenn} \quad W_{def,el}^{II}(x,y) \leq W_{def,el}^{I}(x,y) \end{cases} \tag{4-10}$$

und

$$\Delta W_{def,pl}^{I \to II}(x,y) = \begin{cases} W_{def,pl}^{II}(x,y) - W_{def,pl}^{I}(x,y) & \text{wenn} \quad W_{def,pl}^{II}(x,y) > W_{def,pl}^{I}(x,y) \\ 0 & \text{wenn} \quad W_{def,pl}^{II}(x,y) \leq W_{def,pl}^{I}(x,y) \end{cases} \tag{4-11}$$

können die lokalen deformationsbedingten Festkörperreibungskräfte am Punkt (x,y) aus

$$F_{fs,def}^{I \to II}(x,y) = \frac{1}{s_f}\left[H_{red} \cdot \Delta W_{def,el}^{I \to II}(x,y) + \Delta W_{def,pl}^{I \to II}(x,y)\right] \tag{4-12}$$

berechnet werden, die in der Summe der Gesamtreibungskraft entsprechen:

$$F_{fs,def}^{I \to II} = \int_{(\Omega)} F_{fs,def}^{I \to II}(x,y)\,d\Omega \tag{4-13}$$

Das Ergebnis stellt eine „Momentanaufnahme" der deformationsbedingten Festkörperreibung
dar. Zur Ermittlung einer mittleren Festkörperreibungskraft ist es bei rauen Oberflächen erforderlich, mehrere aufeinanderfolgende Schritte zu rechnen. Entsprechende Ergebnisse sind
beispielhaft in Bild 4-5 dargestellt. Dazu wurden ein Ausschnitt der Oberfläche 1 mit einem
Schrittweitenabstand von 1 µm um $s_f = 100$ µm über die Oberfläche 2 bewegt. Mit dem
Festkörperreibungsmodell werden bei anisotropen Oberflächenstrukturen je nach Gleit-
richtung und in Abhängigkeit der Flächenpressung unterschiedliche Reibungszahlen in x-
bzw. y-Richtung berechnet. Dies korreliert gut mit Erfahrungen aus Versuchen. Die
Reibungszahlen und die gegenseitige Annäherung der Oberflächen schwanken wegen der sich
ständig ändernden Kontaktbedingungen zwischen den Oberflächen. Dies ist in y-Richtung
ausgeprägter als in x-Richtung. Es sei darauf hingewiesen, dass die dargestellten Reibungszahlen nur den Deformationsanteil der Festkörperreibung beschreiben und damit eher einer
Grenzreibungszahl geschmierter Tribosysteme entsprechen. Bei ungeschmierten Tribosystemen ist unbedingt der noch häufig sehr hohe adhäsionsbedingte Festkörperreibungsanteil zu
überlagern.

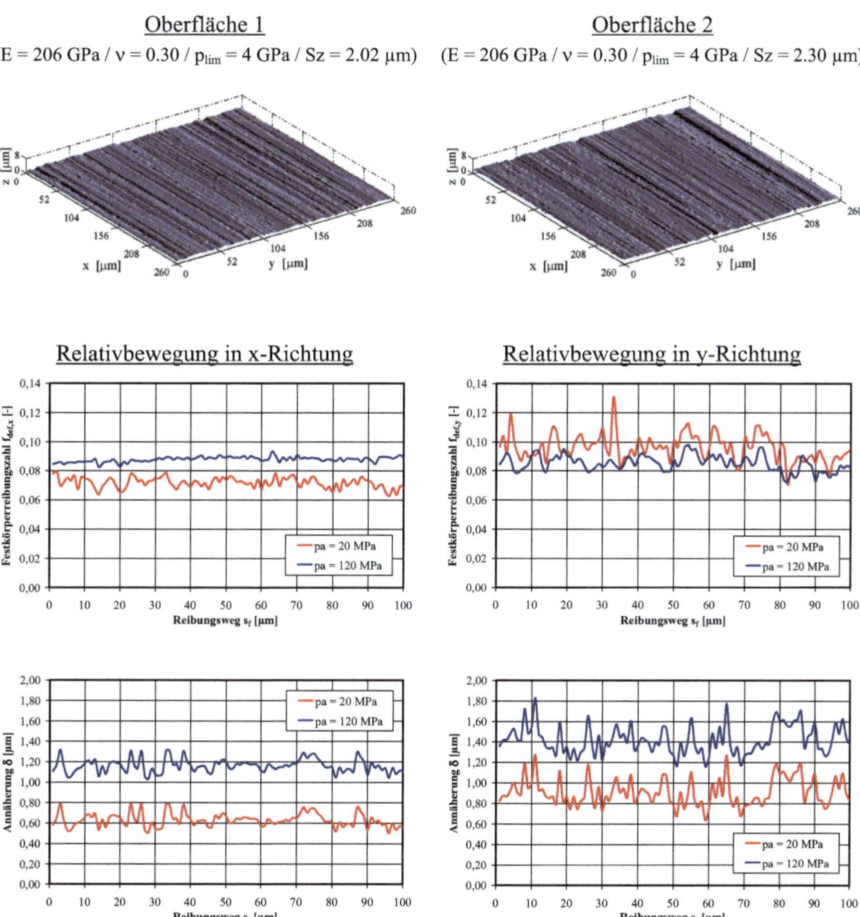

Bild 4-5: Deformationsbedingte Festkörperreibungszahl und Annäherung der Oberflächen in Abhängigkeit vom Reibungsweg, der Bewegungsrichtung und der nominellen Flächenpressung (H_{red} = 2 %)

Die Reibungszahl suggeriert häufig die Vorstellung von einer hohen oder niedrigen Reibung in einem Tribosystem. Kurvenverläufe, bei denen die Reibungszahlen über der Belastung aufgetragen sind, verleiten bei mit zunehmender Belastung gleichbleibenden oder abfallenden Reibungszahlen zu der Feststellung, dass die Reibung im System entweder konstant bleibt oder aber abnimmt. In Bild 4-5 könnte z.B. der Eindruck entstehen, dass die Reibung in y-Richtung bei 20 MPa höher als bei 120 MPa ist, was so nicht stimmt, da ja ganz unterschiedliche Normalkräfte wirken (Verhältnis 1 : 6). Aus vorgenannten Gründen kann die alleinige Betrachtung von Reibungszahlen schnell zu Fehlinterpretationen führen. Um dies auszuschließen, wird eine Darstellung der Reibungskräfte empfohlen.

4.1.2 Adhäsionskomponente der Festkörperreibung

In der Physik wird unter Adhäsion das Aneinanderhaften verschiedenartiger Stoffe an deren Grenzfläche durch zwischenmolekulare Kräfte verstanden. Adhäsion spielt z.B. eine Rolle bei der Benetzung fester Körper durch Flüssigkeiten, beim Kleben und Schreiben. Im tribologischen Sprachgebrauch wird Adhäsion häufig auf einen Metall-Metall-Kontakt mit Materialübertrag reduziert, der zum „Fressen" der Paarung bzw. Adhäsionsverschleiß führen kann.

Im Weiteren werden unter Adhäsion alle Erscheinungen von molekularen Wechselwirkungen in der Kontaktfläche sich berührender Stoffbereiche verstanden. Diese haben zur Folge, dass mehr oder weniger starke Bindungen entstehen, die bei einer Relativbewegung der Reibkörper getrennt werden müssen. Die Größe dieser Bindungskräfte ist von der Atomart abhängig und nimmt mit der Anzahl der wechselwirkenden Atome bzw. der Verringerung des Abstandes zwischen den Atomen zu. Adhäsion wird vom Aufbau des oberflächennahen Bereiches, der Gitterstruktur und ihrer Mikrostruktur beeinflusst. In Tribosystemen mit Relativbewegung ist Adhäsion zwischen Schmierstoff/Reibkörper und Grenzschicht/Reibkörper erwünscht, jedoch zwischen den Reibkörpern meistens unerwünscht.

Bei einer Metalloberfläche ohne äußere Grenzschicht befinden sich die Atome auf Grund unterschiedlich abgesättigter Elektronenkonfigurationen in einem ungleichen energetischen Zustand. Dies führt zu großen Wechselwirkungen der Oberfläche mit den Atomen oder Molekülen der gasförmigen, flüssigen oder festen Umgebung. Im Falle von Gasen oder Flüssigkeiten entstehen physisorbierte- oder chemisorbierte Filme in Bruchteilen von einer Sekunde. Dabei weisen physisorbierte Filme, die primär durch schwache Van-der-Waals-Bindungen gekennzeichnet sind, tendenziell eine geringere Bindungsenergie als chemisorbierte Filme auf, da diese Anteile von Atom- oder Ionenbindungen aufweisen können. Beim Kontakt Metall/Oxidschicht oder Metall/Metall kommt es zu stärkeren Atom- bzw. Metallbindungen. Im Falle von Metallpaarungen gab und gibt es Bestrebungen, Zusammenhänge zwischen Ergebnissen aus Adhäsionsversuchen und dem Aufbau der verwendeten Metalle abzuleiten, was zu unterschiedlichen Metall-Metall-Adhäsionstheorien (Gittertheorie, elektrostatische Theorie, Versetzungs-/Diffusionstheorie, Löslichkeits-/Affinitätstheorie oder Elektronentheorie) führte [11].

Jede Erhöhung der Bindungskräfte zwischen sich tangential bewegenden Oberflächen führt zur Erhöhung des Reibungswiderstandes und damit zum Auftreten höherer Schubspannungen in den Reibungspartnern. Es muss daher das Ziel sein, einen Metall-Metall-Kontakt mit starken Metallbindungen zu verhindern, indem die freien Oberflächenenergien an den unbedeckten Metalloberflächen abgesättigt werden. Dies lässt sich durch eine Anlagerung von Grenzschichten oder eine Oberflächenbehandlung erreichen. Die zwischen den Grenzschichten im Allgemeinen geringeren Bindungskräfte führen zu einer Verminderung der adhäsiv bedingten Reibung. Grenzschichten entstehen aus der Anlagerung von flüssigen Komponenten, tribochemischen Reaktionen mit dem Umgebungsmedium (Oxidation) oder mit Additiven des Schmierstoffs oder aus Materialübertrag (Blei, Zinn, Polymere, Garkunov-Effekt).

Der vorliegende energetische Zustand der Atome, Ionen oder Moleküle einer Oberfläche kann durch deren spezifische Oberflächenenergie γ_0 gekennzeichnet werden. Beim Kontakt von zwei Oberflächen bildet sich eine Grenzfläche aus, die den Übergang vom einen zum anderen Stoffbereich vermittelt. Die zum Trennen der Stoffbereiche erforderliche spezifische Adhäsionsarbeit γ_{ad} ergibt sich aus der Summe der Oberflächenenergien, reduziert um die zur Bildung der Grenzfläche erforderliche spezifische Grenzflächenenergie γ_{12}. Es gilt:

$$\gamma_{ad} = \gamma_{01} + \gamma_{02} - \gamma_{12} \tag{4-14}$$

Nach Gl. (4-14) wird die Adhäsionsneigung der Oberflächen durch hohe spezifische Oberflächenenergien und eine niedrige Grenzflächenenergie begünstigt. Die spezifische Grenzflächenenergie kann sich beim Metall-Metall-Kontakt durch ein Umordnen der Atome reduzieren. Die Fähigkeit zur Umordnung hängt von der Art der chemischen Bindung ab und wird durch eine Relativbewegung oder erhöhte Temperaturen unterstützt. Die Ermittlung der spezifischen Grenzflächenenergie gestaltet sich allerdings als sehr schwierig.

Die zur Trennung der Bindungen erforderliche Schubspannung wird durch die Schubfestigkeit beschrieben. Die Trennung geschieht entweder in der adhäsiven Bindungsebene oder in unter der Oberfläche tiefer gelegenen Bereichen, wenn diese eine geringere Schubfestigkeit aufweisen. In diesem Fall kommt es zur Trennung kohäsiver Bindungen. Für einen günstigen Reibungs- und Verschleißzustand ist ein positiver Gradient der Schubfestigkeit anzustreben. Dieser liegt vor, wenn die Schubfestigkeit der übereinander liegenden Stoffbereiche (Grenzschicht, Grundwerkstoff) mit zunehmender Tiefe ansteigt.

Wird z.B. die Verbindung zwischen zwei Metallen nicht in deren Grenzfläche, sondern im weicheren Metall wieder getrennt, ist dies mit Materialübertrag verbunden. Existieren zwischen den Metallen Grenzschichten mit kleinerer Schubfestigkeit als das weichere Metall, so findet die Trennung dort statt. Die die Reibungskraft bestimmende reale Schubfestigkeit kann somit nur zwischen Null und der Schubfestigkeit des weicheren Metalls liegen:

$$\tau_{s,real} = \tau_{s,layer} = m' \cdot \tau_{s,metal} \qquad \text{mit} \qquad 0 < m' \leq 1 \tag{4-15}$$

Für den Fall, dass in der Kontaktfläche sowohl metallischer Kontakt als auch trennende Grenzschichten vorliegen, kann eine „integrale" Schubfestigkeit aus folgender Beziehung bestimmt werden:

$$\bar{\tau}_{s,real} = \frac{A_{r,ad,metal}}{A_{r,ad}} \cdot \tau_{s,metal} + \frac{A_{r,ad,layer}}{A_{r,ad}} \cdot \tau_{s,layer} \tag{4-16}$$

Wird Gl. (4-15) in Gl. (4-16) eingesetzt, ergibt sich:

$$\bar{\tau}_{s,real} = \overbrace{\left(\frac{A_{r,ad,metal}}{A_{r,ad}} + \frac{A_{r,ad,layer}}{A_{r,ad}} \cdot m' \right)}^{m} \cdot \tau_{s,metal} = m \cdot \tau_{s,metal} \tag{4-17}$$

Der Faktor m berücksichtigt so die gleichzeitige Wirkung beider Schubfestigkeiten oder aber nur die Wirkung der einen bzw. der anderen. Für den Fall, dass die Trennung ausschließlich in den Grenzschichten erfolgt, gilt $m = m'$, andernfalls ist $m = 1$.

Liegen keine Werte zur Schubfestigkeit des weicheren Metalls vor, kann die Schubfestigkeit näherungsweise mit Gl. (4.18) abgeschätzt werden [11], wenn Materialverfestigungen wietestgehend abgeschlossen sind oder garnicht auftreten.

$$\tau_{s,metal} \approx \frac{p_{lim}}{6} \tag{4.18}$$

In [11] wurde mit Gl. (4-17) für eine trockenlaufenden Messing/Stahl-Paarung die Adhäsionskomponente der Festkörperreibung immer dann berücksichtigt, wenn an den Rauheiten der plastische Fließdruck p_{lim} vorlag. An allen anderen Kontaktstellen, an denen der Fließdruck nicht erreicht wurde, blieb Adhäsion unberücksichtigt. Begründet wurde dies damit, dass bei einer plastischen Deformation der Rauheiten reibungsmindernde Reaktionsschichten (z.B. Oxidschichten) zerstört werden, wodurch metallische Adhäsion auf Grund eines direkten Metall/Metall-Kontaktes mit großen Bindungsenergien auftritt. Der Reibungsschubspannungsfaktor m wurde in diesem Beispiel konstant mit $m = 0.76$ gewählt.

$$m(p_{lim}) = \frac{\overline{\tau}_{s,real}}{\tau_{s,metal}} = 0.76 = konst. \tag{4-19}$$

Ausführungen zu Beginn dieses Kapitels zeigen aber, dass Adhäsion immer dann wirksam ist, wenn sich unterschiedliche Stoffbereiche berühren, also auch im Falle sich berührender Grenzschichten. In [87] wurde in Versuchen mit geschmierten und trockenlaufenden Metallpaarungen nachgewiesen, dass sich die reale Scherfestigkeit mit steigender Flächenpressung bei konstanter realer Kontaktfläche vergrößert. Ursache für den Anstieg können eine zunehmende Zerstörung von schützenden Grenzschichten mit der Folge erhöhter metallischer Adhäsion sowie oberflächennahe Verfestigungseffekte gewesen sein. Für die reale Schubfestigkeit wurde mit der Schubfestigkeit τ_{s0} des unbelasteten Systems (nachträglich durch Extrapolieren bestimmt) und dem Geradenanstieg β folgender linearer Zusammenhang gefunden:

$$\overline{\tau}_{s,real} = \tau_{s0} + \beta \cdot p_r \tag{4-20}$$

Für Gl. (4-17) folgt daraus, dass der Reibungsschubspannungsfaktor m mit

$$m(p_r) = \frac{\overline{\tau}_{s,real}}{\tau_{s,metal}} = \frac{\tau_{s0} + \beta \cdot p_r}{\tau_{s,metal}} \neq konst. \tag{4-21}$$

veränderlich ist, was letztendlich realistischer sein dürfte als die Annahme, dass $m(p) = konst.$ ist. Gl. (4-20) besitzt den Vorteil, dass die Adhäsionskomponente der Festkörperreibung jetzt an allen Kontakten berücksichtigt werden kann, egal ob diese elastisch oder plastisch bzw. an diesen der Fließdruck noch nicht oder schon erreicht wurde. Die Ermittlung der erforderlichen Eingangsgrößen ist aber in vielen Fällen problematisch. Für einige trockenlaufende Reibpaarungen können Werte aus [87] oder [133] entnommen werden. Schwieriger dürfte die Datenbeschaffung für geschmierte Reibpaarungen sein, besonders wenn der Schmierstoff mit reibungs- und verschleißmindernden Additiven versehen ist, da hier davon auszugehen ist, dass sich die reale Scherfestigkeit der adhäsiven Bindungen mit zunehmender Belastung nichtlinear vergrößert (tribochemische und Grenzschichtversagensmodelle erforderlich). Aus vorgenannten Gründen werden praxisnahe Reibungsberechnungen der Adhäsionskomponente beim gegenwärtigen Kenntnisstand nicht immer in vollem Umfang möglich sein.

Grundsätzlich aber kann die Reibungsarbeit $W_{fs.ad}$, die aus der Trennung adhäsiver Verbindungen resultiert, je nach Kenntnislage entweder aus der spezifischen Adhäsionsarbeit oder der realen Schubfestigkeit berechnet werden.

$$W_{fs,ad}^{I\to II}(x,y) = \left(\gamma_{ad}\cdot A_r\right)_{x,y}^{I\to II} = \left(\overline{\tau}_{s,real}\cdot A_r\right)_{x,y}^{I\to II}\cdot s_f \tag{4-22}$$

Für

$$F_{fs,ad}^{I\to II}(x,y) = \frac{W_{fs,ad}^{I\to II}(x,y)}{s_f} = \frac{\left(\gamma_{ad}\cdot A_r\right)_{x,y}^{I\to II}}{s_f} = \left(\overline{\tau}_{s,real}\cdot A_r\right)_{x,y}^{I\to II} \tag{4-23}$$

$$F_{fs,ad}^{I\to II} = \int\limits_{(\Omega)} F_{fs,ad}^{I\to II}(x,y)\,d\Omega \tag{4-24}$$

Bei einer Berechnung der Festkörperreibung, ohne die Vorgabe einer Festkörperreibungszahl, ist eine Mittelwertbildung aus mehreren Rechnungen anzustreben. Die erforderlichen Werkstoffkennwerte sind an eingelaufenen bzw. verfestigten Proben zu bestimmen. Um eventuelle lokale Schwankungen auszugleichen, ist eine Mittelwertbildung aus mehreren Messungen empfehlenswert.

4.2 Flüssigkeitsreibung

Den Grundstein für die mathematische Erfassung der Flüssigkeitsreibung legte NEWTON (1687) mit seinem bekannten Schubspannungsansatz. Der Newton'sche Schubspannungsansatz besagt, dass die Reibungsschubspannung (Flüssigkeitsreibungskraft pro Reibungsfläche) dem Schergefälle $\dot{\gamma}$, d.h. dem Geschwindigkeitsgradienten senkrecht zur Strömungsrichtung, proportional ist. Die Proportionalitätskonstante wird dynamische Viskosität genannt. Sie ist ein Maß für die durch molekulare Wechselwirkungen der Schmierstoffmoleküle hevorgerufene innere Reibung eines strömenden Fluids (siehe auch Kapitel 6.5).

$$\tau_f = \eta\cdot\dot{\gamma} \tag{4-25}$$

Analog der Herleitung der verallgemeinerten Reynolds'schen Differenzialgleichung in Kapitel 2 können die Gleichungen für die hydrodynamischen Reibungsschubspannungen ebenfalls für Newton'sche und nicht-Newton'sche Fluide mit beliebigem Fluidverhalten formuliert werden, indem die Viskosität η durch die effektive Viskosität η^* ersetzt wird, für die bei anisotropem Fließverhalten nicht-Newton'scher Fluide außerdem effektive Viskositäten

η_x^* in x- und η_y^* in y-Richtung zu unterscheiden sind. Unter Berücksichtigung von masse-erhaltender Kavitation in Form des Spaltfüllungsgrades entsprechend Kapitel 2.3.2 und der Möglichkeit einer veränderlichen effektiven Viskosität in Spalthöhenrichtung $\left(\eta^*(z) \neq \text{konst}\right)$, kann mit Gl. (4-25) für die hydrodynamischen Reibungsschubspannungen in x- und y-Richtung geschrieben werden:

$$\tau_{zx}(z) = \tau_{fx}(z) = \theta \eta_{x,liq}^*(z) \cdot \dot{\gamma}_x = \theta \eta_{x,liq}^*(z) \cdot \frac{\partial u}{\partial z} \tag{4-26}$$

$$\tau_{zy}(z) = \tau_{fy}(z) = \theta \eta_{y,liq}^*(z) \cdot \dot{\gamma}_y = \theta \eta_{y,liq}^*(z) \cdot \frac{\partial v}{\partial z} \tag{4-27}$$

Mit den Geschwindigkeitsgradienten nach Gl. (2-15) und (2-16) und den Geschwindigkeits-vereinbarungen entsprechend Gl. (2-39) folgt:

$$\begin{aligned} \tau_{fx}(z) &= \theta \eta_{x,liq}^*(z) \cdot \left\{ \frac{\partial p}{\partial x} \frac{z}{\theta \eta_{x,liq}^*(z)} + \frac{1}{\theta \eta_{x,liq}^*(z)} \cdot \left[\frac{(U_2 - U_1)}{F_{0x}} - \frac{\partial p}{\partial x} \frac{F_{1x}}{F_{0x}} \right] \right\} \\ &= \frac{(U_2 - U_1)}{F_{0x}} + \frac{\partial p}{\partial x} \left(z - \frac{F_{1x}}{F_{0x}} \right) \end{aligned} \tag{4-28}$$

$$\begin{aligned} \tau_{fy}(z) &= \theta \eta_{y,liq}^*(z) \cdot \left\{ \frac{\partial p}{\partial y} \frac{z}{\theta \eta_{y,liq}^*(z)} + \frac{1}{\theta \eta_{y,liq}^*(z)} \cdot \left[\frac{(V_2 - V_1)}{F_{0y}} - \frac{\partial p}{\partial y} \frac{F_{1y}}{F_{0y}} \right] \right\} \\ &= \frac{(V_2 - V_1)}{F_{0y}} + \frac{\partial p}{\partial y} \left(z - \frac{F_{1y}}{F_{0y}} \right) \end{aligned} \tag{4-29}$$

Erweitert um den Spaltfüllungsgrad gilt für die Koeffizienten F nach Gl. (2-19):

$$F_{0x} = \int_0^h \frac{1}{\theta \eta_{x,liq}^*(z)} dz \qquad\qquad F_{0y} = \int_0^h \frac{1}{\theta \eta_{y,liq}^*(z)} dz$$

$$\tag{4-30}$$

$$F_{1x} = \int_0^h \frac{z}{\theta \eta_{x,liq}^*(z)} dz \qquad\qquad F_{1y} = \int_0^h \frac{z}{\theta \eta_{y,liq}^*(z)} dz$$

Die hydrodynamischen Reibungsschubspannungen an den Oberflächen der Festkörper ergeben sich nach Bild 2-1 mit $z = 0$ für Körper 1 (führt zu einem negativen Vorzeichen im 2. Term) und $z = h$ für Körper 2 (führt zu einem positiven Vorzeichen im 2. Term) zu:

$$\tau_{fx}^1(z = 0) = \frac{(U_2 - U_1)}{F_{0x}} - \frac{\partial p}{\partial x} \frac{F_{1x}}{F_{0x}} \qquad \tau_{fx}^2(z = h) = \frac{(U_2 - U_1)}{F_{0x}} + \frac{\partial p}{\partial x} \left(h - \frac{F_{1x}}{F_{0x}} \right) \tag{4-31}$$

$$\tau_{fy}^1(z=0) = \frac{(V_2 - V_1)}{F_{0y}} - \frac{\partial p}{\partial y}\frac{F_{1y}}{F_{0y}} \qquad \tau_{fy}^2(z=h) = \frac{(V_2 - V_1)}{F_{0y}} + \frac{\partial p}{\partial y}\left(h - \frac{F_{1y}}{F_{0y}}\right) \qquad (4\text{-}32)$$

Weist das Fluid mit $\theta\eta_{x,liq}^*(z) = \theta\eta_{y,liq}^*(z) = \theta\eta_{liq}^*(z)$ ein isotropes Fließverhalten auf, können die Koeffizienten F vereinfacht werden:

$$F_{0x} = F_{0y} = F_0 = \int_0^h \frac{1}{\theta\eta_{liq}^*(z)}\,dz \qquad F_{1x} = F_{1y} = F_1 = \int_0^h \frac{z}{\theta\eta_{liq}^*(z)}\,dz \qquad (4\text{-}33)$$

Für die allgemeine Formulierung der Reibungsschubspannungen kann dann geschrieben werden

$$\tau_{fx}(z) = \frac{(U_2 - U_1)}{F_0} + \frac{\partial p}{\partial x}\left(z - \frac{F_1}{F_0}\right) \qquad (4\text{-}34)$$

$$\tau_{fy}(z) = \frac{(V_2 - V_1)}{F_0} + \frac{\partial p}{\partial y}\left(z - \frac{F_1}{F_0}\right) \qquad (4\text{-}35)$$

bzw. für die Reibungsschubspannungen an den Oberflächen von Körper 1 und 2:

$$\tau_{fx}^1(z=0) = \frac{(U_2 - U_1)}{F_0} - \frac{\partial p}{\partial x}\frac{F_1}{F_0} \qquad \tau_{fx}^2(z=h) = \frac{(U_2 - U_1)}{F_0} + \frac{\partial p}{\partial x}\left(h - \frac{F_1}{F_0}\right) \qquad (4\text{-}36)$$

$$\tau_{fy}^1(z=0) = \frac{(V_2 - V_1)}{F_0} - + \frac{\partial p}{\partial y}\frac{F_1}{F_0} \qquad \tau_{fy}^2(z=h) = \frac{(V_2 - V_1)}{F_0} + \frac{\partial p}{\partial y}\left(h - \frac{F_1}{F_0}\right) \qquad (4\text{-}37)$$

Gilt für ein Newton'sches Fluid $\theta\eta_{liq}^*(z) = \theta\eta_{liq}(z) = konst$, d.h. es liegen keine temperaturbedingten Viskositätsänderungen in Spalthöhenrichtung vor, folgt für die Koeffizienten F

$$F_0 = \frac{h}{\theta\eta_{liq}} \qquad bzw. \qquad F_1 = \frac{1}{2}\frac{h^2}{\theta\eta_{liq}} \qquad (4\text{-}38)$$

und damit für die hydrodynamischen Reibungsschubspannungen:

$$\tau_{fx}(z) = (U_2 - U_1)\frac{\theta\eta_{liq}}{h} + \frac{\partial p}{\partial x}\left(z - \frac{1}{2}h\right) \qquad (4\text{-}39)$$

$$\tau_{fy}(z) = (V_2 - V_1)\frac{\theta\eta_{liq}}{h} + \frac{\partial p}{\partial y}\left(z - \frac{1}{2}h\right) \qquad (4\text{-}40)$$

Die Gleichungen für die Reibungsschubspannungen an den Oberflächen von Körper 1 und 2 lauten dann:

$$\tau_{fx}^{1,2} = \left(U_2 - U_1\right)\frac{\theta\eta_{liq}}{h} \mp \frac{h}{2}\frac{\partial p}{\partial x} \tag{4-41}$$

$$\tau_{fy}^{1,2} = \left(V_2 - V_1\right)\frac{\theta\eta_{liq}}{h} \mp \frac{h}{2}\frac{\partial p}{\partial y} \tag{4-42}$$

Dabei beziehen sich die positiven Vorzeichen auf Körper 2 und die negativen Vorzeichen auf Körper 1. Die Reibungsschubspannungen bewirken eine der Bewegung der Oberflächen entgegengesetzt gerichtete Reibungskraft und reibbedingte Temperaturerhöhungen im Fluid. Die Reibungskraft, die zu einem Verlust an aufgebrachter mechanischer Energie führt, wird in der Regel an der Oberfläche bestimmt, an der die Energieeinleitung erfolgt. Die Reibungskraft an der gegenüberliegenden Oberfläche ist meist dann von Interesse, wenn „Mitschleppeffekte", wie z.B. bei Schwimmbuchsenlagern, zu analysieren sind. Für die wirksamen Flüssigkeitsreibungskräfte F_{fh} gilt:

$$F_{fh,x}^{1,2} = \int\limits_{(\Omega)} \tau_{fx}^{1,2}\,dxdy \tag{4-43}$$

$$F_{fh,y}^{1,2} = \int\limits_{(\Omega)} \tau_{fy}^{1,2}\,dxdy \tag{4-44}$$

4.3   Mischreibung

Mischreibung stellt jede Mischform von mindestens zwei unterschiedlichen Reibungszuständen dar. Gegenstand der weiteren Betrachtungen soll hier nur die Mischreibung bei gleichzeitigem Vorhandensein von Flüssigkeits- und Festkörperreibung sein. Flüssigkeitsreibung resultiert aus der Scherung des Schmierstoffs, Festkörperreibung aus molekularen und mechanischen Wechselwirkungen zwischen den rauen Festkörpern. Damit Festkörperreibung vorliegt, wird in der klassischen Vorstellung zur Mischreibung ein unmittelbarer Kontakt der Rauheiten zwingend vorausgesetzt. Grundsätzlich können die in Bild 4-6 dargestellten Zustände und daraus resultierende Kombinationen bei Mischreibung auftreten.

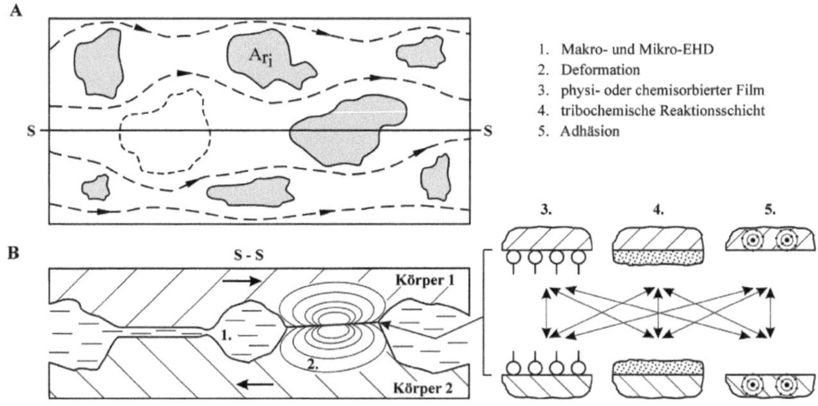

Bild 4-6:   Detailvorgänge bei Mischreibung am Beispiel von Metallpaarungen
             (A – Kontaktflächen mit Umströmungen, B – Schnittbild S - S)

Mischreibung beginnt, wenn die minimale Schmierspalthöhe h_{min} eines Tribosystems nach
Bild 4-7 eine kritische Schmierspalthöhe h_{cr} unterschreitet. Oberhalb von h_{cr} wird die äußere
Last F_n ausschließlich durch die hydrodynamische Tragkraft F_{nh} des Schmierstoffs aufgenommen. Bei Unterschreiten von h_{cr} reicht die Tragwirkung des Schmierstoffs allein nicht mehr
aus. Die entstehende Differenz zur äußeren Last wird durch die Tragfähigkeit F_{ns} der in Kontakt tretenden Rauheiten kompensiert. Beide Traganteile müssen deshalb in Berechnungen zur
Mischreibung auftreten.

$$\text{Flüssigkeitsreibung: } F_n = F_{nh} \qquad\qquad \text{Mischreibung: } F_n = F_{nh} + F_{ns} \qquad (4\text{-}45)$$

Die Reibungsberechnung sollte weiterhin sicherstellen, dass der Übergang zwischen den verschiedenen Reibungszuständen stetig erfolgt. Dies wird durch ein iteratives Vorgehen beim
Einstellen des Gleichgewichtes zwischen den Traganteilen und der äußeren Last erreicht.

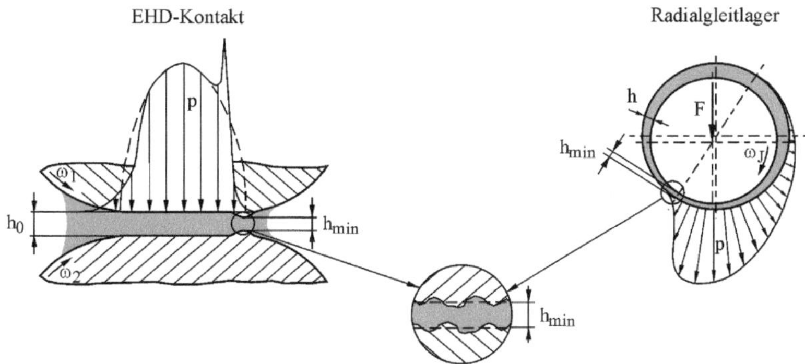

Bild 4-7:   Minimale Schmierspalthöhe in ausgewählten Tribosystemen

Eine geeignete Darstellung der unterschiedlichen Reibungszustände eines geschmierten Tribosystems in Abhängigkeit von Makro- und Mikrogeometrie, Schmierstoff und Betriebsbedingungen gelingt mit der Stribeckkurve nach Bild 4-8. Hierbei kann die Reibungszahl entweder über einer Parameterkombination aus Viskosität, Gleitgeschwindigkeit und Belastung $(\eta \cdot v)/\bar{p}$ oder nur über der Gleitgeschwindigkeit oder nur über der Drehzahl aufgetragen werden. Bei einer Auftragung über Gleitgeschwindigkeit oder Drehzahl müssen Belastung und Viskosität konstant sein.

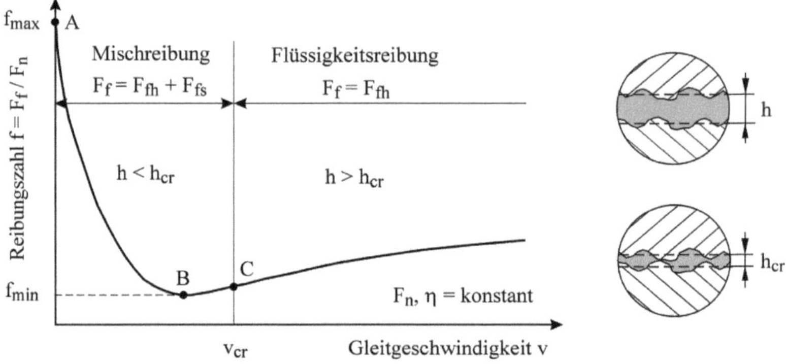

Bild 4-8:   Schematische Stribeckkurve für geschmierte Tribosysteme

Wird das Tribosystem rechts vom Punkt C im Bereich der Flüssigkeitsreibung betrieben, kann ein nahezu verschleißfreier Betrieb realisiert werden. Mit abnehmender Gleitgeschwindigkeit erfolgt der Übergang von der Flüssigkeits- zur Mischreibung, der durch den Punkt C gekennzeichnet ist. Bei einer weiteren Reduzierung der Gleitgeschwindigkeit wird das Reibungsminimum erreicht. Dieses ist durch den Punkt B markiert und liegt im Bereich der Mischreibung. Bei einer Gleitgeschwindigkeit von Null ergibt sich die maximale Reibungszahl im Punkt A. Diese Reibungszahl kann für das Tribosystem variieren, je nachdem, ob diese Reibungszahl aus einer Anlauf- oder Auslaufkurve bestimmt wurde. Dabei wird die Anlaufreibungszahl im Allgemeinen größer ausfallen, da hier die Haftreibung zu überwinden ist. Der Punkt C ist durch den Wendepunkt bestimmt, der sich aus dem Übergang von einer progressiven zu einer degressiven Reibungszunahme bei steigender Gleitgeschwindigkeit rechts vom Punkt B ergibt. Dass sich das Reibungsminimum (Punkt B) in der Mischreibung einstellt, liegt darin begründet, dass bei ersten Festkörperkontakten die äußere Belastung weiterhin im Wesentlichen durch die hydrodynamische Tragkraft aufgenommen wird. Die Festkörpertragkraft und -reibung ist hier noch sehr klein. Auf Grund der Flüssigkeitsreibungsabnahme bei kleiner werdender Gleitgeschwindigkeit führt dann die Summe aus Flüssigkeits- und Festkörperreibung im Bereich zwischen Punkt C und B zu einer weiteren Verringerung der Systemreibung. Erst links vom Minimum dominiert die Festkörperreibung die Mischreibung, wobei der Festkörpertraganteil anfangs noch immer gering sein kann (siehe Bild 4-8).

In einigen Darstellungen wird der Bereich von A bis C in ein Grenzreibungs- und Mischreibungsgebiet unterteilt. Ein eindeutiges Kriterium des Übergangs zwischen beiden ist aber in der Regel nicht definiert. Dies gestaltet sich auch schwierig, da Grenzreibung schon beim

Übergang von der Flüssigkeits- zur Mischreibung, d.h. dem ersten Auftreten von Festkörperkontakten, lokal an einigen Mikrokontakten vorliegt.

Die resultierende Reibungskraft im Mischreibungsgebiet ergibt sich aus der Summe von Flüssigkeits- und Festkörperreibungskraft:

$$F_f = F_{fh} + F_{fs} \tag{4-46}$$

Weiterhin kann gemäß Gl. (4-47) eine Gesamtreibungszahl f berechnet werden:

$$f = \frac{F_f}{F_n} = \frac{F_{fh}}{F_n} + \frac{F_{fs}}{F_n} = f_h + f_s = f_h^* \frac{F_{nh}}{F_n} + f_s^* \frac{F_{ns}}{F_n} \tag{4-47}$$

Es ist zu beachten, dass die Reibungszahlen f_h^* und f_s^*, berechnet aus den Kraftverhältnissen

$$f_h^* = \frac{F_{fh}}{F_{nh}} \qquad \text{und} \qquad f_s^* = \frac{F_{fs}}{F_{ns}}, \tag{4.48}$$

in der Summe keinesfalls die Gesamtreibungszahl ergeben. Die hieraus resultierenden Reibungszahlen sind zu wichten. So entspricht z.B. die Festkörperreibungszahl in Gl. (4-1) nicht der Größe in Gl. (4-47), sondern der Reibungszahl f_s^*. Dieser Hinweis erscheint umso wichtiger, da viele Ingenieure Tribosysteme anhand von Reibungszahlen beurteilen, was immer wieder zu Fehlinterpretationen führt. Summiert werden dürfen lediglich die Reibungszahlen aus dem Verhältnis von jeweiliger Reibungskraft zur äußeren Last:

$$f_h = \frac{F_{fh}}{F_n} \qquad \text{und} \qquad f_s = \frac{F_{fs}}{F_n} \tag{4.49}$$

Zur Beurteilung des Reibungszustandes von geschmierten Tribosystemen wird häufig der Schmierfilmdickenparameter Λ verwendet. Dieser ist als Verhältnis von minimaler Schmierspalthöhe h_{min} (siehe Bild 4-7) zu einem repräsentativen Rauheitswert der gepaarten rauen Oberflächen definiert. Dieser Rauheitswert wird im Allgemeinen durch die Standardabweichung σ der Profilhöhen beider Rauheitsprofile ausgedrückt:

$$\Lambda = \frac{h_{min}}{\sigma} \tag{4.50}$$

Die Wahrscheinlichkeitsrechnung beschäftigt sich mit der Beschreibung von Gesetzmäßigkeiten zufälliger Ereignisse. Werden gemessene Profilhöhenwerte z als diskrete Zufallsgrößen angesehen, kann die Paarung zweier Rauheitsprofile durch ein Summenrauheitsprofil (Addition von Zufallsgrößen) ersetzt werden. Die Standardabweichung σ des Summenrauheitsprofils ergibt sich aus den Standardabweichungen der einzelnen Rauheitsprofile und einem Korrelationskoeffizienten ρ_{12} [135]. Die Einzelstandardabweichungen werden durch die quadratischen Mittenrauwerte $Rq_{1,2}$ (Linienmessung) oder $Sq_{1,2}$ (Flächenmessung) repräsentiert:

$$\sigma = Rq_\Sigma = \sqrt{Rq_1^{\,2} + Rq_2^{\,2} + 2\rho_{12} \cdot Rq_1 \cdot Rq_2} \qquad (4.51)$$

Der Korrelationskoeffizient ist ein statistisches Maß für die lineare Abhängigkeit der beiden Rauheitsprofile. Für $\rho_{12} = 1$ sind die Profile direkt linear, für $\rho_{12} = -1$ indirekt linear voneinander abhängig. Wenn $\rho_{12} = 0$ ist, sind die Rauheitsprofile statistisch voneinander unabhängig und Gl. (4.51) vereinfacht sich zu:

$$Rq_\Sigma = \sqrt{Rq_1^{\,2} + Rq_2^{\,2}} \qquad (4.52)$$

Gl. (4.51) hat allgemeinen Charakter. Das Vorliegen einer bestimmten Verteilungsfunktion der Profilhöhen ist nicht erforderlich. Ist weiterhin der kritische Λ_{cr}-Wert für den Übergang zur Mischreibung bekannt, kann die kritische Spaltweite aus Gl. (4.50) berechnet werden:

$$h_{cr} \approx \Lambda_{cr} \cdot \sqrt{Rq_1^{\,2} + Rq_2^{\,2} + 2\rho_{12} \cdot Rq_1 \cdot Rq_2} \qquad (4.53)$$

Bei Annahme einer Normalverteilung der Profilhöhen wird für die Wahrscheinlichkeit, dass 99.73% aller Höhenwerte innerhalb der Normalverteilung liegen, in der Statistik eine Spannweite von $\pm 3\cdot\sigma$ ($\pm 3\cdot Rq$) vom Mittelwert angegeben. Weisen die zu paarenden Rauheitsprofile beide eine Normalverteilung auf, ergibt sich auch für das Summenrauheitsprofil eine Normalverteilung.

Um festzustellen, ob Profilhöhen normalverteilt sind, können zwei Parameter der Amplitudendichtekurve (ADK) nach Bild 4-9 verwendet werden. Dies sind die Schiefe Sk und die Kurtosis Ku (Exzess, Wölbung). Die Schiefe ist ein Maß für die Unsymmetrie der ADK, die Kurtosis ein Maß dafür, ob die ADK steil oder flach verläuft. Eine Normalverteilung ist durch $Sk = 0$ und $Ku = 3$ gekennzeichnet. Eine positive Schiefe beschreibt ein Profil, bei dem Profilhöhen z kleiner als der Mittelwert $\bar{z}$ überwiegen (z.B. gedrehte Oberfläche). Bei einer negativen Schiefe dominieren Profilhöhen z größer als der Mittelwert $\bar{z}$ (z.B. geläppte Oberfläche).

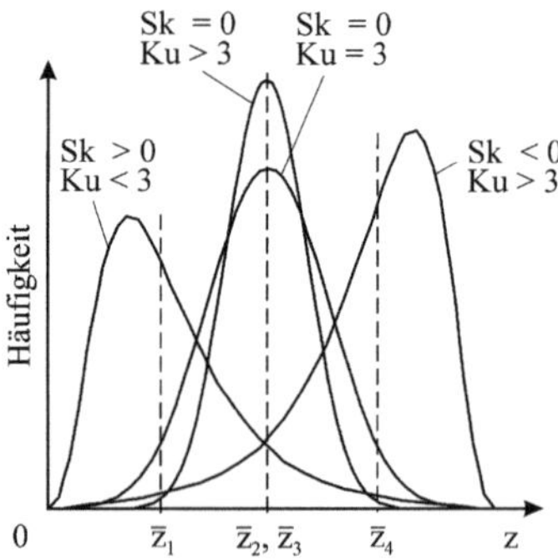

Bild 4-9:   Schiefe Sk und Kurtosis Ku für verschiedene Amplitudendichtekurven

Häufig wird angenommen, dass die gepaarten Rauheitsprofile statistisch unabhängig sind und eine Normalverteilung aufweisen. Mit dieser Annahme kann dann formuliert werden, dass bei $\Lambda_{cr} > 3$ Flüssigkeitsreibung vorliegt bzw. bei $\Lambda_{cr} = 3$ Mischreibung beginnt. Mit Gl. (4.52) folgt in diesem Fall:

$$h_{cr} \approx 3 \cdot \sqrt{Rq_1^{\,2} + Rq_2^{\,2}} \qquad\qquad (4.54)$$

Dass mindestens eines der gepaarten Rauheitsprofile vielfach keine Normalverteilung der Profilhöhen aufweist oder die Rauheitsprofile statistisch nicht unabhängig sind, spiegelt sich in primär aus Versuchen resultierenden Λ_{cr}-Angaben für den Übergang zur Mischreibung wider. In [67] wird für Λ_{cr} eine Spannweite von 3 ... 5, in [102] von 0.25 ... 2.5 angegeben und in [64] erfolgt der Übergang bei $\Lambda_{cr} = 2$. In [11] wurden auf numerischem Wege Λ_{cr}-Werte von 1.95 ... 4.09 bestimmt.

Die zuvor dargelegte klassische und auch am weitesten verbreitete Vorstellung zur Mischreibung, geht von einer direkten bzw. unmittelbaren Berührung der rauen Oberflächen aus. Die Berührung der Oberflächen ist hierbei eine zwingende Voraussetzung für das Auftreten von Festkörperreibung. Wird die Deformation aber als ein Mechanismus der Festkörperreibung uneingeschränkt akzeptiert (siehe Kapitel 4.1), wäre letztendlich auch jeder vollgeschmierte EHD-Kontakt ein Mischreibungskontakt, sofern die elastischen Verformungen der Festkörper zu Hystereseverlusten in den Festkörpern und so zu einem Verlust an aufgebrachter mechanischer Energie führen. Damit wäre die klassische Vorstellung von Mischreibung zu erweitern, da Mischreibung demnach auch ohne eine direkte Berührung der Festkörper auftreten kann.

5 Temperaturberechnung

Reibung erzeugt Wärme und kann aus innerer Reibung im Fluid und/oder äußerer und innerer Festkörperreibung resultieren. Eine Wärmeentwicklung hat die Ausbildung von Temperaturverteilungen zur Folge, die sowohl Eigenschaftsänderungen von Fluid und Festkörper bewirken als auch physikalische und chemische Grenzflächenprozesse beeinflussen können. So werden bei einem mit einem additivierten Fluid geschmierten Tribosystem die Additivreaktionen positiv oder negativ beeinflusst, eventuell thermische Grenzwerte des Fluids überschritten oder aber die Alterung des Fluids beschleunigt. Bei trockenlaufenden Tribosystemen kann die Temperatur Einfluss auf gewollte oder ungewollte Gefüge- und Festigkeitsänderungen im oberflächennahen Bereich nehmen. Weiterhin können thermisch bedingte Spaltverformungen und/oder thermoelastische Spannungen in den Festkörpern hervorgerufen werden. Es ist daher von Vorteil, die Temperaturen im Fluid bzw. der Festkörper zu kennen. Grundlage hierfür bilden die Energiegleichungen für Fluid und Festkörper.

5.1 Energiegleichung für das Fluid

Ausgangspunkt ist die Temperaturform der Energiegleichung nach Gl. (1-68) für kompressible Einphasenströmungen mit Newton'schem Fluidverhalten:

$$
\underbrace{\rho c_p \cdot \left(\frac{\partial \vartheta}{\partial t} + u \frac{\partial \vartheta}{\partial x} + v \frac{\partial \vartheta}{\partial y} + w \frac{\partial \vartheta}{\partial z} \right)}_{\text{Konvektion}} - \underbrace{\left(\lambda_x \cdot \frac{\partial^2 \vartheta}{\partial x^2} + \lambda_y \cdot \frac{\partial^2 \vartheta}{\partial y^2} + \lambda_z \cdot \frac{\partial^2 \vartheta}{\partial z^2} \right)}_{\text{Wärmeleitung}} =
$$

$$
\underbrace{\beta \vartheta \cdot \left(\frac{\partial p}{\partial t} + u \frac{\partial p}{\partial x} + v \frac{\partial p}{\partial y} + w \frac{\partial p}{\partial z} \right)}_{\text{Kompression oder Expansion}} + \underbrace{\eta \cdot \Phi}_{\text{Reibung}} + \underbrace{\rho \cdot \dot{q}_s}_{\substack{\text{Wärmestrahlung und/oder} \\ \text{chemische Prozesse}}}
\tag{5-1}
$$

Dabei gilt für die Dissipationsfunktion Φ:

$$
\Phi = 2 \cdot \left[\left(\frac{\partial u}{\partial x} \right)^2 + \left(\frac{\partial v}{\partial y} \right)^2 + \left(\frac{\partial w}{\partial z} \right)^2 \right] +
$$

$$
\left(\frac{\partial v}{\partial x} + \frac{\partial u}{\partial y} \right)^2 + \left(\frac{\partial w}{\partial y} + \frac{\partial v}{\partial z} \right)^2 + \left(\frac{\partial u}{\partial z} + \frac{\partial w}{\partial x} \right)^2 - \frac{2}{3} \cdot \left(\frac{\partial u}{\partial x} + \frac{\partial v}{\partial y} + \frac{\partial w}{\partial z} \right)^2
\tag{5-2}
$$

Grundsätzlich lässt sich Gl. (5-1) in Wärmequellen und –senken einteilen. So kann der Konvektions-, Wärmeleitungs- und Expansionsterm den Senken und der Kompressions-, Reibungs- und Wärmestrahlungs-/Verbrennungsterm den Quellen zugeordnet werden. Gl.(5-1) ist ohne Einschränkungen einsetzbar, wenn zur Berechnung der Fluiddrücke die Navier-Stokes-Gleichungen Anwendung finden (siehe Kapitel 1). Im Falle der Reynolds'schen

Differenzialgleichung sind jedoch noch Vereinfachungen vorzunehmen, indem in der Dissipationsfunktion all die Ableitungen weggestrichen werden, die auch bei der Herleitung der Reynolds'schen Differenzialgleichung in Kapitel 2 vernachlässigt wurden. Dies waren alle Geschwindigkeitsgradienten in x- und y-Richtung sowie die Ableitung $\partial w/\partial z$. Werden außerdem keine Wärmestrahlungen und chemischen Reaktionen (z.B. Verbrennungsprozesse) berücksichtigt, ergibt sich folgende reduzierte Energiegleichung:

$$
\underbrace{\rho c_p \cdot \left(\frac{\partial \vartheta}{\partial t} + u \frac{\partial \vartheta}{\partial x} + v \frac{\partial \vartheta}{\partial y} + w \frac{\partial \vartheta}{\partial z} \right)}_{\text{Konvektion}} - \underbrace{\left(\lambda_x \cdot \frac{\partial^2 \vartheta}{\partial x^2} + \lambda_y \cdot \frac{\partial^2 \vartheta}{\partial y^2} + \lambda_z \cdot \frac{\partial^2 \vartheta}{\partial z^2} \right)}_{\text{Wärmeleitung}} =
$$

$$
\underbrace{\beta \vartheta \cdot \left(\frac{\partial p}{\partial t} + u \frac{\partial p}{\partial x} + v \frac{\partial p}{\partial y} \right)}_{\text{Kompression oder Expansion}} + \underbrace{\eta \cdot \left[\left(\frac{\partial u}{\partial z} \right)^2 + \left(\frac{\partial v}{\partial z} \right)^2 \right]}_{\text{Reibung}}
$$

$$(5\text{-}3)$$

Unter der Voraussetzung, dass das Fluid keine anisotropen Wärmeleiteigenschaften besitzt, d.h. die Wärmeleitfähigkeiten in allen Richtungen gleich sind, und unter Berücksichtigung des Sachverhaltes, dass sich bei einer Kopplung der Reynolds'schen Differenzialgleichung mit einem masserhaltenden Kavitationsmodell nach Kapitel 2.3.2 die thermophysikalischen Kennwerte des Fluid/Gas/ Dampf-Gemisches im Kavitationsgebiet von denen des Fluids unterscheiden, lässt sich abschließend für eine kompressible Strömung schreiben:

$$
\underbrace{\rho_{mix} c_{p,mix} \cdot \left(\frac{\partial \vartheta}{\partial t} + u \frac{\partial \vartheta}{\partial x} + v \frac{\partial \vartheta}{\partial y} + w \frac{\partial \vartheta}{\partial z} \right)}_{\text{Konvektion}} - \underbrace{\lambda_{mix} \cdot \left(\frac{\partial^2 \vartheta}{\partial x^2} + \frac{\partial^2 \vartheta}{\partial y^2} + \frac{\partial^2 \vartheta}{\partial z^2} \right)}_{\text{Wärmeleitung}} =
$$

$$
\underbrace{\beta_{mix} \vartheta \cdot \left(\frac{\partial p}{\partial t} + u \frac{\partial p}{\partial x} + v \frac{\partial p}{\partial y} \right)}_{\text{Kompression oder Expansion}} + \underbrace{\tau_{zx} \frac{\partial u}{\partial z} + \tau_{zy} \frac{\partial v}{\partial z}}_{\text{Reibung}}
$$

$$(5\text{-}4)$$

Für eine inkompressible Strömung folgt:

$$
\underbrace{\rho_{mix} c_{v,mix} \cdot \left(\frac{\partial \vartheta}{\partial t} + u \frac{\partial \vartheta}{\partial x} + v \frac{\partial \vartheta}{\partial y} + w \frac{\partial \vartheta}{\partial z} \right)}_{\text{Konvektion}} - \underbrace{\lambda_{mix} \cdot \left(\frac{\partial^2 \vartheta}{\partial x^2} + \frac{\partial^2 \vartheta}{\partial y^2} + \frac{\partial^2 \vartheta}{\partial z^2} \right)}_{\text{Wärmeleitung}} =
$$

$$
\underbrace{\tau_{zx} \frac{\partial u}{\partial z} + \tau_{zy} \frac{\partial v}{\partial z}}_{\text{Reibung}}
$$

$$(5\text{-}5)$$

Beide Gleichungen gelten auch für nicht-Newton'sche Fluide, wenn für die Schubspannungen im Reibungsterm die entsprechenden Zusammenhänge aus Kapitel 4.2 eingesetzt werden. Es bleibt noch die Frage zu klären, wie die Kenngrößen des Fluid/Gas/Dampf-Gemisches im Kavitationsgebiet zu bestimmen sind. Im Überdruckgebiet, wo für den Spaltfüllungsgrad $\theta = 1$ gilt, entsprechen alle Werte den Kennwerten des Fluids. Im Kavitationsgebiet stellen sich hingegen Kennwerte für ein Mehrphasengemisch ein. Werden die Überlegungen zur Ermittlung von Dichte und Viskosität eines Zweiphasengemisches aus Kapitel 2.3.2 auch auf die anderen Kennwerte übertragen, lassen sich in erster Näherung folgende Zusammenhänge formulieren:

$$\rho_{mix} = \rho_{gas/vap} + \left(\rho_{liq} - \rho_{gas/vap}\right) \cdot \theta \approx \rho_{liq} \cdot \theta \tag{5-6}$$

$$c_{p,mix} = c_{p,gas/vap} + \left(c_{p,liq} - c_{p,gas/vap}\right) \cdot \theta \tag{5-7}$$

$$\lambda_{mix} = \lambda_{gas/vap} + \left(\lambda_{liq} - \lambda_{gas/vap}\right) \cdot \theta \tag{5-8}$$

$$\beta_{mix} = \beta_{gas/vap} + \left(\beta_{liq} - \beta_{gas/vap}\right) \cdot \theta \tag{5-9}$$

Der Ansatz, den jeweiligen Kennwert des Fluids lediglich mit dem Spaltfüllungsgrad zu wichten, wie dies bei der Dichte mit ausreichender Genauigkeit möglich ist, führt bei den anderen Kennwerten zu unvertretbaren Fehlern. Der Grund hierfür liegt darin begründet, dass das Verhältnis aus Fluiddichte und Dichte des Gas/Dampf-Gemisches gegenüber den anderen Kennwertverhältnissen wesentlich größer ist.

5.2 Energiegleichung für die Festkörper

Die sich an den Festkörpern ausbildenden Oberflächentemperaturen ϑ_o resultieren aus einer Körpertemperatur ϑ (Volumen- oder Massentemperatur) der Festkörper und lokalen Temperaturerhöhungen $\Delta\vartheta$. Bei Festkörperberührung entstehen diese Temperaturerhöhungen auch in den sich ausbildenden Kontaktstellen. Die sich hier ausbildende Oberflächentemperatur wird dann Kontakttemperatur ϑ_c genannt. Ist der Kontakt kurzzeitig, so ist auch die Temperaturerhöhung nur kurzzeitig. Man nennt diese Temperaturerhöhung deswegen auch häufig Blitztemperatur.

$$\vartheta_o = \vartheta_c = \vartheta + \Delta\vartheta \tag{5-10}$$

Während in strömenden Fluiden ein Wärmetransport durch Konvektion (Transport von Wärme durch Teilchentransport), Wärmeleitung (Transport von Wärme durch molekulare Wechselwirkungen ohne Teilchentransport) und Wärmestrahlung (Transport von Wärme durch elektromagnetische Wellen ohne Teilchentransport) auftreten kann, ist Konvektion in Festkörpern nicht möglich. Daher wird die Energiebilanzierung am Volumenelement eines Festkörpers auf der Grundlage des 1. Hauptsatzes der Thermodynamik nicht wie bei Fluiden für ein offenes System, sondern für ein geschlossenes System vorgenommen. Die zeitliche Änderung der Energie des Festkörpervolumenelements E_V ist hier gleich der Summe der Wärmeströme durch Wärmeleitung $d\dot{Q}_\lambda$, Wärmestrahlung $d\dot{Q}_s$ sowie dissipierter Leistungen $d\dot{W}_{diss}$, hervorgerufen u.a. durch innere Reibung im Festkörper oder durch Umwandlung von zugeführter elektrischer Leistung in Joule'sche Wärme.

$$\frac{\partial E_V}{\partial t} = d\dot{Q} + d\dot{W} = d\dot{Q}_\lambda + d\dot{Q}_s + d\dot{W}_{diss} \tag{5-11}$$

Die Energie des Volumenelements entspricht im geschlossenen System der inneren Energie des Festkörpers:

$$E_v = \underbrace{\rho \cdot e \cdot dxdydz}_{\text{innere Energie}} \tag{5-12}$$

Analog zu den Herleitungen im Kapitel 1.3 folgt:

$$\frac{\partial(\rho \cdot e)}{\partial t} = \left(\lambda_x \cdot \frac{\partial^2 \vartheta}{\partial x^2} + \lambda_y \cdot \frac{\partial^2 \vartheta}{\partial y^2} + \lambda_z \cdot \frac{\partial^2 \vartheta}{\partial z^2} \right) + \rho \cdot \dot{q}_s + \rho \cdot \dot{q}_{diss} \tag{5-13}$$

bzw.

$$\rho \frac{\partial e}{\partial t} + e \frac{\partial \rho}{\partial t} = \left(\lambda_x \cdot \frac{\partial^2 \vartheta}{\partial x^2} + \lambda_y \cdot \frac{\partial^2 \vartheta}{\partial y^2} + \lambda_z \cdot \frac{\partial^2 \vartheta}{\partial z^2} \right) + \rho \cdot \dot{q}_s + \rho \cdot \dot{q}_{diss} \tag{5-14}$$

Werden temperatur- und druckabhängige Dichteänderungen im Festkörper vernachlässigt (ρ = konst.) kann mit dem Zusammenhang

$$\frac{\partial e}{\partial t} = c_v \frac{\partial \vartheta}{\partial t} \tag{5-15}$$

für Gl. (5-14) geschrieben werden:

$$\rho c_v \frac{\partial \vartheta}{\partial t} = \left(\lambda_x \cdot \frac{\partial^2 \vartheta}{\partial x^2} + \lambda_y \cdot \frac{\partial^2 \vartheta}{\partial y^2} + \lambda_z \cdot \frac{\partial^2 \vartheta}{\partial z^2} \right) + \rho \cdot \dot{q}_s + \rho \cdot \dot{q}_{diss} \tag{5-16}$$

Mit der Annahme $d\dot{Q}_s = d\dot{W}_{diss} = 0$ folgt:

$$\rho c_v \frac{\partial \vartheta}{\partial t} = \left(\lambda_x \cdot \frac{\partial^2 \vartheta}{\partial x^2} + \lambda_y \cdot \frac{\partial^2 \vartheta}{\partial y^2} + \lambda_z \cdot \frac{\partial^2 \vartheta}{\partial z^2} \right) \tag{5-17}$$

Diese partielle Differenzialgleichung der instationären Wärmeleitung, zur Berechnung der sich einstellenden Temperaturverteilung in Festkörpern, wird allgemein als Fourier'sche Wärmeleitungsgleichung bezeichnet. Bei konstanten Stoffwerten (orts- und temperaturunabhängig) kann diese nochmals reduziert werden:

$$\frac{\partial \vartheta}{\partial t} = a \cdot \left(\frac{\partial^2 \vartheta}{\partial x^2} + \frac{\partial^2 \vartheta}{\partial y^2} + \frac{\partial^2 \vartheta}{\partial z^2} \right) \qquad \text{mit} \qquad a = \frac{\lambda}{\rho \cdot c_v} \tag{5-18}$$

Die Lösung dieser Differenzialgleichung kann je nach Aufgabenstellung analytisch oder numerisch erfolgen. Ein häufig angewendetes analytisches Lösungverfahren ist die Laplace-Transformation. Dabei werden die partielle Differenzialgleichung und eventuell vorhandene Anfangs- und Randbedingungen in den Laplace- bzw. Frequenzbereich transformiert. Hier liegt nun eine gewöhnliche Differenzialgleichung vor, für die eine Reihe von Lösungsansätzen existieren. Die endgültige Lösung wird durch eine Rücktransformation aus dem

Laplace- in den Zeitbereich erhalten. Für eine Vielzahl von Aufgabenstellungen sind fertige Lösungen in [32] oder [70] angegeben.

Ein auf dem halbunendlichen Körper (Halbraum) basierender analytischer Ansatz wurde 1942 von JAEGER vorgestellt [80] und in [116] und [155] weiterentwickelt. Allgemein ergibt sich die Temperaturänderung des Körpers am Punkt (x,y,z) zum Zeitpunkt t aus:

$$\Delta\vartheta(t,x,y,z) = \dot{q}(t',x',y',0)\cdot dx'dy'dt' \cdot R(t,x,y,z,t',x',y',0) \tag{5-19}$$

R ist die Einflusszahl und beschreibt den Einfluss, den die zum Zeitpunkt t' an der Stelle (x',y',z' = 0) wirksame Wärmequelle $\dot{q}\cdot dx'dy'dt'$ auf die Stelle (x,y,z) zum Zeitpunkt t > t' ausübt. Im Falle einer ruhenden Wärmequelle gilt für die Einflusszahl:

$$R(t,x,y,z,t',x',y',0) = \frac{1}{4\rho c_v \cdot [\pi a \cdot (t-t')]^{1.5}} \cdot \exp\left[-\frac{(x-x')^2 + (y-y')^2 + z^2}{4a\cdot(t-t')}\right] \tag{5-20}$$

Wird in Gl. (5-20) der Ausdruck $x - x'$ durch

$$x - [x' + U\cdot(t-t')] \tag{5-21}$$

ersetzt, kann Gl. (5-20) auch auf eine an der Oberfläche des Festkörpers in x-Richtung mit der Geschwindigkeit U bewegte Wärmequelle erweitert werden:

$$R(t,x,y,z,t',x',y',0) = \frac{1}{4\rho c_v \cdot [\pi a \cdot (t-t')]^{1.5}} \cdot$$
$$\exp\left\{-\frac{[(x-x')-U\cdot(t-t')]^2 + (y-y')^2 + z^2}{4a\cdot(t-t')}\right\} \tag{5-22}$$

Liegen mehrere Wärmequellen an der Oberfläche vor, die alle einen Anteil an der Temperaturänderung des Punktes an der Stelle (x,y,z) zum Zeitpunkt t liefern, ist folgende Integralgleichung zu lösen:

$$\Delta\vartheta(t,x,y,z) = \iiint_{t\ (\Omega)} \dot{q}(t',x',y',0)\cdot R(t,x,y,z,t',x',y',0)\cdot dx'dy'dt' \tag{5-23}$$

Die Lösung dieses Dreifachintegrals ist rechenzeitaufwendig, sodass eine optimierte Lösung von großem Nutzen wäre. Dies gelingt, da man für die Einflusszahl auch schreiben kann:

$$R(t,x,y,z,t',x',y',0) = \frac{1}{4\rho c_v \cdot (\pi a)^{1.5}} \int\limits_{t_1}^{t_2} \int\limits_{\Omega_q} \int \frac{1}{(t-t')^{1.5}} \cdot$$

$$\exp\left\{-\frac{[(x-x')-U\cdot(t-t')]^2 + (y-y')^2 + z^2}{4a\cdot(t-t')}\right\} dx'dy'dt' \tag{5-24}$$

Wird dieses Dreifachintegral mit der Produktregel sinnvoll zerlegt, lassen sich die beiden Größen I_x und I_y extrahieren

$$R(t,x,y,z,t',x',y',0) = \frac{1}{4\rho c_v \cdot (\pi a)^{1.5}} \cdot \int\limits_{t_1}^{t_2} I_x \cdot I_y \cdot \frac{1}{\sqrt{t-t'}} \cdot \exp\left[-\frac{z^2}{4a\cdot(t-t')}\right] dt' \tag{5-25}$$

$$I_x = \int\limits_{x'_q - 0.5\Delta x}^{x'_q + 0.5\Delta x} \frac{1}{\sqrt{t-t'}} \cdot \exp\left\{-\frac{[(x-x')-U\cdot(t-t')]^2}{4a\cdot(t-t')}\right\} dx' \tag{5-26}$$

$$I_y = \int\limits_{y'_q - 0.5\Delta y}^{y'_q + 0.5\Delta y} \frac{1}{\sqrt{t-t'}} \cdot \exp\left\{-\frac{(y-y')^2}{4a\cdot(t-t')}\right\} dy' \tag{5-27}$$

für die eine Laplace-Transformation vorgenommen werden kann, sodass in Anlehnung an [155] schließlich folgt:

$$I_x = \sqrt{\pi a} \cdot \left\{ \mathrm{erf}\left[\frac{(x-x'+0.5\Delta x)-U\cdot(t-t')}{\sqrt{4a\cdot(t-t')}}\right] - \mathrm{erf}\left[\frac{(x-x'-0.5\Delta x)-U\cdot(t-t')}{\sqrt{4a\cdot(t-t')}}\right]\right\}$$

bzw.

$$I_y = \sqrt{\pi a} \cdot \left\{ \mathrm{erf}\left[\frac{y-y'+0.5\Delta y}{\sqrt{4a\cdot(t-t')}}\right] - \mathrm{erf}\left[\frac{y-y'-0.5\Delta y}{\sqrt{4a\cdot(t-t')}}\right]\right\} \tag{5-28}$$

Eingesetzt in Gl. (5-25) ergibt sich:

$$R(t,x,y,z,t',x',y',0) = \frac{1}{4\rho c_v \cdot \sqrt{\pi a}} \cdot \int\limits_{t_1}^{t_2} \frac{1}{\sqrt{t-t'}} \cdot \exp\left[-\frac{z^2}{4a\cdot(t-t')}\right] \cdot$$

$$\left\{\mathrm{erf}\left[\frac{(x-x'+0.5\Delta x)-U\cdot(t-t')}{\sqrt{4a\cdot(t-t')}}\right] - \mathrm{erf}\left[\frac{(x-x'-0.5\Delta x)-U\cdot(t-t')}{\sqrt{4a\cdot(t-t')}}\right]\right\} \cdot \tag{5-29}$$

$$\left\{\mathrm{erf}\left[\frac{y-y'+0.5\Delta y}{\sqrt{4a\cdot(t-t')}}\right] - \mathrm{erf}\left[\frac{y-y'-0.5\Delta y}{\sqrt{4a\cdot(t-t')}}\right]\right\} dt'$$

Mit der Substitution

$$\zeta = \sqrt{t - t'} \tag{5-30}$$

und Ableiten von ζ nach t'

$$\frac{d\zeta}{dt'} = -\frac{1}{2 \cdot \sqrt{t - t'}} \tag{5-31}$$

folgt bei einem Umstellen nach dt':

$$dt' = -2 \cdot \sqrt{t - t'}\, d\zeta \tag{5-32}$$

Weiterhin sind die alten Integrationsgrenzen t_1 und t_2 durch Einsetzen in $\sqrt{t - t'}$ in die neuen Integrationsgrenzen $\sqrt{t - t_1}$ und $\sqrt{t - t_2}$ zu überführen. Werden nun Gl. 2-295 sowie die neuen Integrationsgrenzen in Gl. (5-29) eingesetzt, wobei die Integrationsgrenzen zu vertauschen sind, um das durch Gl. 2-295 eingebrachte negative Vorzeichen zu eliminieren, kann geschrieben werden:

$$R\left(t, x, y, z, t', x', y', 0\right) = \frac{1}{2\rho c_v \cdot \sqrt{\pi a}} \cdot \int_{\sqrt{t - t_2}}^{\sqrt{t - t_1}} \exp\left[-\frac{z^2}{4a \cdot \zeta^2}\right] \cdot$$

$$\left\{ \text{erf}\left[\frac{(x - x' + 0.5\Delta x) - U \cdot \zeta^2}{\sqrt{4a} \cdot \zeta}\right] - \text{erf}\left[\frac{(x - x' - 0.5\Delta x) - U \cdot \zeta^2}{\sqrt{4a} \cdot \zeta}\right] \right\} \cdot \tag{5-33}$$

$$\left\{ \text{erf}\left[\frac{y - y' + 0.5\Delta y}{\sqrt{4a} \cdot \zeta}\right] - \text{erf}\left[\frac{y - y' - 0.5\Delta y}{\sqrt{4a} \cdot \zeta}\right] \right\} d\zeta$$

Die erf-Funktion wird Gauß'sches Fehlerintegral oder error function genannt. Sie stellt eine Wichtungsfunktion dar und ist folgendermaßen definiert:

$$\text{erf}(\xi) = \frac{2}{\sqrt{\pi}} \int_0^{\xi} e^{-\xi'^2} d\xi' \quad \text{mit} \quad \text{erf}(0) = 0; \quad \text{erf}(\infty) = 1; \quad \text{erf}(-\xi) = -\text{erf}(\xi) \tag{5-34}$$

Eine geschlossene Lösung für dieses Integral ist nicht bekannt. In [13] wird eine Näherungslösung vorgeschlagen, die bei $\xi = 1.62$ lediglich eine maximale Abweichung von $2.18 \cdot 10^{-5}$ zu Gl. (5-34) aufweist:

$$\text{erf}(\xi) = 1 - \left(0.3480242 \cdot w - 0.0958798 \cdot w^2 + 0.7478556 \cdot w^3\right) \cdot e^{-\xi^2}$$

mit

$$w = \frac{1}{1 + 0.47047 \cdot \xi} \tag{5-35}$$

Wie sich die Temperaturverteilung auf der Ebene eines gleitbeanspruchten rauen Kugel/ Ebene-Kontaktes aus Stahl bei unterschiedlicher Einwirkungsdauer der Wärmequellen einstellt, kann Bild 5-1 entnommen werden. Der Einfluss der rauen Oberfläche auf die Temperaturverteilung ist gut zu erkennen. Weiterhin zeigt sich, dass die mittleren und maximalen Temperaturen mit zunehmender Einwirkungsdauer folgerichtig ansteigen, allerdings bei noch längeren Einwirkungsdauern einem „Grenzwert" asymptotisch zustreben werden. Außerdem wird im unteren rechten Bild deutlich, dass auf der Ebene, außerhalb des momentanen Kontaktbereiches mit der Kugel, ein Temperaturschweif zurückbleibt, der im betrachteten Zeitraum noch nicht wieder vollständig abgeklungen ist.

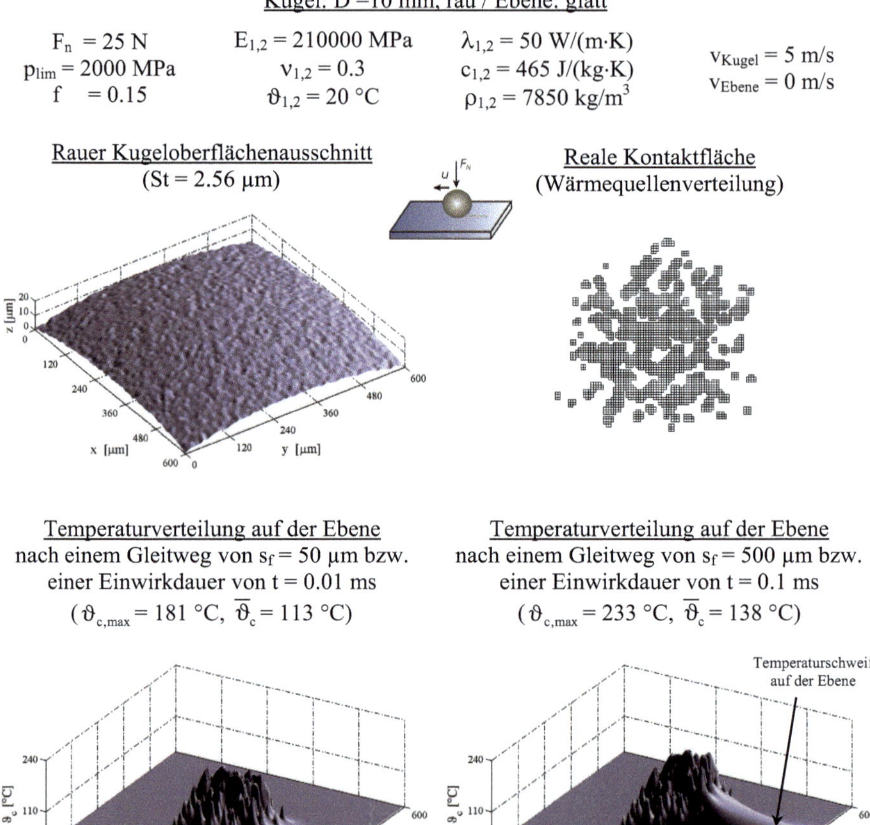

Bild 5-1:   Kontakttemperaturverteilungen in einem Kugel/Ebene-Kontakt bei unterschiedlichen Einwirkdauern der Wärmequellen

Gl. (5-23) kann sowohl zur Berechnung der Kontakttemperaturen zwischen zwei ungeschmierten Festkörpern als auch zur Berechnung der Oberflächentemperaturen von geschmierten Festkörpern verwendet werden. Im ungeschmierten Fall müssen die entstehenden Wärmeströme allein auf die Festkörper aufgeteilt werden, im zweiten Fall auf die Festkörper und das Fluid.

Relativ einfach gestaltet sich die Ermittlung der an den Festkörperoberflächen anliegenden Wärmeströme bei einem geschmierten System, wenn die Energiegleichung für das Fluid, in Spalthöhenrichtung aufgelöst, verwendet wird, da dann die berechneten wandnahen Wärmeströme im Fluid in guter Näherung als Wärmeströme an den Festkörperoberflächen angesetzt werden können. Anders sieht es bei der Aufteilung der Wärmeströme in den Kontaktstellen der sich berührenden Festkörper aus. Da die Festkörper in den Kontaktstellen eine einheitliche Kontakttemperatur ϑ_c besitzen müssen (andernfalls würde in den Kontaktstellen ein Temperatursprung vorliegen), ist die Einführung einer Wärmeaufteilungszahl α ($0 \leq \alpha \leq 1$) notwendig, für die gilt:

$$\alpha_1(t', x', y', 0) + \alpha_2(t', x', y', 0) = 1 \tag{5-36}$$

Die Wärmeaufteilungszahl ist keine Konstante, sondern abhängig von den thermophysikalischen Werkstoffkennwerten der Festkörper, von der Einwirkdauer der Wärmequellen und der Lage der Wärmequellen zueinander. Werden die Einzelwärmeströme

$$\dot{q}_{1,2}(t', x', y', 0) = \alpha_{1,2}(t', x', y', 0) \cdot \dot{q}(t', x', y', 0) \tag{5-37}$$

in Gl. (5-23) eingeführt, folgt:

$$\Delta\vartheta_{1,2}(t, x, y, 0) = \int_t \iint_{(\Omega)} \alpha_{1,2}(t', x', y', 0) \cdot \dot{q}(t', x', y', 0) \cdot R_{1,2}(t, x, y, 0, t', x', y', 0) \cdot dx'dy'dt' \tag{5-38}$$

Da für die Kontakttemperaturen gelten soll

$$\vartheta_c = \vartheta_1(t, x, y, 0) + \Delta\vartheta_1(t, x, y, 0) = \vartheta_2(t, x, y, 0) + \Delta\vartheta_2(t, x, y, 0)$$

d.h. $\tag{5-39}$

$$\vartheta_1(t, x, y) + \Delta\vartheta_1(t, x, y) - \vartheta_2(t, x, y) - \Delta\vartheta_2(t, x, y) = 0$$

können die lokalen Wärmeaufteilungszahlen mit folgender Gleichung bestimmt werden:

$$\int_t \iint_{(\Omega)} \dot{q}(t', x', y', 0) \cdot \left\{ \begin{array}{l} \alpha_1(t', x', y', 0) \cdot \\ [R_1(t, x, y, 0, t', x', y', 0) - R_2(t, x, y, 0, t', x', y', 0)] - \\ R_2(t, x, y, 0, t', x', y', 0) \end{array} \right\} dx'dy'dt' +$$

$$\vartheta_1(t, x, y, 0) - \vartheta_2(t, x, y, 0) = 0$$

$$\tag{5-40}$$

In Bild 5-2 oben ist für einen glatten Kugel/Ebene-Kontakt die Verteilung der Wärmeaufteilungszahl für die Ebene nach der Einwirkdauer einer parabolischen Wärmequelle von 0.15 ms bzw. einem Gleitweg der Wärmequelle von 750 µm dargestellt. Es zeigt sich, dass die Wärmeaufteilungszahl über dem Kontakt zwischen $1 > \alpha > 0$ variiert. So nimmt die Ebene anfangs den größten Teil der Wärme auf. Dies liegt darin begründet, dass die in den Kontakt einlaufenden Ebenenbereiche gegenüber der Kugel kälter sind. Beim weiteren Durchlaufen des Kontaktes heizen sich die Ebenenbereiche schnell auf, verbunden mit einer sinkenden Wärmeaufnahme. Kurz vor dem Verlassen des Kontaktes liegt in den betreffenden Ebenenbereichen ein ausgeprägter Wärmestau vor, da die Wärme nicht so schnell in das Innere der Ebene abfließen kann. In dem Maße, wie die lokale Wärmeaufnahme der Ebene sinkt, steigt die lokale Wärmeaufnahme der Kugel an. Dieses Verhalten gilt für die hier gewählten Betriebsbedingungen (Werkstoffe, Geschwindigkeit der Wärmequelle, Volumentemperaturen usw.). Werden diese geändert, werden sich auch andere Verteilungen der Wärmeaufteilungszahl ergeben.

Wärmeaufteilungszahl für die Ebene

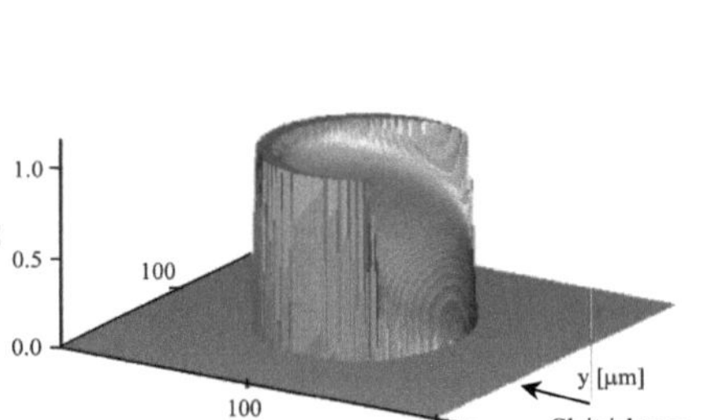

Wärmeaufteilungszahl für die Ebene
(Symmetrieschnitt)

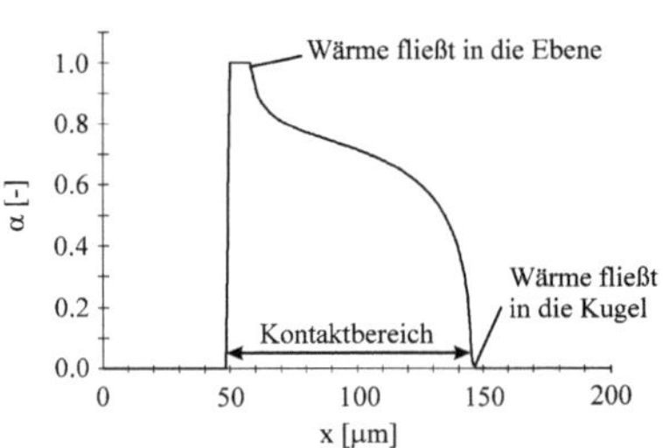

Temperaturverteilung auf der Kugel
($\vartheta = 0°C$)

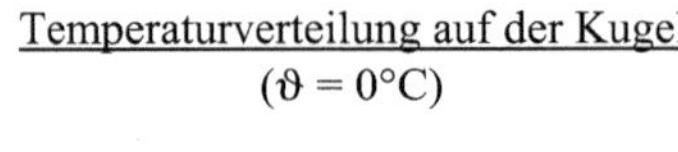

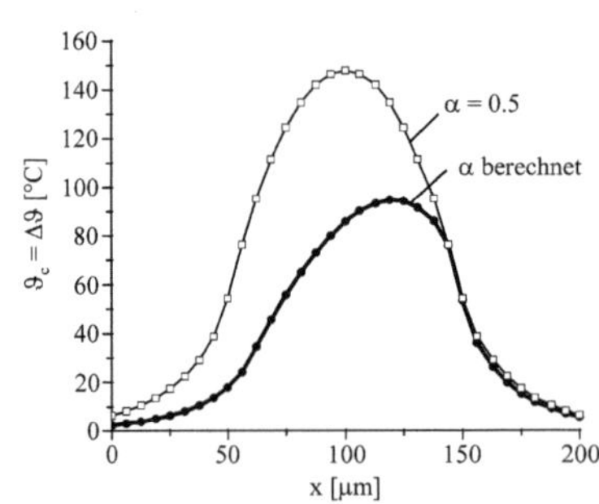

Temperaturverteilung auf der Ebene
($\vartheta = 0°C$)

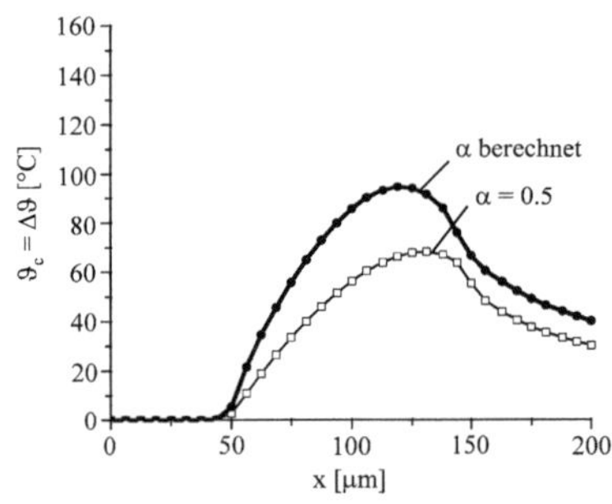

Bild 5-2:   Wärmeaufteilungszahl für die Ebene eines glatten Kugel/Ebene-Kontaktes aus 100Cr6 (oben) und Oberflächentemperaturverteilung an Kugel und Ebene nach einem Gleitweg von 750 µm bei unterschiedlichen Wärmeaufteilungszahlen (unten) [133]

Häufig wird die Wärmeaufteilungszahl allein aus den thermophysikalischen Werkstoffkennwerten der Reibkörper als konstanter Wert nach der Beziehung von CHARRON bestimmt:

$$\alpha_1 = \frac{b_1}{b_1 + b_2} \qquad \text{bzw.} \qquad \alpha_2 = \frac{b_2}{b_1 + b_2} \qquad \text{mit} \qquad b = \sqrt{\lambda \cdot c_v \cdot \rho} \qquad (5\text{-}41)$$

Diese Vorgehensweise ist für relativ zueinander ruhende Körper mit unterschiedlichen Massentemperaturen korrekt, wenn die sich einstellende Kontakttemperatur gesucht wird [6]. Angewendet auf relativ zueinander bewegte Körper, führt diese Vorgehensweise allerdings zu größeren Fehlern, wie Bild 5-2 unten zeigt. So werden nach Gl. (5-41) für die 100Cr-Selbstpaarung Wärmeaufteilungszahlen von $\alpha_{1,2} = 0.5$ bestimmt. Im Vergleich zu der mit Gl. (5-40) lokal veränderlich berechneten Wärmeaufteilungzahl, wird bei der Kugel eine zu hohe und bei der Ebene eine zu niedrige Kontakttemperatur berechnet. Dadurch ergibt sich in der Kontaktfläche ein maximaler Temperatursprung von ca. 90°C. Bei einer lokal veränderlichen Wärmeaufteilungszahl sind die lokalen Kontakttemperaturen innerhalb der Kontaktfläche dagegen gleich.

Welchen Einfluss unterschiedliche Werkstoffpaarungen auf die Temperaturverteilung des Kugel/Ebene-Kontaktes haben, ist in Bild 5-3 dargestellt. Im Falle der Stahl/Keramik-Paarungen werden höhere Temperaturen erhalten als bei der 100Cr6-Selbstpaarung, wobei eine Kugel aus 100Cr6 gegen eine Keramikebene höhere Temperaturen liefert als umgekehrt. Dies erscheint logisch, da die Ebene aus ZrO_2 nahezu wie ein thermischer Isolator wirkt, wodurch die Kugel thermisch einer wesentlich höheren Beanspruchung unterliegt.

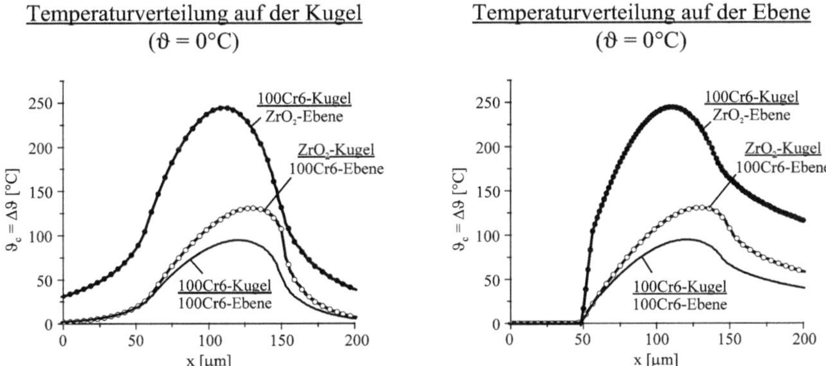

Bild 5-3: Oberflächentemperaturverteilung bei einem glatten Kugel/Ebene-Kontakt nach einem Gleitweg von 750 µm für unterschiedliche Werkstoffpaarungen [133]

6   Schmierstoffeigenschaften

Für die Berechnung geschmierter Tribosysteme ist die Kenntnis wichtiger physikalischer Schmierstoffkennwerte, wie Viskosität, Dichte, Wärmeleitfähigkeit und spezifische Wärmekapazität erforderlich. Diese Kennwerte sind notwendige Eingangsgrößen für die die Schmierstoffeigenschaften beschreibenden Zustandsgleichungen und Fließmodelle, die wiederum Eingang in die Strömungsgleichungen finden. Diese Kennwerte sind nicht konstant, insbesondere dann nicht, wenn der Schmierstoff veränderlichen Temperaturen und Drücken oder hohen Schergefällen ausgesetzt ist. Für die betriebssichere Auslegung von geschmierten Kontakten ist die Berücksichtigung veränderlicher Schmierstoffkennwerte unumgänglich.

6.1   Temperatur- und Druckabhängigkeit der Dichte

Fluide vergrößern ihr Volumen mit steigender Temperatur und verringern ihr Volumen mit zunehmendem Druck. Diese Volumenänderung ist bei konstanter Masse mit einer Dichteänderung verbunden, wobei die Dichte bei zunehmenden Volumen abnimmt und bei abnehmenden Volumen ansteigt. Eine Volumenabnahme unter Druckeinwirkung wird als Kompressibilität bezeichnet und ist bei Gasen ausgeprägter als bei Flüssigkeiten. Die Kenntnis dieses Verhaltens ist z.B. wichtig für die Berechnung der Kompressionswärme in der Energiegleichung, speziell bei instationär belasteten Tribosystemen.

Temperaturabhängigkeit
Aus Bild 6-1 wird erkennbar, dass die Dichten der dargestellten FVA-Referenzöle linear von der Temperatur abhängen und sich bei einer Temperaturzunahme um 100°C und einem Druck von p = 0 um ca. 7% bis 12% verringern.

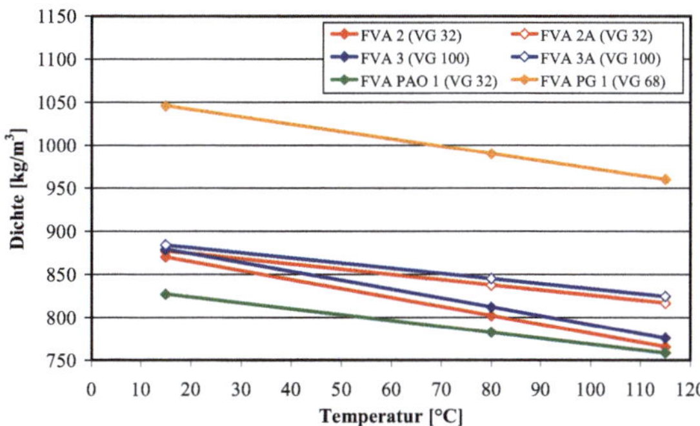

Bild 6-1:   Gemessene Dichten in Abhängigkeit von der Temperatur ausgewählter FVA-Referenzöle bei p = 0 nach [95]

Die Berechnung der temperaturabhängigen Dichte kann mit der Dichte ρ_0 bei der Temperatur ϑ_0 und dem Druck $p = 0$ sowie dem thermischen Volumenausdehnungskoeffizient β nach Gl. (6-1) erfolgen:

$$\rho(\vartheta) = \rho_0 \left[1 - \beta(\vartheta - \vartheta_0) \right] \quad \text{mit} \quad \beta = \frac{1}{V_0} \left(\frac{\partial V}{\partial \vartheta} \right)_{p=\text{konst.}} = -\frac{1}{\rho_0} \left(\frac{\partial \rho}{\partial \vartheta} \right)_{p=\text{konst.}} \tag{6-1}$$

Werden aus den Messwerten in [95] mit Gl. (6-1) die thermischen Volumenausdehnungskoeffizienten der FVA-Referenzöle berechnet, ergeben sich die in Tabelle 6-1 angegebenen Werte. Tendenziell zeigt sich, dass der Volumenausdehnungskoeffizient innerhalb einer Gruppe mit steigendem Viskositätsgrad geringfügig abnimmt. Weiterhin weisen die unadditivierten Mineralöle FVA 1 bis 4 den höchsten und die mit 4% Anglamol 99 additivierten Mineralöle FVA 2A und 3A den niedrigsten Ausdehnungskoeffizienten auf.

Tabelle 6-1: Berechnete thermische Volumenausdehnungskoeffizienten der FVA-Referenzöle

Schmier-stoff	FVA 1 (VG 15)	FVA 2 (VG 32)	FVA 3 (VG 100)	FVA 4 (VG 460)	FVA 2A (VG 32)	FVA 3A (VG 100)	PG 1 (VG 68)
$\beta\,[10^{-3}\,\text{K}^{-1}]$	1,215	1,202	1,173	1,156	0,691	0,674	0,824
Schmier-stoff	PG 2 (VG 150)	PG 3 (VG 220)	PG 4 (VG 460)	PAO 1 (VG 32)	PAO 2 (VG 68)	PAO 3 (VG 220)	PAO 4 (VG 460)
$\beta\,[10^{-3}\,\text{K}^{-1}]$	0,752	0,817	0,816	0,828	0,831	0,818	0,812

Druckabhängigkeit
Weit verbreitet ist die Beziehung zur Druckabhängigkeit der Dichte nach DOWSON und HIGGINSON [43], die aus quasistatischen Versuchen mit nur einem Mineralöl und Drücken bis 0,4 GPa abgeleitet wurde [117] und in der Literatur in zwei Darstellungen anzutreffen ist.

$$\rho(p) = \rho(\vartheta) \cdot \left(1 + \frac{A_{\rho 1} \cdot p}{1 + A_{\rho 2} \cdot p} \right) = \rho(\vartheta) \cdot \left(\frac{B_{\rho 1} + B_{\rho 2} \cdot p}{B_{\rho 1} + p} \right) \tag{6-2}$$

Da nur ein Mineralöl untersucht wurde, sind die Koeffizienten mit $A_{\rho 1} = 0,6$ GPa^{-1} und $A_{\rho 2} = 1,7$ GPa^{-1} bzw. $B_{\rho 1} = 1/A_{\rho 2} = 0,59$ GPa und $B_{\rho 2} = (A_{\rho 1} + A_{\rho 2})/A_{\rho 2} = 1,35$ fest vorgegeben. Bei allgemeiner Anwendung von Gl. (6-2) folgt auf Grund der konstanten Koeffizienten, dass sich die Dichte eines jeden Öls bei einem Druck von 1 GPa um 22% und bei 4 GPa um 31% erhöht. Das Maximum wird mit 35% bei unendlich hohen Drücken erreicht.

In Bild 6-2 sind beispielhaft die Ergebnisse zweier Untersuchungen zur Druckabhängigkeit der Dichte bzw. der Kompressibiltät von Ölen dargestellt [66], [117]. In [66] wurden quasistatische Messungen an verschiedenen Ölen für einen Druck von 0,42 … 2,2 GPa bei 20°C und in [117] dynamische Messungen an einem Polyphenyletheröl 5P4E mit $v_{38} = 362$ mm^2/s für einen Druck von 0,04…5 GPa bei Einwirkzeiten des Druckes von 10^{-4} s und 10^{-6} s durchgeführt. Weitere dynamische Messungen erfolgten in [3] an 5P4E und einem Mineralöl. Aus Bild 6-2 links wird erkennbar, dass die Dichten anfangs nichtlinear vom Druck abhängen und im Weiteren in einen annähernd linearen Verlauf übergehen. Diese Änderungen werden mit einer beginnenden Verfestigung (Phasenumwandlung) des Öls begründet. Der Übergangspunkt vom flüssigen in den festen Zustand steigt mit zunehmender Temperatur und fällt mit zunehmendem Druck. Die vollständige Verfestigung (glasartiger Zustand des Öls) erstreckt sich über einen weiten Druckbereich und gilt als abgeschlossen, wenn die Viskosität einen Wert von ca. 10^{13} Pas erreicht hat [23]. Die dargestellten Verläufe in Bild 6-2 links sind bis zu einem Druck von 2,2 GPa durch Messwerte gestützt und darüber hinaus extrapoliert. In Bild 6-2 rechts liegen Messwerte bis 5 GPa vor. Verfestigungseffekte sind hier auch bei höheren Drücken nicht direkt erkennbar. Ursache könnte die kurze Einwirkzeit des Druckes sein, sodass noch keine ausreichende Verdichtung der Moleküle stattgefunden hat. In beiden Fällen zeigt sich, dass die Ergebnisse mit Gl. (6-2) nicht korrekt wiedergegeben werden. Übereinstimmung wird nur beim naphtenbasischen Mineralöl im unteren Druckbereich erhalten. Die Kompressibilität der Öle ist bei 5 GPa mit 40% bis 60% gegenüber den nach Gl. (6-2) berechneten 32% höher ausgeprägt. Dieser Sachverhalt ist von Bedeutung, da Gl. (6-2) häufig Anwendung findet.

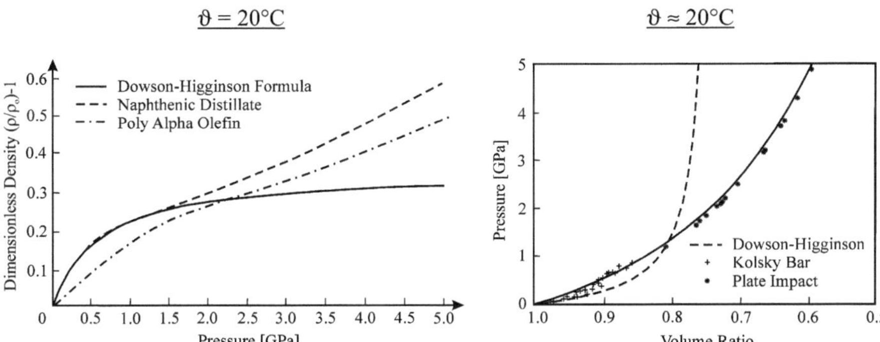

Bild 6-2:   Druckabhängigkeit der Dichte (Kompressibilität) verschiedener Öle, links für ein naphtenbasisches Mineralöl und ein PAO nach [66], rechts für ein Polyphenyletheröl 5P4E nach [117]

Außerdem wurde in [66] auf Basis der Messwerte eine Näherungsgleichung zur Berechnung der druckabhängigen Dichte entwickelt, die in Abhängigkeit vom Verfestigungsdruck p_s zwei Bereiche unterscheidet. Die Koeffizienten können Tabelle 6-2 entnommen werden.

$$\rho(p) = \rho(\vartheta) \cdot \begin{cases} \dfrac{1}{1 - C_{\rho 1} \cdot p^2 - C_{\rho 2} \cdot p} & \text{wenn } p \leq p_s \\[2ex] \dfrac{1}{1 - C_{\rho 3} \cdot p + C_{\rho 4}} & \text{wenn } p > p_s \end{cases} \qquad (6\text{-}3)$$

Temperatur- und Druckabhängigkeit
Im einfachsten Fall kann durch eine Kombination der zuvor aufgeführten isobaren und isothermen Zustandsgleichungen eine Gleichung erhalten werden, die die Temperatur- und

Druckabhängigkeit beschreibt. Eine auf der „freien Volumentheorie" basierende kombinierte Gleichung wurde von BODE in [23] vorgestellt. Die Koeffizienten D, die Dichte am absoluten Nullpunkt ρ_s (maximale Packungsdichte) und der thermische Ausdehnungskoeffizienten der erstarrten Festphase α_s sind für jeden Schmierstoff aus Messwerten zu ermitteln und können für ausgewählte FVA-Referenzöle [95] entnommen werden.

$$\rho(T,p) = \frac{\rho_s \cdot (1 - \alpha_s \cdot T)}{1 - D_{\rho 0} \cdot \ln\left(\dfrac{D_{\rho 1} + D_{\rho 2} \cdot T + p}{D_{\rho 1} + D_{\rho 2} \cdot T}\right)} \tag{6-4}$$

Das Polynom 1. Ordnung im Nenner kann auch durch Polynome höherer Ordnung ersetzt werden, wenn sich dadurch die Messwertverläufe besser beschreiben lassen. Da viele Messwerte aber häufig nur bis zu einem Druck von ca. 1 GPa bestimmt werden, gilt es unbedingt zu beachten, dass sich bei einer Extrapolation hin zu größeren Drücken häufig unbrauchbare Dichten ergeben, da die Polynome höherer Ordnung zu „schwingen" beginnen.

Tabelle 6-2: Koeffizienten für Gl. (6-3) nach [66]

Schmierstoff	$C_{\rho 1}$ GPa^{-2}	$C_{\rho 2}$ GPa^{-1}	$C_{\rho 3}$ GPa^{-1}	$C_{\rho 4}$	p_s GPa
naphtenbasisches Destillat ($\nu_{40} = 26$ mm^2/s)	-0,2710	0,430	0,0466	-0,135	0,706
naphtenbasisches Raffinat ($\nu_{40} = 23$ mm^2/s)	-0,1510	0,302	0,0487	-0,106	0,839
Polyglykol ($\nu_{40} = 175$ mm^2/s)	-0,1210	0,297	0,0323	-0,145	1,092
Polyglykol ($\nu_{40} = 80$ mm^2/s)	-0,0887	0,251	0,0395	-0,131	1,213
PAO ($\nu_{40} = 450$ mm^2/s)	-0,0444	0,190	0,0407	-0,126	1,682

6.2 Temperatur- und Druckabhängigkeit der Wärmeleitfähigkeit

Die Wärmeleitfähigkeit von Schmierstoffen, die die Temperaturentwicklung im Kontakt beeinflusst, sinkt mit zunehmender Temperatur und steigt mit zunehmendem Druck an. Die Wärmeleitfähigkeit gibt an, in welchem Maße der Schmierstoff thermische Energie (Wärme) durch Wärmeleitung transportieren kann.

Temperaturabhängigkeit
Entsprechende Untersuchungen wurden in [94] und [95] durchgeführt. Im ersten Fall wurden die Wärmeleitfähigkeiten bei 295 K (22°C) und 380 K (107°C) für mineralische und nichtmineralische Öle und im zweiten Fall bei 20°C, 40°C und 80°C für zwei additivierte Mineralöle bestimmt. Die Abnahme der Wärmeleitfähigkeit liegt im ersten Fall für $\Delta\vartheta = 85°C$ bei

ungefähr 5% (siehe Bild 6-4) und im zweiten Fall für $\Delta\vartheta = 60°C$ bei ca. 12% bis 15% (siehe Bild 6-3). Diese Unterschiede sind neben den nicht identischen Ölen eventuell auch auf die jeweilige Umsetzung des eingesetzten Messverfahrens (Hitzdrahtmethode) zurückzuführen.

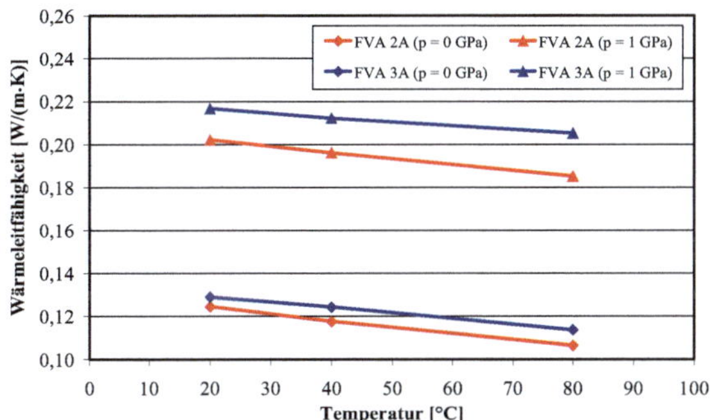

Bild 6-3:   Gemessene Wärmeleitfähigkeiten in Abhängigkeit von der Temperatur zweier additivierter FVA-Referenzöle bei p = 0 und p = 1 GPa nach [95]

Bild 6-3 zeigt, dass die Temperaturabhängigkeit der Wärmeleitfähigkeit im betrachteten Temperaturbereich einen linearen Zusammenhang aufweist, sodass sich die temperaturabhängige Wärmeleitfähigkeit mit der Wärmeleitfähigkeit λ_0 bei der Temperatur ϑ_0 nach Gl. (6-5) berechnen lässt. Der Koeffizient A_λ kann für die additivierten FVA-Referenzöle Tabelle 6-3 entnommen werden.

$$\lambda(\vartheta) = \lambda_0 - A_\lambda \cdot (\vartheta - \vartheta_0)$$
(6-5)

Tabelle 6-3: Berechnete Koeffizienten A_λ [W/(m·K·°C)] zweier FVA-Referenzöle

Schmierstoff	FVA 2A (VG 32)	FVA 3A (VG 100)
p = 0	$2{,}96 \cdot 10^{-4}$	$2{,}58 \cdot 10^{-4}$
p = 1 GPa	$2{,}80 \cdot 10^{-4}$	$1{,}88 \cdot 10^{-4}$

Nach Tabelle 6-3 weist das Öl FVA 2A eine größere Temperaturabhängigkeit als das Öl FVA 3A auf. Dies korreliert sehr gut mit dem ebenfalls geringfügig höheren thermischen Volumenausdehnungskoeffizienten des Öls FVA 2A im Vergleich zum Öl FVA 3A (siehe Tabelle 6-1).

Druckabhängigkeit

In [94] und [95] erfolgten ebenfalls Untersuchungen zum Einfluss von Drücken bis ca. 1 GPa auf die Wärmeleitfähigkeit. Beispielhaft sind die Ergebnisse aus [94] in Bild 6-4 dargestellt. Im betrachteten Druckbereich erhöht sich die Wärmeleitfähigkeit um mindestens 100%.

22°C (295 K)   107°C (380 K)

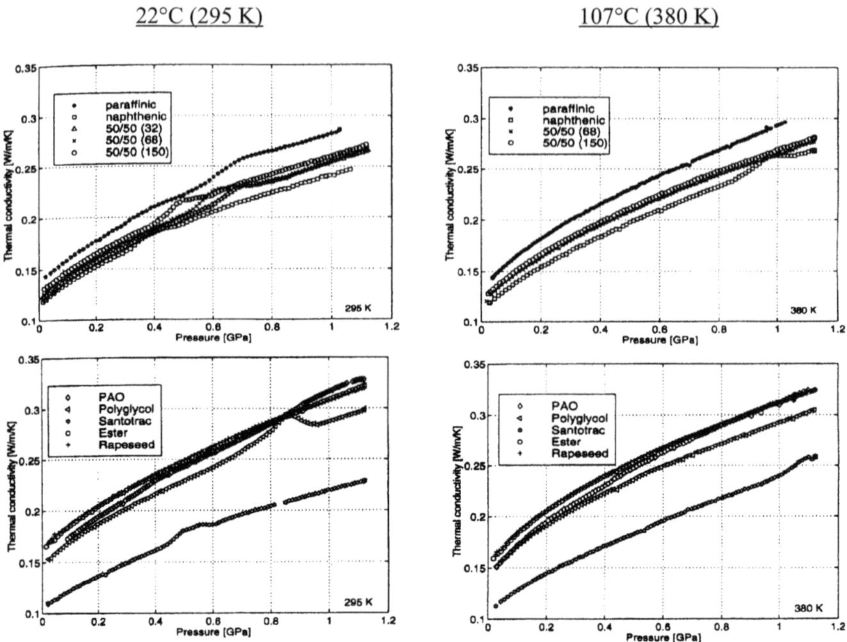

Bild 6-4:   Gemessene Wärmeleitfähigkeiten von Ölen in Abhängigkeit vom Druck für zwei
              Temperaturen nach [94]

Tabelle 6-4: Koeffizienten für Gl. (6-6) nach [94]

Schmierstoff	λ_0 W/(m·K)	$B_{\lambda 1}$ GPa^{-1}	$B_{\lambda 2}$ GPa^{-1}
paraffinbasisches Mineralöl (VG 150)	0,137	1,72	0,54
naphtenbasisches Mineralöl (VG 150)	0,118	1,54	0,33
PAO (VG 150)	0,154	1,40	0,34
Polyglykol (VG 150)	0,148	1,56	0,61
Traktionsfluid Santotrac 50 (≈VG 22)	0,104	1,85	0,50
TMP-Ester (VG 46)	0,162	1,44	0,56
Rapsöl (VG 32)	0,164	1,41	0,58

Da in [94] der Einfluss der Temperatur auf die Wärmeleitfähigkeit als vernachlässigbar eingeschätzt wird, wurde lediglich eine Näherungsgleichung für die Druckabhängigkeit angegeben. Die Koeffizienten sind für die vermessenen Öle in Tabelle 6-4 aufgeführt.

$$\lambda(p) = \lambda_0\left(1 + \frac{B_{\lambda 1} \cdot p}{1 + B_{\lambda 2} \cdot p}\right) \tag{6-6}$$

Temperatur- und Druckabhängigkeit
Die nachfolgende kombinierte Gleichung für Temperatur und Druck wird in [95] zur Interpolation von Messwerten verwendet. Die Dichtefunktion $\rho(T,p)$ entspricht der Gl. (6-4), die Funktionen $k(T,p)$ und $\beta(T,p)$ sind weitere Näherungsfunktionen, die in [95] angegeben sind.

$$\lambda(T,p) = k(T,p) \cdot \frac{\sqrt[6]{\rho(T,p)}}{\sqrt{\beta(T,p)}} \tag{6-7}$$

6.3 Temperatur- und Druckabhängigkeit der spezifischen Wärmekapazität

Die spezifische Wärmekapazität von Schmierstoffen steigt mit zunehmender Temperatur und nimmt tendenziell mit steigendem Druck ab. Sie gibt an, wie viel Energie 1 kg des Fluids temperatur- und druckabhängig zugeführt werden muss, um dessen Temperatur um ein Kelvin zu erhöhen. Angaben zur spezifischen Wärmekapazität c können bei konstantem Druck c_p oder bei konstantem Volumen c_v erfolgen. Bei konstantem Druck ist die Erwärmung mit einer Volumenausdehnung verbunden, d.h. neben der Energie zur Temperaturerhöhung wird auch Energie für die Volumenarbeit verbraucht. Daher gilt $c_p > c_v$.

Temperatur- und Druckabhängigkeit
In [94] und [95] wurden weiterhin Messungen zur spezifischen Wärmekapazität bei verschiedenen Temperaturen und Drücken durchgeführt. Sind in [95] die spezifischen Wärmekapazitäten der Öle FVA 2A und 3A direkt angegeben, werden in [94] die spezifischen Wärmekapazitäten pro Volumen ($c_p \cdot \rho$) verschiedener Öle entsprechend Bild 6-5 aufgeführt. Die Verläufe zeigen, dass bei 22°C und steigendem Druck bei nahezu allen Ölen die Werte ab einem bestimmten Druck abfallen, um anschließend wieder anzusteigen. Bei 107°C treten diese Unstetigkeiten nur noch vereinzelt auf. Die Autoren begründen dieses Verhalten mit einer Verfestigung (Glasübergang) der Öle, wobei die Verfestigung als abgeschlossen gilt, wenn die Werte wieder ansteigen. Die spezifischen Wärmekapazitäten pro Volumen der verfestigten Öle sind somit niedriger als die der flüssigen Öle. Mit zunehmender Temperatur sind höhere Drücke erforderlich, um in den Verfestigungsbereich der Öle zu gelangen. Zur Berechnung der temperatur- und druckabhängigen spezifischen Wärmekapazität pro Volumen wird in [94] Gl. (6-8) vorgeschlagen. Die Koeffizienten verschiedener Öle enthält Tabelle 6-5.

$$(c_p \cdot \rho)(\vartheta,p) = (c_p \cdot \rho)_0\left(1 + \frac{A_{c1} \cdot p}{1 + A_{c2} \cdot p}\right) \cdot \left[1 + A_{c3}\left(1 + A_{c4} \cdot p + A_{c5} \cdot p^2\right) \cdot (\vartheta - \vartheta_0)\right] \tag{6-8}$$

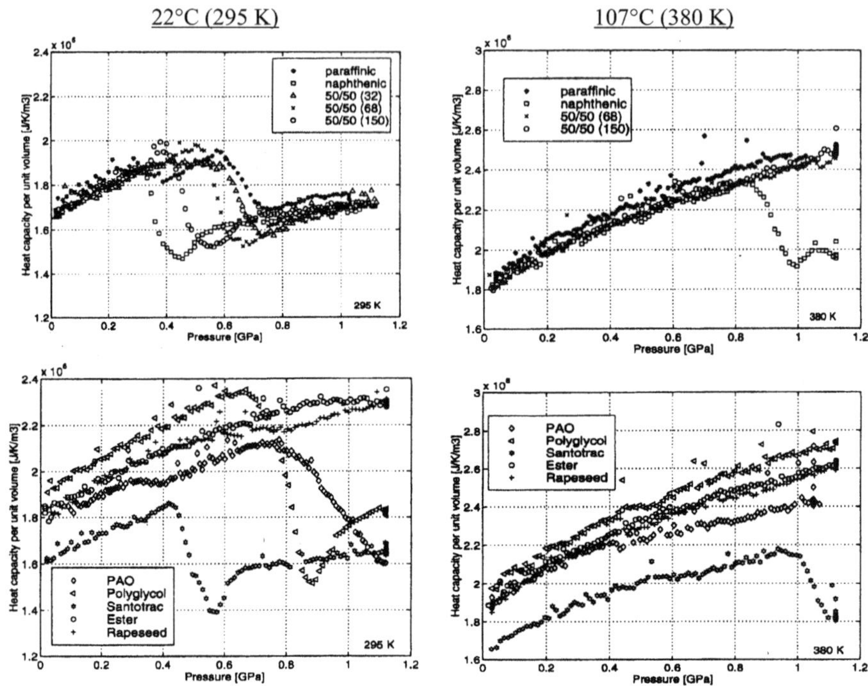

Bild 6-5:   Gemessene spezifische Wärmekapazitäten pro Volumen ($c_p \cdot \rho$) von Ölen in Abhängigkeit vom Druck für zwei Temperaturen nach [94]

Tabelle 6-5: Koeffizienten für Gl. (6-8) nach [94]

Schmierstoff ($\vartheta_0 = 22°C$)	$(c_p \cdot \rho)_0$ $J/(m^3 \cdot K)$	A_{c1} GPa^{-1}	A_{c2} GPa^{-1}	A_{c3} $°C^{-1}$	A_{c4} GPa^{-1}	A_{c5} GPa^{-2}
paraffinbasisches Mineralöl (VG 150)	$1{,}71 \cdot 10^6$	0,47	0,81	$9{,}3 \cdot 10^{-4}$	1,40	-0,51
naphtenbasisches Mineralöl (VG 150)	$1{,}64 \cdot 10^6$	0,56	0,80	$9{,}9 \cdot 10^{-4}$	0,58	-0,46
PAO (VG 150)	$1{,}77 \cdot 10^6$	0,41	1,05	$6{,}5 \cdot 10^{-4}$	2,70	-1,50
Polyglykol (VG 150)	$1{,}89 \cdot 10^6$	0,50	0,51	$3{,}4 \cdot 10^{-4}$	3,30	-2,30
Traktionsfluid Santotrac 50 ($\approx$VG 22)	$1{,}60 \cdot 10^6$	0,48	0,71	$4{,}5 \cdot 10^{-4}$	1,80	-0,10
TMP-Ester (VG 46)	$1{,}81 \cdot 10^6$	0,49	0,67	$6{,}1 \cdot 10^{-4}$	1,60	-0,78
Rapsöl (VG 32)	$1{,}79 \cdot 10^6$	0,52	0,73	$5{,}7 \cdot 10^{-4}$	1,30	-0,54

Die Gl. (6-8) gilt genau genommen nur für Temperaturen und Drücke, bei denen noch keine Verfestigung des Öls aufgetreten ist. Dies wird sehr gut aus Bild 6-6 rechts ersichtlich, da durch Gl. (6-8) ein Abfallen der Werte nicht wiedergegeben wird. Oberhalb der Verfestigungsdrücke werden deshalb zu große Werte berechnet (vergleiche mit Bild 6-5 links). Eine bessere Abbildungsgenauigkeit wird erst bei höheren Temperaturen erreicht. Weiterhin sind im Bild 6-6 Messwerte aus [95] für die Öle FVA 2A und 3A dargestellt. Dominante Verfestigungseffekte, wie im Bild 6-5, sind für diese Öle bei 20°C mit zunehmendem Druck im Bild 6-6 rechts nicht erkennbar. Die im Bild 6-6 links auftretenden Knicke in den Temperaturkurven sind nicht nachvollziehbar. Allgemein zeigt sich, dass das Produkt aus spezifischer Wärmekapazität und Dichte mit steigender Temperatur und zunehmendem Druck größer wird, wobei die Abhängigkeit vom Druck stärker ausgeprägt ist.

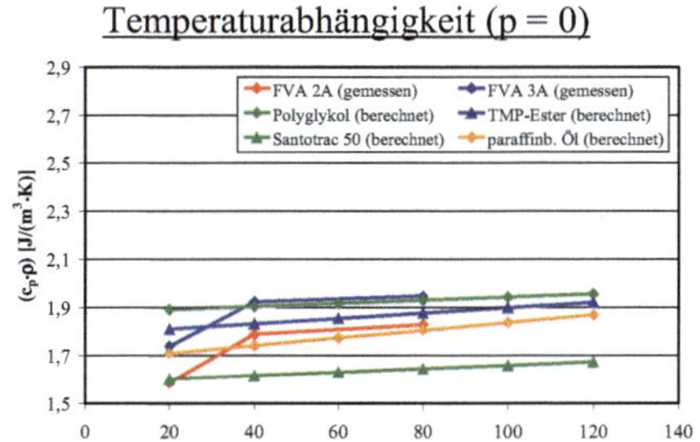

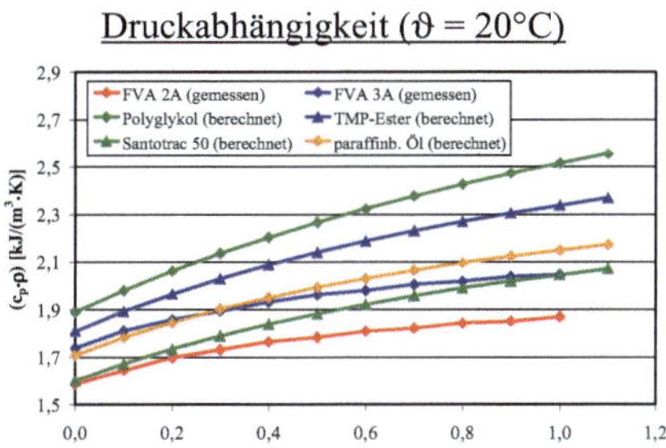

Bild 6-6:   Spezifische Wärmekapazitäten pro Volumen ($c_p \cdot \rho$) von Ölen in Abhängigkeit von Temperatur und Druck, Werte mit Gl. (6-8) berechnet bzw. Messwerte aus [95] entnommen

Das Produkt aus spezifischer Wärmekapazität und Dichte wird im Konvektionsterm der Energiegleichung berücksichtigt. Es wäre daher nicht zwingend notwendig, die temperatur- und druckabhängige spezifische Wärmekapazität allein zu kennen. Wird aber die Reynolds'sche Differenzialgleichung für ein kompressibles Fluid verwendet oder der Kompressions- oder Strahlungsterm in der Energiegleichung berücksichtigt, ist die Kenntnis der ebenfalls temperatur- und druckabhängigen Dichte als Einzelgröße erforderlich. Es wäre daher sinnvoll, wenn die Gleichungen für die temperatur- und druckabhängige spezifische Wärmekapazität pro Volumen und die Gleichungen für die temperatur- und druckabhängige Dichte konsistent sind, d.h. bei einer Verknüpfung dieser Gleichungen der korrekte Verlauf der spezifischen Wärmekapazität erhalten wird. Durch Umstellen der Gl. (6-8) entsprechend

$$c_p(\vartheta, p) = \frac{(c_p \cdot \rho)_0}{\rho(\vartheta, p)} \left(1 + \frac{A_{c1} \cdot p}{1 + A_{c2} \cdot p}\right) \cdot \left[1 + A_{c3}\left(1 + A_{c4} \cdot p + A_{c5} \cdot p^2\right) \cdot (\vartheta - \vartheta_0)\right] \qquad (6\text{-}9)$$

und Verwendung geeigneter Gleichungen für die temperatur- und druckabhängige Dichte gelingt es dann, die temperatur- und druckabhängige spezifische Wärmekapazität zu berechnen. Das Ergebnis dieser Bemühungen zeigt Bild 6-7. Die Berechnung der temperaturabhängigen Dichte erfolgte mit Gl. (6-1). Die Volumenausdehnungskoeffizienten wurden Tabelle 6-1 entnommen und derart gemittelt, dass z.B. ein VG 68 und ein VG 220 in guter Näherung ein VG 150 abbilden. Die druckabhängige Dichte wurde mit Gl. (6-3) berechnet, wobei aus Tabelle 6-2 lediglich das Polyglykol mit $v_{40} = 175$ mm^2/s verwendet wurden. Weiterhin sind wiederum die Messwerte für die FVA-Öle aus [95] mit dargestellt.

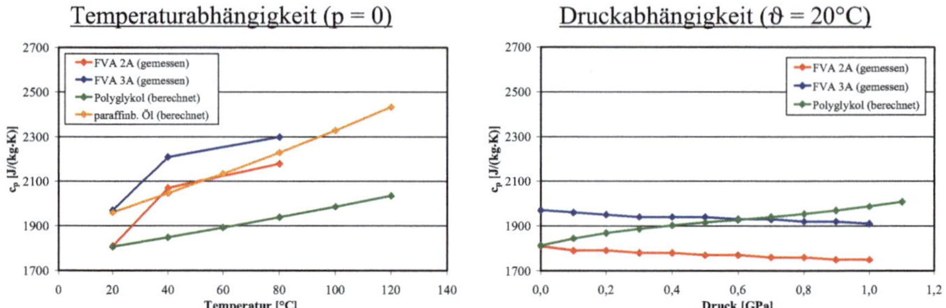

Bild 6-7:   Spezifische Wärmekapazitäten von Ölen in Abhängigkeit von Temperatur und Druck, Werte mit Gl. (6-9), Gl. (6-1) und Gl. (6-3) berechnet bzw. Messwerte aus [95] entnommen

Da die Dichte mit steigender Temperatur abnimmt und die spezifische Wärmekapazität pro Volumen mit steigender Temperatur zunimmt, muss die spezifische Wärmekapazität zwangsläufig mit der Temperatur ansteigen. Im Falle der Druckabhängigkeit ist dies nicht mehr so eindeutig. Dichte und spezifische Wärmekapazität pro Volumen nehmen nichtlinear mit dem Druck zu. Entscheidend für den Verlauf der spezifischen Wärmekapazität ist nun, in welchem Verhältnis sich beide Größen zueinander ändern. Nimmt die Dichte mit dem Druck schneller zu, ergibt sich eine abnehmende spezifische Wärmekapazität, andernfalls eine steigende. Dies wird auch durch Bild 6-7 rechts wiedergegeben. Die Messwerte für die Mineralöle zeigen einen abfallenden Verlauf, die berechneten Werte für das Polyglykol steigen dagegen an. Dieser Verlauf ist jedoch nur korrekt, wenn die druckabhängige Dichte des in [94] verwendeten Polyglykols durch Gl. (6-3) ausreichend gut beschrieben wurde. Um beim Polyglykol leicht abnehmende Werte für die spezifische Wärmekapazität zu erhalten, müsste die Dichte des Polyglykols bis zum Druck von 1.1 GPa um mehr als 35% zugenommen haben. Mit Gl. (6-3) wurde bis zu diesem Druck aber nur eine Zunahme von 22% berechnet. Da allgemein davon ausgegangen werden kann, dass sich die spezifische Wärmekapazität mit dem Druck nur geringfügig, aber mit der Temperatur stärker ändert, sollte in den Fällen, wo keine konsistenten Daten vorliegen, nur der Temperatureinfluss Berücksichtigung finden.

Liegen Messwerte zur temperatur- und druckabhängigen spezifischen Wärmekapazität vor, können diese mit der nachfolgenden Gleichung beschrieben werden [95]. Die Funktionen $\rho(T)$, $\beta(T)_T$ und $\beta(T)_s$ sind [95] zu entnehmen.

$$c_p(T,p) = c_p(T) - \frac{2 \cdot T \cdot \alpha_s(p)^2}{\rho_s \cdot (1 - \alpha_s(p) \cdot T)^3} \quad \text{mit} \quad c_p(T) = \frac{(\rho_s \cdot \alpha_s)^2 \cdot T}{\rho(T)^3 \cdot [\beta(T)_T - \beta(T)_s]} \tag{6-10}$$

6.4 Temperatur- und Druckabhängigkeit der Viskosität

Bei der Viskosität kann in die dynamische Viskosität η und die kinematische Viskosität ν unterschieden werden. Die dynamische Viskosität ist, im Gegensatz zur kinematischen Viskosität, die wegen ihrer Definition $\nu = \eta/\rho$ lediglich ein Viskositäts-Dichte-Verhältnis darstellt, die physikalisch korrekte Viskosität eines Fluids. Dies wird besonders deutlich, wenn man bedenkt, dass trockene Luft mit $\eta_{40} \approx 19 \cdot 10^{-3}$ mPa·s und $\rho_{40} \approx 1,127$ kg/m^3 sowie ein dünnes Mineralöl mit $\eta_{40} \approx 14,5$ mPa·s und $\rho_{40} \approx 860$ kg/m^3 eine ähnliche kinematische Viskosität von $\nu \approx 17$ mm^2/s aufweisen, die dynamische Viskosität des Öls aber 760 mal größer als die von Luft ist. Bei der Beurteilung von Ölen unterschiedlicher Dichte, aber gleicher Viskositätsklasse (beruhen auf der kinematischen Viskosität) sollte dies beachtet werden.

Temperaturabhängigkeit
Erste Ansätze zur Beschreibung der temperaturabhängigen Viskosität wurden von POISEUILLE (Polynomansatz) oder REYNOLDS (exponentieller Ansatz) vorgenommen [18]. Weiterhin wurden Ansätze auf molekularer Betrachtungsebene vorgestellt. Letztendlich hat sich aber die Gleichung von VOGEL durchgesetzt, da dieser Gleichung eine sehr gute Abbildungsgenauigkeit bescheinigt wird (siehe Bild 6-9a). Dies ist gerade bei niedrigen Temperaturen wichtig, da hier geringe Temperaturänderungen zu starken Viskositätsänderungen führen.

$$\eta(\vartheta) = A_{\eta 1} \cdot \exp\left(\frac{A_{\eta 2}}{A_{\eta 3} + \vartheta}\right) \qquad (6\text{-}11)$$

In der Folgezeit wurden Ansätze vorgestellt, mit denen die Koeffizienten der Vogel-Gleichung in Abhängigkeit von einer einzelnen Viskosität [124] bzw. aus Viskositätsgrad und Dichte des Öls [122] oder aus zwei bzw. drei gegebenen Viskositäten bei unterschiedlichen Temperaturen berechnet werden können [11]. Zur Reduzierung von Fehlern sind die Koeffizienten aber besser aus Messwerten zu bestimmen.

Druckabhängigkeit
Der erste vorgeschlagene und bis heute gültige Ansatz zur Beschreibung der druckabhängigen Viskosität ist der Exponentialansatz von BARUS. Die Viskosität η_0 ergibt sich bei der Temperatur ϑ_0 unter Atmosphärendruck (p = 0):

$$\eta(p) = \eta_0 \cdot \exp(\alpha_\eta \cdot p) \text{ mit } \alpha_\eta = \frac{1}{\eta} \cdot \frac{\partial \eta}{\partial p} \qquad (6\text{-}12)$$

Der Druck-Viskositäts-Koeffizient α_η ist ölabhängig und nimmt mit steigender Temperatur ab (siehe Bild 6-8). Einfache Berechnungsgleichungen für den Druck-Viskositäts-Koeffizienten sind für paraffin- und naphtenbasische Öle in [11] angegeben.

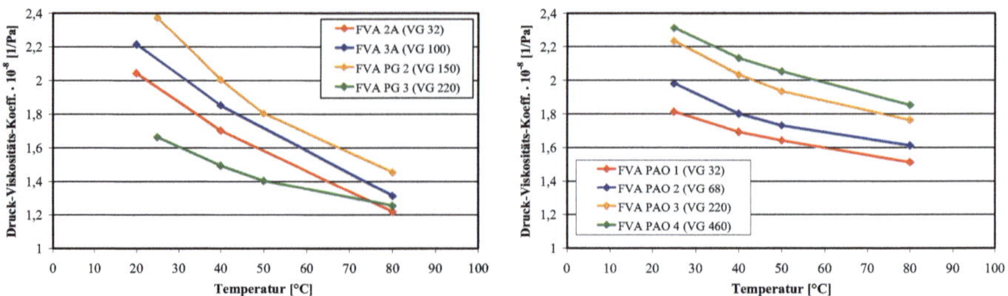

Bild 6-8:   Gemessene Temperaturabhängigkeit des Druck-Viskositäts-Koeffizienten verschiedener FVA-Öle nach [95].

Da festgestellt wurde, dass die Barus-Gleichung bei höheren Drücken häufig zu große Viskositäten liefert, wurde der Exponent $\alpha_\eta\!\cdot\!p$ in Gl. (6-12) von verschiedenen Autoren durch
Potenz- oder Polynomansätze erweitert [18], denn eine gute Abbildungsgenauigkeit ist gerade
bei hohen Drücken notwendig, da hier bereits geringe Druckänderungen zu starken Viskositätsänderungen führen (siehe Bild 6-9 rechts). Eine weit verbreitete Gleichung ist die von
ROELANDS, die vielfach bei der Berechnung konzentrierter EHD-Kontakte Anwendung findet
[123]:

$$\eta(p) = \eta_0 \cdot \exp\left\{ \overbrace{\left(\ln(\eta_0) + 9{,}67\right) \cdot \left[-1 + \left(1 + \frac{p}{p_0}\right)^{B_{\eta 1}} \right]}^{\alpha_\eta \cdot p} \right\}$$

(6-13)

mit $B_{\eta 1} = \dfrac{\alpha_\eta \cdot p_0}{\ln(\eta_0) + 9{,}67}$ und $p_0 = 1{,}96 \cdot 10^8$ Pa

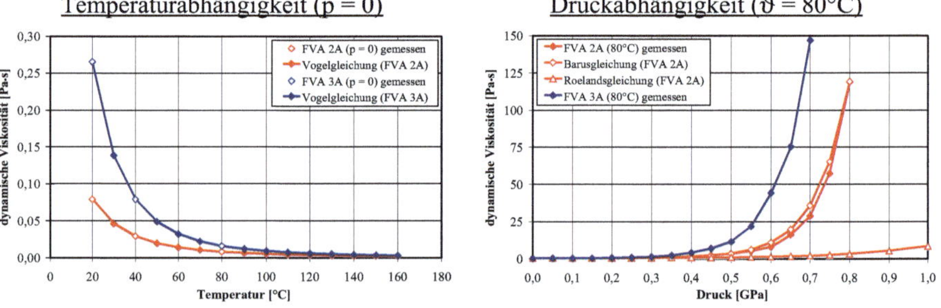

Bild 6-9:   Temperatur- und Druckabhängigkeit der dynamischen Viskosität nach [95]

In Bild 6-9 sind Messwerte zur druckabhängigen Viskositäten bei einer Temperatur von 80°C
für das Öl FVA 2A und 3A sowie für das Öl FVA 2A die berechneten Werte nach der Barus-
und der Roelands-Gleichung dargestellt. Der Druck-Viskositätskoeffizient wurde für beide

Gleichungen mit $\alpha_\eta = 1.21\cdot10^{-8}$ 1/Pa gewählt. Es ist zu erkennen, dass im vorliegenden Fall die Barus-Gleichung den Verlauf der Messwerte wesentlich besser wiedergibt, die Roelands-Gleichung dagegen viel zu kleine Werte liefert.

Temperatur- und Druckabhängigkeit
Zustandsgleichungen, die sowohl die Temperatur- als auch die Druckabhängigkeit der Viskosität berücksichtigen, wurden derart entwickelt, dass die Vogel-Gleichung um die Druckabhängigkeit erweitert wurde. Dies führte zu Gleichungen mit mehr oder weniger vielen Koeffizienten, wie z.B. in [38] oder [142]. Die wichtigsten, heute noch gebräuchlichen Gleichungen, sind nachfolgend aufgeführt.

Von ROELANDS wurde ebenfalls eine Zustandsgleichung vorgestellt [123], die in Erweiterung des klassischen EHD-Kontaktes auch bei der Berechnung von TEHD-Kontakten zum Einsatz kommt und in der heute üblicherweise dargestellten Form aufgeführt ist. Die Gleichung erfordert lediglich die Kenntnis der Koeffizienten α_η und β_η. Je weniger Koeffizienten benötigt werden, umso größer ist jedoch das Risiko, dass die temperatur- und druckabhängige Viskosität mit zunehmendem Druck ungenügend beschrieben wird.

$$\eta(\vartheta,p) = \eta_0 \cdot \exp\left\{ \left(\ln[\eta(\vartheta)] + 9{,}67\right) \cdot \left[-1 + \left(1 + \frac{p}{p_0}\right)^{B_{\eta1}} \cdot \left(\frac{\vartheta - 138}{\vartheta_0 - 138}\right)^{-B_{\eta2}} \right] \right\}$$

(6-14)

$$\text{mit} \quad B_{\eta2} = \frac{\beta_\eta \cdot (\vartheta_0 - 138)}{\ln(\eta_0) + 9{,}67}$$

Eine weitere Gleichung ist die von RODERMUND, deren Koeffizienten aus Messwerten zu ermitteln sind. Für verschiedene FVA-Referenzöle und binäre Mischungen aus diesen sind die Koeffizienten in [89] oder [105] angegeben.

$$\eta(\vartheta,p) = C_{\eta1} \cdot \exp\left[\frac{C_{\eta2}}{C_{\eta3} + \vartheta} \cdot \left(\frac{p}{p_0}\right)^{\left(C_{\eta4} + C_{\eta5} \cdot \frac{C_{\eta2}}{C_{\eta3}+\vartheta}\right)} \right]$$

(6-15)

Da die zuvor aufgeführten Gleichungen nicht die in Messungen nachgewiesenen Krümmungsänderungen bei einer beginnenden Verfestigung des Öls beschreiben (log-Darstellung), wurde von BODE in [23] eine auf der Dichte basierende Gleichung entwickelt, die auch über den Verfestigungsbeginn hinaus eine gute Abbildungsgenauigkeit liefern soll:

$$\eta(T,p) = D_{\eta1} \cdot \exp\left\{ \frac{D_{\eta2} \cdot \rho(T,p)}{\rho_g - \rho(T,p)} \cdot \left[1 + \frac{D_{\eta6} \cdot (\rho_g - \rho_c)}{\rho_c - \rho(T,p)} \right] \right\}$$

(6-16)

$$\text{mit} \quad \rho_g = D_{\eta3} \cdot (1 + D_{\eta4} \cdot T), \quad \rho_c = D_{\eta5} \cdot (1 + D_{\eta4} \cdot T), \quad \rho(T,p) \text{ nach Gl. (6-4)}$$

Da die Koeffizienten in Gl. (6-16) vielfach nur aus Messungen bis ca. 1 GPa bestimmt werden, muss bei einer Extrapolation zu größeren Drücken hin mit zunehmenden Fehlern gerechnet werden (siehe Bemerkungen zu Gl. (6-4)).

6.5 Schergefälleabhängigkeit der Viskosität

Ausgangspunkt der nachfolgenden Betrachtungen ist ein Parallelplattenversuch. Zwischen zwei Platten mit der Fläche A und dem Abstand dh befindet sich eine Flüssigkeit, die an beiden Platten haftet (Stokes'sche Haftbedingung) und die man sich in Flüssigkeitsschichten angeordnet denkt. Wird die obere Platte mit der Geschwindigkeit v_2 und die untere Platte mit der Geschwindigkeit v_1 ($v_1 < v_2$) bewegt - hier soll $v_1 = 0$ sein - haben die plattennahen Flüssigkeitsschichten dieselben Geschwindigkeiten wie die Platten. Die dazwischen liegenden Flüssigkeitsschichten bewegen sich mit unterschiedlichen Geschwindigkeiten aneinander vorbei (laminare Schichtenströmung), wobei sich die Geschwindigkeiten der Flüssigkeitsschichten linear von der bewegten Platte zur ruhenden Platte abbauen. Das Verhältnis aus der Geschwindigkeitsdifferenz dv der Platten und dem Plattenabstand dh wird als Schergefälle $\dot{\gamma}$ (auch Scherrate oder Schergeschwindigkeit) bezeichnet. Das Verhältnis aus der zur Verschiebung der bewegten Platte erforderlichen Kraft F_f, die aus der inneren Reibung der Flüssigkeit resultiert, und der Plattenfläche A ergibt die Reibungschubspannung τ_f. Zwischen Reibungsschubspannung und Schergefälle besteht ein direkt proportionaler Zusammenhang. Die Proportionalitätskonstante heißt dynamische Viskosität η (siehe auch Kapitel 4.2):

$$\eta = \frac{\tau_f}{\dot{\gamma}} = \text{konst.} \tag{6-17}$$

Fluide, für die Gl. (6-17) erfüllt ist, haben ein linear-reinviskoses Fließverhalten und werden als Newton'sche Fluide bezeichnet. Alle anderen Fluide, die Gl. (6-17) nicht genügen, gehören zur Gruppe der nicht-Newton'schen Fluide. Ob ein Fluid Newton'sche oder nicht-Newton'sche Eigenschaften aufweist, kann aus den Fließ- oder den Viskositätskurven im Bild 6-10 entnommen werden.

Kurve 1 kennzeichnet ein Newton'sches Fluid (z.B. Wasser). Die Schubspannung steigt linear mit dem Schergefälle, die Viskosität dagegen bleibt bei veränderlichem Schergefälle konstant. Die Kurven 2 bis 4 beschreiben nicht-Newton'sche Fluide. Die Schubspannung sowie die Viskosität verändern sich hier mit dem Schergefälle. Fluide, bei denen sich die Viskosität mit steigendem Schergefälle erhöht (Kurve 4), weisen ein dilatantes Fließverhalten auf (z.B. Stärkebrei). Häufig wird hierfür auch der Begriff der Scherverdickung bzw. Scherverzähung verwendet. Klassische Schmierstoffe zeigen meist ein entgegengesetztes Verhalten, indem sich deren Viskosität mit zunehmendem Schergefälle verringert (Kurven 2 und 3). In diesem Fall liegt strukturviskoses (pseudoplastisches) Fließverhalten vor. Korrespondierende Begriffe sind die Scherverdünnung bzw. die Scherentzähung. Die Viskositätsverringerung wird mit einem Ausrichten von Molekülen bzw. Strukturänderungen begründet. Spezialfälle des strukturviskosen Fließverhaltens sind Fluide mit zwei Newton'schen Bereichen (Kurve 3) bzw. von Fluiden mit viskoelastischen Eigenschaften. Eine dritte Gruppe der nicht-

Newton'schen Fluide sind Fluide mit einem plastischen Fließverhalten, wie sie meist bei Fetten oder Pasten auftreten. Erst nach Überschreiten einer Fließschubspannung τ_f (für $\tau \leq \tau_f$ ist $\dot{\gamma} \approx 0$) beginnen die Fluide wie in Bild 6-10 Newton'sch oder nicht-Newton'sch zu fließen (Bingham-Fluide). Zeigen Fluide bei konstantem Schergefälle eine Abhängigkeit von der Scherdauer, liegt thixotropes oder rheopexes Fließverhalten vor. Bei Thixotropie sinkt die Viskosität und bei Rheopexie steigt die Viskosität an. Nach einer Ruhephase können viele dieser Substanzen durch „Regeneration" wieder ihr Ausgangsverhalten annehmen.

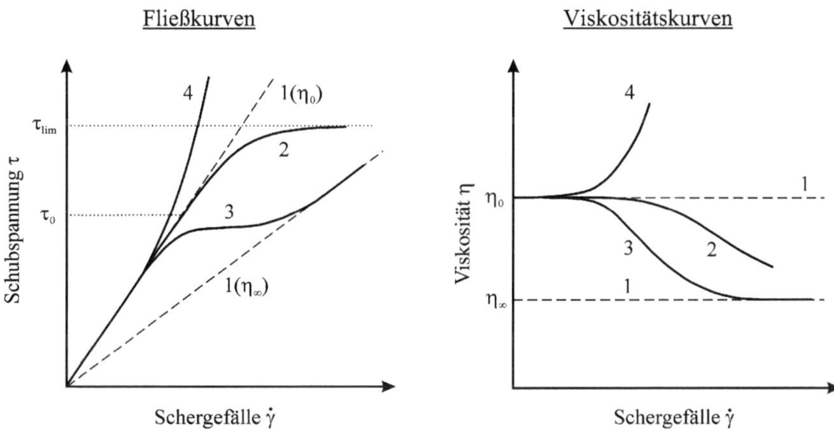

Bild 6-10:   Typische Fließ- und Viskositätskurven von Fluiden
1 – Newton'sches Fluid (linear-reinviskos); 2,3,4 – nicht-Newton'sche Fluide (2: strukturviskos, 3: strukturviskos mit zwei Newton'schen Bereichen, 4: dilatant)

Um das Fließverhalten von Fluiden analytisch beschreiben zu können, wurden eine Vielzahl von Fließmodellen entwickelt. Ausgewählte Fließmodelle für Schmierstoffe sind in Tabelle 6-6 aufgeführt. Erste strukturviskose Modelle wurden von DE WAELE und OSTWALD bzw. von PRANDTL und EYRING vorgestellt [58], [115], [52]. Nach dem EYRING-Modell geht mit Überschreiten der Schubspannung τ_0 das Fließverhalten vom Newton'schen in den nicht-Newton'schen Bereich über. Die Schubspannung τ steigt ab diesem Punkt auch weiterhin mit zunehmendem Schergefälle an, allerdings weitaus weniger stark als im Newton'schen Fall. Andere Modelle wie die von BAIR und WINER, GECIM und WINER bzw. HAMROCK ET AL., gehen von einer maximal erreichbaren Grenzschubspannung τ_{lim} aus, die nicht überschritten werden kann [8], [51], [56], [77], [96]. Wird diese erreicht, muss in den Strömungsberechnungen die Stokes'sche Haftbedingung durch eine Schubspannungsrandbedingung ersetzt werden.

Tabelle 6-6: Ausgewählte Fließmodelle für Schmierstoffe

Newton'sch - linear-reinviskos			
Newton	1745	$\dot{\gamma} = F(\tau) = \dfrac{\tau}{\eta}$	(6-18)
nicht-Newton'sch - strukturviskos			
De Waele Ostwald	1923 1925	$\dot{\gamma} = F(\tau) = k \cdot \tau^n \quad n > 1$	(6-19)
Prandtl	1928	$\dot{\gamma} = F(\tau) = a_1 \cdot \sinh\left(\dfrac{\tau}{a_2}\right)$	(6-20)
Eyring	1936	$\dot{\gamma} = F(\tau) = \dfrac{\tau_0}{\eta} \cdot \sinh\left(\dfrac{\tau}{\tau_0}\right)$	(6-21)
Bair & Winer	1979	$\dot{\gamma} = F(\tau) = -\dfrac{\tau_{\lim}}{\eta} \cdot \ln\left(1 - \dfrac{\tau}{\tau_{\lim}}\right)$	(6-22)
Gecim & Winer	1980	$\dot{\gamma} = F(\tau) = \dfrac{\tau_{\lim}}{\eta} \cdot \tanh^{-1}\left(\dfrac{\tau}{\tau_{\lim}}\right)$	(6-23)
Iivonen & Hamrock (n = 1) Lee & Hamrock (n = 2) Elsharkawy & Hamrock	1989 1990 1991	$\dot{\gamma} = F(\tau) = \dfrac{\tau}{\eta} \cdot \left[1 - \left(\dfrac{\tau}{\tau_{\lim}}\right)^n\right]^{-\frac{1}{n}}$	(6-24)
nicht-Newton'sch - strukturviskos und viskoelastisch			
Johnson & Tevaarwerk	1977	$\dot{\gamma} = \dfrac{1}{G} \cdot \dfrac{d\tau}{dt} + \dfrac{\tau_0}{\eta} \cdot \sinh\left(\dfrac{\tau}{\tau_0}\right)$	(6-25)
Bair & Winer	1979	$\dot{\gamma} = \dfrac{1}{G} \cdot \dfrac{d\tau}{dt} - \dfrac{\tau_{\lim}}{\eta} \cdot \ln\left(1 - \dfrac{\tau}{\tau_{\lim}}\right)$	(6-26)
	1992	$\dot{\gamma} = \dfrac{d}{dt}\left(\dfrac{\tau}{G}\right) + \dfrac{\tau_{\lim}}{\eta} \cdot \exp\left(\dfrac{p}{p_g}\dfrac{\tau}{\tau_{\lim}}\right)^3 \cdot \ln\left[\left(1 - \dfrac{\tau}{\tau_{\lim}}\right)^{-1}\right]$	(6-27)
nicht-Newton'sch - strukturviskos mit zwei Newton'schen Bereichen			
Cross	1965	$\dot{\gamma} = \dfrac{1}{\lambda}\left(\dfrac{\eta_0 - \eta_\infty}{\eta - \eta_\infty} - 1\right)^{\frac{1}{n}}$	(6-28)
Carreau (a = 2) Yasuda	1972 1979	$\dot{\gamma} = \dfrac{1}{\lambda}\left[\left(\dfrac{\eta - \eta_\infty}{\eta_0 - \eta_\infty}\right)^{\frac{a}{n-1}} - 1\right]^{\frac{1}{a}}$	(6-29)
nicht-Newton'sch - plastisch			
Bingham	1922	$\dot{\gamma} = \begin{cases} 0 & \text{wenn } \tau \leq \tau_f \\ F(\tau - \tau_f) & \text{wenn } \tau > \tau_f \end{cases}$	(6-30)

Fließmodelle für viskoelastische Fluide basieren auf einem Maxwell-Fluid, welches elastische (federnde bzw. speichernde) und viskose (dämpfende bzw. dissipierende) Eigenschaften besitzt. Beide Eigenschaften sind beim Maxwell-Fluid in Reihe geschaltet und können durch Gl. (6-31) beschrieben werden. Der erste Term beschreibt mit dem Schubspannungsmodul G die elastischen und der zweite Term mit der Fließfunktion $F(\tau)$ die viskosen Eigenschaften. JOHNSON und TEVAARWERK haben für die Fließfunktion das EYRING-Modell verwendet, BAIR und WINER dagegen einen eigenen Ansatz auf Basis der Grenzschubspannung, der später um den Verfestigungsdruck bzw. Glasübergangsdruck p_g erweitert wurde [84], [8], [9].

$$\dot{\gamma} = \underbrace{\overbrace{\dot{\gamma}_{elast}}^{Feder} + \overbrace{\dot{\gamma}_{vis}}^{Dämpfer}}_{Maxwell-Fluid} = \overbrace{\frac{1}{G}\frac{d\tau}{dt}}^{Feder} + \overbrace{F(\tau)}^{Dämpfer} \qquad (6\text{-}31)$$

Modellgleichungen für strukturviskose Fluide mit zwei ausgeprägten Newton'schen Bereichen existieren von CROSS, CARREAU und YASUDA [37], [31], [153], [154]. Wird in den Gleichungen (6-27) und (6-28) die sich bei höheren Schergefällen einstellende Viskosität η_∞ zu Null gesetzt, entfällt der zweite Newton'sche Bereich.

Für die Berechnung von tribologischen Kontakten kommen die meisten Fließmodelle mehr oder weniger häufig zur Anwendung. Der Schwerpunkt liegt hier bei den konzentrierten EHD-Kontakten mit ihren hohen Drücken und Schergefällen [133], [108], [10], [16]. Wegen seiner guten numerischen Umsetzbarkeit dominiert aber das EYRING-Modell. Im Gleitlager- und Kolben-Zylinder-Bereich, wo strukturviskoses Fließverhalten meist vernachlässigt wird, wurde zur Beschreibung von Mehrbereichsölen schon mehrfach das CROSS-Modell eingesetzt [5], [28], [143].

7 Elastohydrodynamik

Der Begriff der Elastohydrodynamik (EHD) wurde Mitte des 20. Jahrhunderts eingeführt und in der Folge bei geschmierten konzentrierten Kontakten, wie z.B. in Wälzlagern, Zahnrädern, Nocken/Stößel-Paarungen, Dichtungen usw. verwendet. Nach [97] ist ein geschmierter Kontakt der EHD zuzuordnen, wenn die elastischen Verformungen der Kontaktkörper gleich oder größer der sich ausbildenden Schmierfilmhöhe sind. Bei Verformungen in der Größenordnung der Schmierfilmhöhe kann dann von harter EHD und bei wesentlich größeren Verformungen von weicher EHD gesprochen werden. Alle anderen Fälle wären der Hydrodynamik zuzuordnen.

Die zunehmende Leistungsdichte von Bauteilen, verbunden mit einem konsequenten Streben nach Leichtbau, führt zwangsläufig zu immer höheren Bauteilbeanspruchungen. Damit verbunden sind durch hydrodynamische Drücke, Trägheitskräfte oder äußere Lasten (z.B. Gaskräfte, Zwangskräfte usw.) hervorgerufene Bauteilverformungen, die unmittelbaren Einfluss auf die Spaltgeometrie und die Druckentwicklung im Schmierspalt ausüben und so auf Reibung, Temperatur, Volumenströme und Verschleiß einwirken. Es erscheint daher sinnvoll, unabhängig davon, ob der Kontakt konzentriert oder flächig ist und wie groß die Verformungen sind, immer dann von EHD zu sprechen, wenn eine rückwirkungsbehaftete Kopplung von Hydrodynamik und Verformung erfolgt. Die Kopplung kann dabei quasistatisch oder dynamisch geschehen. Ausschlaggebend für die Art der Kopplung ist, ob Trägheitskräfte bewegter Bauteile hinsichtlich der Spaltverformungen vernachlässigt werden können (quasistatische Kopplung) oder nicht (dynamisch Kopplung).

7.1 Quasistatische Kopplung von Hydrodynamik und Verformung

Bei der quasistatischen Kopplung können im Wesentlichen zwei Wege beschritten werden. Zum einen kann die Hydrodynamik direkt mit einem FEM-Programm gekoppelt werden, wenn mehr als nur linear-elastische Bauteilverformungen zu berücksichtigen sind. Bei rein linear-elastischen Bauteilverformungen kann die direkte Kopplung mit dem FEM-Programm entfallen, was speziell bei transienten Berechnungen zur Rechenzeitverkürzung beiträgt. Dazu wird im Vorfeld eine Einflusszahlenmatrix (Nachgiebigkeitsmatrix) für das Bauteil aus einer einmaligen FEM-Berechnung abgeleitet, indem alle Knoten im Bereich der Spaltgeometrie nacheinander mit einer Einheitskraft belastet werden und die jeweils resultierenden Verformungen auf alle Knoten bestimmt werden [20]. Der statischen Lagerung des Bauteils kommt hierbei eine besondere Bedeutung zu. Wird diese Einflusszahlenmatrix mit der Hydrodynamik gekoppelt, kann die tätsächliche Verformung an jedem Knoten, in Anlehnung an Gl. (3.3), folgendermaßen ermittelt werden:

$$\overbrace{w_{el}(x,y)}^{\text{lokale Verformung}} = \iint\limits_{(\Omega)} \overbrace{C(x,y,x',y')}^{\text{E inf lusszahl}} \cdot \overbrace{p(x',y')}^{\text{hydr. Druck}} dx'dy' \tag{7.1}$$

Eine weitere Möglichkeit ist die Kopplung der Hydrodynamik mit einem elastischen Halbraummodell entsprechend Kapitel 3.1. Das Vorgehen zur Ermittlung der Gesamtverformung entspricht der oben beschriebenen Vorgehensweise. Die Kopplung mit einem Halbraummodell ist derzeit Standard bei der Berechnung von konzentrierten EHD-Kontakten, da mit den Halbraummodellen die Rechenzeit nochmals optimiert werden kann. Grundsätzlich kann man sagen, dass die Halbraummodelle immer dann der FEM vorzuziehen sind, wenn die entstehenden Verformungen im Verhältnis zu den Bauteilabmessungen sehr klein sind und die lokalen Einflusszahlen nicht wesentlich variieren.

7.2   Dynamische Kopplung von Hydrodynamik und Verformung

Sind Trägheits- bzw. Massenkrafteinflüsse bewegter Bauteile auf die Spaltverformung nicht mehr vernachlässigbar, ist eine dynamische Kopplung von Hydrodynamik und Verformung notwendig. Dies erfolgt in der Regel im Rahmen einer elastischen Mehrkörpersimulation (EMKS), bei der die Newton'sche Bewegungsgleichung gelöst wird. Grundsätzlich kann jedes Bauteil innerhalb der MKS durch ein vollständiges FEM-Modell abgebildet werden, was aber wegen der erforderlichen Zeitintegration und der Vielzahl von Freiheitsgraden meist unvertretbare Rechenzeiten nach sich zieht. Zielführender sind daher Reduktionsverfahren, die die wesentlichen Informationen des Verformungsverhaltens aus der FEM-Berechnung in Form von Hauptfreiheitsgraden sowie dominierenden Eigenfrequenzen bzw. Eigenschwingformen (Eigenformen) extrahieren, die dann in die MKS-Simulation einfließen können. Als Reduktionsverfahren stehen die statische Reduktion nach GUYAN, die modale Reduktion und die gemischt statisch-modale Reduktion nach HURTY bzw. die weitaus verbreitete nach CRAIG und BAMPTON zur Verfügung. Die genannten Reduktionsverfahren sind in viele FEM-Programme bereits integriert. Welche Vor- und Nachteile die einzelnen Verfahren haben bzw. wann welches Verfahren eine ausreichende Genauigkeit liefert, soll an dieser Stelle nicht weiter besprochen werden. Hierzu sei auf die Literatur verwiesen [55], [130].

8 Ausgewählte Simulationsbeispiele

8.1 Stationäres Radialgleitlager – Vergleich von Navier-Stokes-Gleichungen und Reynolds'scher Differenzialgleichung

In Kapitel 2 wurde die verallgemeinerte Reynolds'sche Differenzialgleichung aus den Navier-Stokes-Gleichungen für laminare Strömungen hergeleitet. Dabei wurden alle Terme in den Navier-Stokes-Gleichungen vernachlässigt, deren Einfluss auf das Verhalten von laminaren Strömungen in engen Spalten als gering eingeschätzt wurde. Nachfolgend soll am Beispiel eines stationär belasteten Radialgleitlagers überprüft werden, welche Unterschiede sich zwischen beiden Lösungen einstellen, d.h. inwieweit eine Vernachlässigung der Terme bei diesem Anwendungsfall zulässig ist.

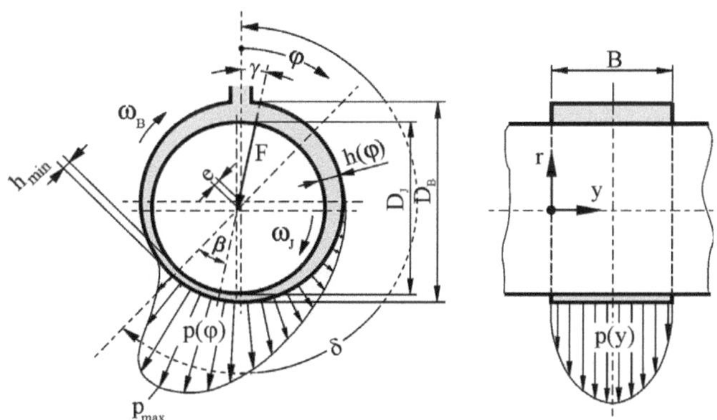

Bild 8-1:   Größen am hydrodynamischen Radialgleitlager

Die Berechnungsergebnisse gelten für isotherme Bedingungen. Die Reynolds'sche Differenzialgleichung sowie die Navier-Stokes-Gleichungen für laminare Strömungen wurden unter Berücksichtigung von masseerhaltender Kavitation und Newton'schem Fluidverhalten gelöst. Bei der Lösung der Reynolds'schen Differenzialgleichung kam das masseerhaltende Kavitationsmodell nach Gl. (2-54) zur Anwendung. Das für die Lösung der Navier-Stokes-Gleichungen verwendete bläschendynamische Kavitationsmodell beschreibt den Prozess der Gaskavitation, d.h. das Ausgasen von gelöster Luft im Schmierstoff, in Anlehnung an die Gleichungen (2-57) bis (2-60). Durch die Wahl der Betriebsparameter wurde sichergestellt, dass mikrohydrodynamische Effekte und Mischreibungszustände unberücksichtigt bleiben konnten, sodass die Oberflächen von Welle und Lagerschale ideal glatt sind. Viskosität und Dichte wurden als konstant angenommen. Die Ölversorgung des in Öl getauchten Lagers erfolgt hauptsächlich über eine Bohrung und zu einem geringen Teil über die Stirnseiten.

Tabelle 8-1: Daten des getauchten Radialgleitlagers

Lagerlast	F	=	8885 N
Lagerdurchmesser	D	=	80 mm
Lagerbreite	B	=	40 mm
relative Lagerbreite	B/D	=	0.5
relatives Lagerspiel	ψ	=	1.48 ‰
Drehzahl der Welle	n	=	2960 min^{-1}
Ölbohrungsdurchmesser	d	=	5 mm
Winkellage der Ölzuführbohrung bei	φ	=	0° (siehe Bild 8-1)
Ölzuführdruck in der Bohrung	p_{en}	=	5 bar
Druck an den Lagerstirnseiten	p_{side}	=	0.1 bar (Überdruck)
Viskosität (VG 68)	η_{60}	=	24.8 mPa·s (ϑ = 60°C)
Dichte (VG 68)	ρ_{60}	=	900 kg/m^3 (ϑ = 60°C)
Bunsenkoeffizient	α	=	0.075

Um die Rechenzeit bei der Lösung der Navier-Stokes-Gleichungen auf ein Minimum zu beschränken, wurde das zugehörige Modell für eine fest vorgegebene Wellenverlagerung aufgebaut. Die Werte für die Exzentrizität und den Verlagerungswinkel wurden aus den Berechnungsergebnissen der Reynolds-Lösung entnommen, bei der die Wellenverlagerung iterativ bestimmt wurde. Diese Berechnung lieferte für die vorgegebenen Betriebsbedingungen nach Tabelle 8-1 und Bild 8-1 eine minimale Schmierfilmhöhe von h_{min} = 18.65 μm, was einer Exzentrizität von e = 40.55 μm entspricht. Der Verlagerungswinkel stellte sich, bezogen auf die Kraftwirkungslinie der senkrecht von oben wirkenden Kraft, zu β = 39.5° ein.

Mit diesen Vorgaben wurde mit den Navier-Stokes-Gleichungen eine resultierende Lagerlast von 8920 N berechnet. Dies entspricht einer Abweichung von 35 N bzw. von 0.39 % zur Lagerlast in Tabelle 8-1 und damit zur Reynolds-Lösung. Einen Vergleich der Druckverläufe in Umfangsrichtung für die Lagerbreitenmitte zeigt Bild 8-2. Der Druckverlauf aus der Berechnung mit den Navier-Stokes-Gleichungen steigt nach der Bohrung, im Gegensatz zur Lösung mit der Reynolds'schen Differenzialgleichung, früher an und das Druckmaximum fällt etwas geringer aus. Weiterhin sind Druckunterschiede im Kavitationsgebiet zu erkennen. Während der Kavitationsdruck bei der Reynolds-Lösung mit p_{cav} = 0 MPa (Überdruck) modellseitig als konstant festgelegt ist, stellen sich bei der Navier-Stokes-Lösung variable Unterdrücke ein, die Werte von bis zu -0.0989 MPa erreichen. Obwohl unterschiedliche Kavitationsmodelle zum Einsatz kamen, aus denen unterschiedliche Kavitationsdrücke resultieren, ergibt sich trotzdem eine sehr gute Übereinstimmung hinsichtlich der Lagertragfähigkeit. Die Reibungsmomente differieren dagegen etwas mehr. Das Reibungsmoment an der Welle wurde mit den Navier-Stokes-Gleichungen zu T_f = 2.588 Nm und mit der Reynolds'schen Differenzialgleichung zu T_f = 2.467 Nm bestimmt. Die Abweichung zueinander liegt hier bei ca. 4.9 %. Diese Unterschiede können auf die vernachlässigten Reibungsterme in der Reynolds'schen Differenzialgleichung und auf die unterschiedlichen Scheranteile im Kavitationsgebiet zurückgeführt werden.

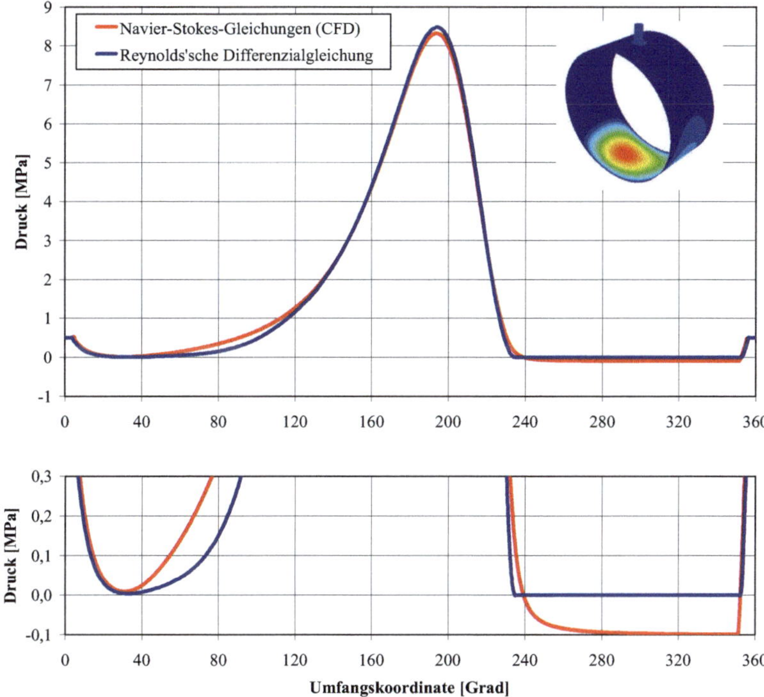

Bild 8-2:   2D-Druckverteilung des Radialgleitlagers in Lagerbreitenmitte

Die Frage, ob Strömungen in engen Spalten grundsätzlich mit den Navier-Stokes-Gleichung-
en zu berechnen sind, muss differenziert beantwortet werden. Wenn die bei der Herleitung der
Reynolds'schen Differenzialgleichung vernachlässigten Terme kaum einen Einfluss auf das
Ergebnis haben, ist die Reynolds-Lösung vollkommen ausreichend. Ist der Einfluss der vernachlässigten Terme groß, sollte für ein gutes Berechnungsergebnis eine Lösung mit den
Navier-Stokes-Gleichungen angestrebt werden. Gegenläufig zu dieser Empfehlung sind die
häufig sehr hohen Rechenzeiten zur Lösung der Gleichungen, einschließlich eingekoppelter
Kavitations- und Turbulenzmodelle. So betrug die Rechenzeit für das vorliegende Beispiel bei
vorgegebener Wellenlage für die Navier-Stokes-Lösung bereits ein Vielfaches der Rechenzeit
für die Reynolds-Lösung. Sollen jetzt noch instationäre Betriebsbedingungen, Verformungen
oder mikrohydrodynamische Effekte mit berücksichtigt werden, wird die Entscheidung zum
gegenwärtigen Zeitpunkt fast immer zu Gunsten der Reynolds'schen Differenzialgleichung
ausfallen, auch wenn die Berechnungsergebnisse durchaus besser sein könnten. In dem Maße,
wie die Rechenleistung aber weiter steigen wird, dürfte den Navier-Stokes-Gleichungen
immer häufiger der Vorzug gegeben werden.

8.2 Einfluss von Lagerumgebung und Schiefstellung auf das Betriebsverhalten von Radialgleitlagern

Das Betriebsverhalten dynamisch belasteter hydrodynamischer Radialgleitlager ist durch einen zeitlich veränderlichen Verlauf des Schmierspaltes zwischen Welle und Lagerschale gekennzeichnet. Neben den allgemeinen Betriebsparametern, wie Belastung, Geschwindigkeiten und Viskosität des Schmierstoffs, und den grundlegenden geometrischen Abmessungen des Gleitlagers, wie Lagerbreite, Lagerdurchmesser und Lagerspiel, besitzen elastische Verformungen der Lagerumgebung als auch Schiefstellungen und Durchbiegungen der Welle einen großen Einfluss auf das Betriebsverhalten der Radialgleitlager. Schiefstellungen und Durchbiegungen der Welle können bei einer quasistatischen EHD-Kopplung mittels Vorgabe der Werte für Schiefstellungswinkel und Biegelinie in Abhängigkeit vom Drehwinkel der Welle berücksichtigt werden oder ergeben sich bei einer dynamischen EHD-Kopplung im Rahmen der MKS-Berechnung selbständig.

Nachfolgend werden Berechnungsergebnisse für isotherme Bedingungen in Anlehnung an [19] vorgestellt. Abweichend von [19] wird hier die Reynolds'sche Differenzialgleichung unter Berücksichtigung von masseerhaltender Kavitation und Newton'schem Fluidverhalten gelöst. Mikrohydrodynamische Effekte werden über die Einbindung von Flussfaktoren beschrieben, Viskosität sowie Dichte sind druckabhängig (Gl. (6-12) und Gl. (6-2)) und es kommt ein Galvaniklager zum Einsatz. Mischreibungszustände werden durch eine integrale Festkörperkontaktdruckkurve erfasst. Erfolgte in [19] die Ölversorgung des Lagers über die Seiten, geschieht dies hier über eine umlaufende Ölbohrung in der Welle. Dadurch sollen Einflüsse einer Gehäusebohrung auf das Verformungsverhalten nachfolgend variierter Lagerumgebungen vermieden werden. Die Anordnung der Bohrung in der rotierenden Welle erfolgte so, dass diese zur Lastrichtung um 180° versetzt umläuft und so nahezu immer den weitesten Spalt mit Öl versorgt (siehe Bild 8-1 und Bild 8-10). Die Kopplung von Hydrodynamik und Verformung der Lagerumgebung erfolgt quasistatisch. Schiefstellungen der Welle werden in Form fest definierter Abweichungen des Schmierspalts vom parallelen Spaltverlauf beschrieben. Dazu wird nach Bild 8-3 ein vom Drehwinkel unabhängiger Schiefstellungswinkel ζ bezogen auf den Lagerschalenmittelpunkt definiert. Diese Vorgehensweise entspricht dem Anwendungsfall einer konstant gerichteten Durchbiegung der Welle oder einem Fluchtungsfehler zwischen den Lagern einer mehrfach gelagerten Welle, wie hier angenommen.

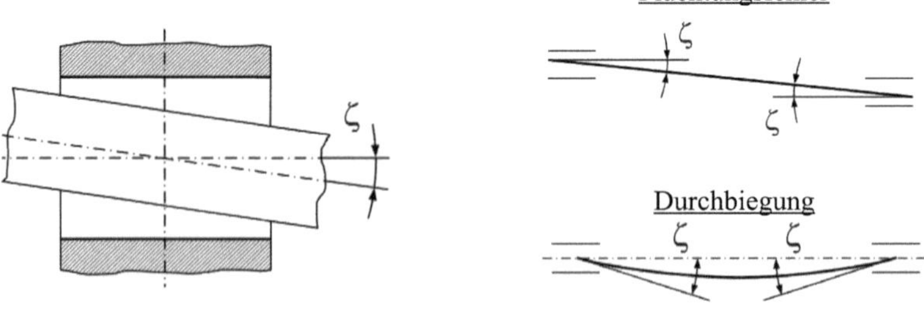

Bild 8-3:   Definition des Schiefstellungswinkels

Neben der Variation des Schiefstellungswinkels wurden die Berechnungen mit vier verschiedenen Bauformen der Lagerumgebung durchgeführt. Die einzelnen Bauformen sind in Bild 8-4 dargestellt und wurden so gestaltet, dass Unterschiede im elastischen Verformungsverhalten auftreten. Zur Bestimmung der Nachgiebigkeitsmatrizen wurden die einzelnen Lagerumgebungen einschließlich der Lagerschalen mittels FEM modelliert.

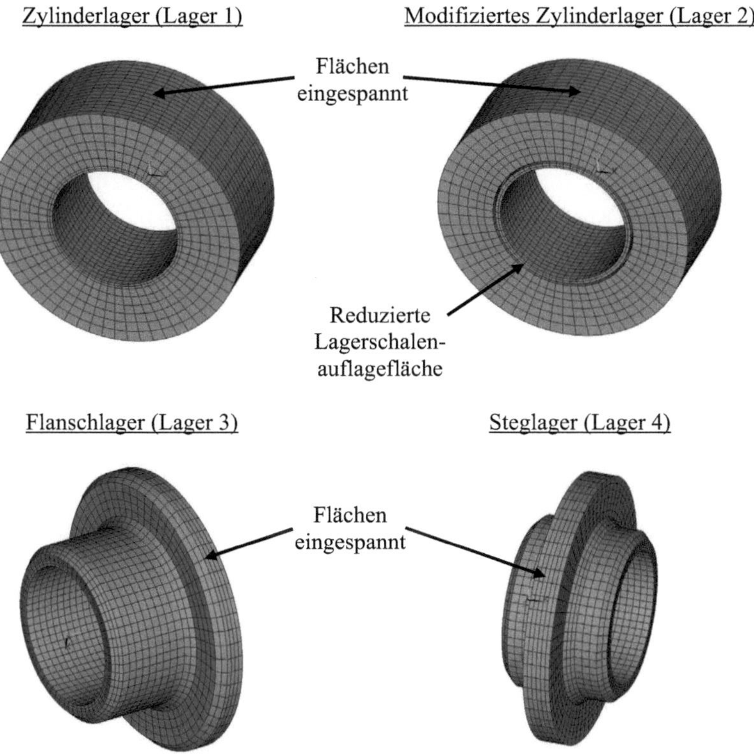

Bild 8-4:   Geometrien der Lagerumgebung

Die den Berechnungen zu Grunde liegenden Parameter können Tabelle 8-2 und Tabelle 8-3 entnommen werden.

Tabelle 8-2: Materialdaten

	Welle	Lagerschale
Werkstoff	42CrMo4 geschliffen	Galvanik eingelaufen
Elastizitätsmodul E	206000 N/mm^2	156600 N/mm^2
Querkontraktionszahl v	0.3	0.31
Fließdruck p_{lim}	–	450 N/mm^2

Tabelle 8-3: Lagerdaten

Lagerdurchmesser	D	=	50 mm
Lagerbreite	B	=	40 mm
relative Lagerbreite	B/D	=	0.8
relatives Lagerspiel	ψ	=	2 ‰
Drehzahl der Welle	n	=	1000 min^{-1}
Ölbohrungsdurchmesser	d	=	5 mm
Ölzuführdruck	p_{en}	=	1 bar
Schiefstellungswinkel	ζ	=	0° und 0.01°
Viskosität (VG 15)	η_{60}	=	6.72 mPa·s (ϑ = 60°C)
Dichte (VG 15)	ρ_{60}	=	849.4 kg/m^3 (ϑ = 60°C)
Druck-Viskositäts-Koeffizient	α_η	=	$2.03 \cdot 10^{-2}$ mm^2/N
kritische Schmierspalthöhe	h_{cr}	=	2.73 µm

In Bild 8-5 ist der verwendete dynamische Belastungsverlauf dargestellt. Die Lagerkraft F
und der Lastwinkel γ sind dabei über dem Drehwinkel der Welle α aufgetragen. Der Verlauf
der Lagerkraft F weist im Bereich von φ = 180° einen signifikanten Stoß mit einem maximalen Wert von F_{max} = 50 kN auf. Der Lastwinkel γ ist sinusförmig umlaufend.

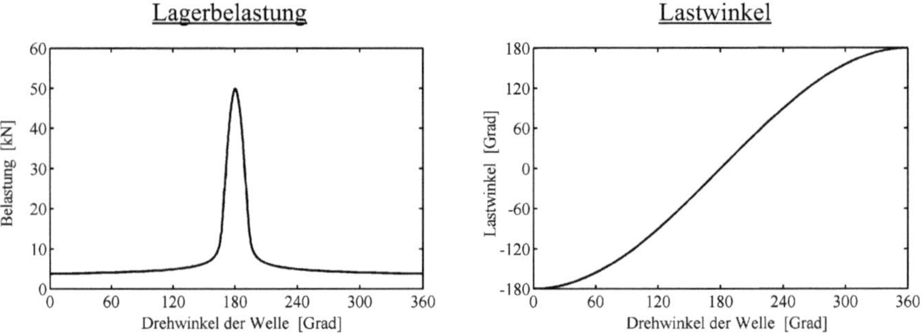

Bild 8-5:   Verlauf der Lagerbelastung und des Lastwinkels (Lagerlast umlaufend)

Berechnungsergebnisse für ζ = 0° (keine Schiefstellung)
In Bild 8-6 sind die Verläufe der wichtigsten Ergebnisse über dem Drehwinkel der Welle
aufgetragen. Die minimalen Schmierspalthöhen der Lager 1, 2 und 4 sind, außer im Bereich
des Laststoßes, ähnlich ausgeprägt und liegen nur kurzzeitig unterhalb der kritischen Schmierspalthöhe für den Übergang in die Mischreibung. Ein wirklich ungünstiges Verhalten zeigt
das Flanschlager (Lager 3), welches nahezu über den gesamten Verlauf deutlich unterhalb der
kritischen Schmierspalthöhe und damit in der Mischreibung läuft. Hoher Verschleiß scheint
hier vorprogrammiert.

Die Verläufe der maximalen Gesamtdrücke weichen besonders stark im Bereich des Belastungsstoßes voneinander ab. Der für das Flanschlager (Lager 3) berechnete Maximalwert liegt

mit ca. 220 MPa im Vergleich zum Zylinderlager (Lager 1) mehr als doppelt so hoch und überschreitet bei weitem die von der Lagerschale dynamisch dauerhaft ertragbaren Festigkeitswerte.

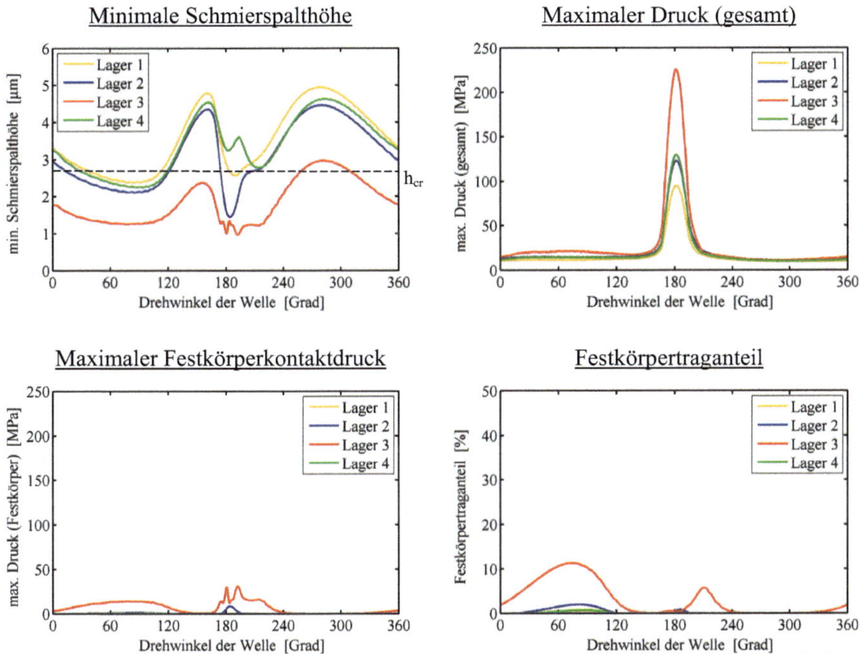

Bild 8-6:   Berechnungsergebnisse für $\zeta = 0°$ (keine Schiefstellung)

Die Gründe für das unterschiedliche Verhalten der Lager werden aus den in Bild 8-7 dargestellten Druckverteilungen im Schmierspalt bei einem Drehwinkel der Welle von $\alpha = 180°$ (Bereich des Belastungsstoßes) ersichtlich. Das Zylinderlager (Lager 1) besitzt die steifste Lagerumgebung, sodass sich in Breitenrichtung ein symmetrischer nur wenig veränderlicher Druckverlauf einstellt. Dagegen sind das modifizierte Zylinderlager (Lager 2) und das Steglager (Lager 4) im Vergleich zum Zylinderlager (Lager 1) an den Lagerrändern weicher gestaltet. Daraus resultieren in Breitenrichtung weniger gleichmäßige Druckverteilungen mit höheren maximalen Druckwerten im Bereich der Lagermitte. Beim Flanschlager (Lager 3) liegt aufgrund der unsymmetrischen geometrischen Gestaltung und der Einspannung an der Flanschfläche ein starkes Gefälle im elastischen Verformungsverhalten entlang der Lagerbreite vor. Dadurch konzentriert sich die Hauptdruckzone im Bereich des Flansches, was im Vergleich zu den anderen Lagerbauformen eine deutliche Erhöhung der maximalen Gesamt- und Festkörperkontaktdrücke zur Folge hat.

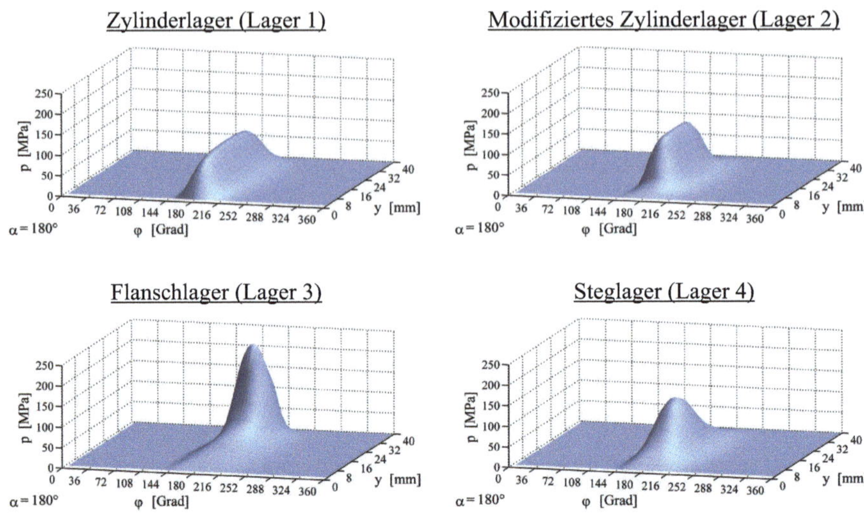

Bild 8-7:　　Druckverteilungen bei $\varphi = 180°$ für $\zeta = 0°$ (keine Schiefstellung)

Berechnungsergebnisse für $\zeta = 0,01°$ (mit Schiefstellung)
Bild 8-8 und Bild 8-9 zeigen die Ergebnisse der Berechnungen bei einer Schiefstellung der Welle entsprechend Bild 8-3. Im Vergleich zu den Ergebnissen ohne Schiefstellung sind deutliche Verschlechterungen beim Zylinderlagers (Lager 1) und beim modifizierten Zylinderlager (Lager 2) festzustellen. Die Druckverläufe im Schmierspalt sind aufgrund der Schiefstellung der Welle in Breitenrichtung unsymmetrisch mit ausgeprägten maximalen Druckwerten im Randbereich der Lager (siehe Bild 8-9). Die daraus resultierende verminderte hydrodynamische Tragfähigkeit hat geringere minimale Schmierspalthöhen mit der Folge größerer Festkörpertraganteile und höherer maximaler Festkörperkontakt- und Gesamtdrücke zur Folge. Beim modifizierten Zylinderlager (Lager 2) wurden im Vergleich zum Zylinderlager (Lager 1) die Auflageflächen der Lagerschale an den Randbereichen mit dem Ziel höherer elastischer Nachgiebigkeit reduziert. Die erhofften Vorteile bei Schiefstellung der Welle stellten sich allerdings nicht ein. Der Grund dafür liegt in dem zu starken Übergang zwischen den Bereichen mit hoher und niedriger Steifigkeit, was dazu führt, dass die Randbereiche des Lagers infolge zu hoher elastischer Nachgiebigkeit am Druckaufbau nur sehr gering beteiligt sind.

Beim Flanschlager (Lager 3) ist der Einfluss der Schiefstellung der Welle im Vergleich zu den Ergebnissen ohne Schiefstellung zweigeteilt. Im Drehwinkelbereich von $\alpha \approx 140°$ bis 250° (Belastungsstoß bei $\alpha = 180°$) stellen sich größere minimale Schmierspalthöhen mit der Folge geringerer maximaler Drücke und niedrigerer Festkörpertraganteile ein. Das elastische Verformungsverhalten der Lagerumgebung erlaubt in diesem Bereich eine gute Anpassung des Schmierspaltverlaufs an die Schiefstellung der Welle. Aufgrund des starken Unterschieds des Verformungsverhaltens in Breitenrichtung ist die Hauptdruckzone aber noch immer im Bereich des Flansches konzentriert (siehe Bild 8-9). Im Bereich des Drehwinkels von $\alpha \approx 270°$ bis $135°$ ergeben sich im Vergleich zur Berechnung ohne Schiefstellung ungünstigere Verläufe. Dieses Verhalten resultiert aus der in den Berechnungen definierten konstanten und vom Drehwinkel unabhängigen Lage des Schiefstellungswinkels. Bei umlaufender Belastung (siehe Bild 8-5) führt das in Breitenrichtung unsymmetrische Verformungsverhalten des Flanschlagers (Lagers 3) bei konstanter Lage des Schiefstellungswinkels im oben genannten Bereich zu ungünstigeren Schmierspaltverläufen mit der Folge verminderter hydrodynamischer Tragfähigkeit.

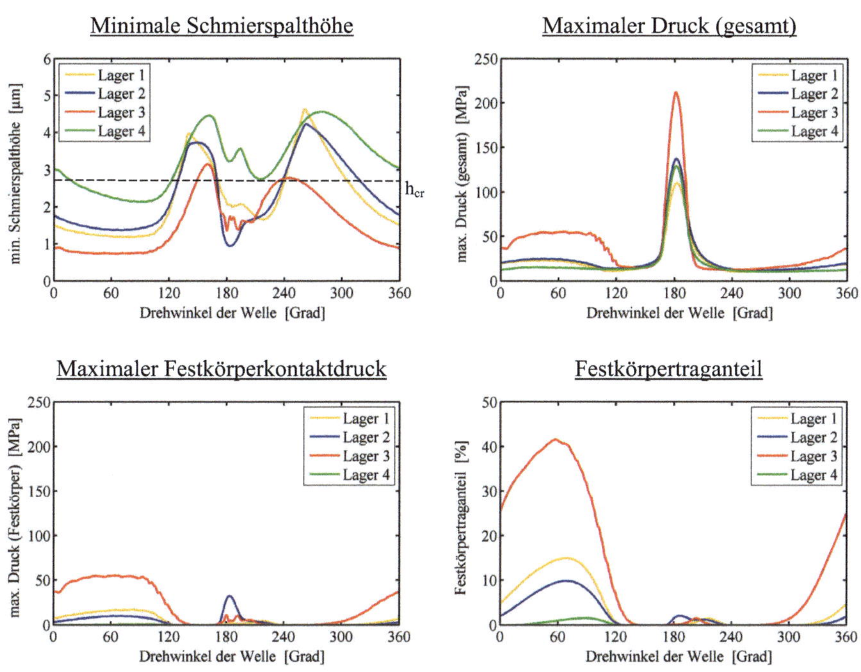

Bild 8-8:   Berechnungsergebnisse für $\zeta = 0{,}01°$ (mit Schiefstellung)

Beim Steglager (Lager 4) nimmt die Steifigkeit der Lagerumgebung von der Lagermitte zu den Lagerrändern stetig ab. Die Lagerumgebung wurde dabei so gestaltet, dass ein gleichmäßiger Verlauf des Verformungsverhaltens entlang der Lagerbreite vorliegt. Daraus resultiert eine gute Anpassungsfähigkeit des Schmierspaltverlaufs bei Schiefstellung der Welle, was die in Bild 8-8 dargestellten Ergebnisse bestätigen. Im Vergleich zu den Ergebnissen ohne Schiefstellung sind nur sehr geringe Unterschiede festzustellen. Die in Bild 8-9 dargestellte Druckverteilung bei $\alpha = 180°$ zeigt in Breitenrichtung weiterhin einen nahezu symmetrischen Verlauf mit den maximalen Druckwerten im Bereich der Lagermitte. Aufgrund der in Breiten- und Umfangsrichtung symmetrischen geometrischen Gestaltung des Steglagers (Lager 4) reagiert es auf eine Schiefstellung der Welle weniger empfindlich.

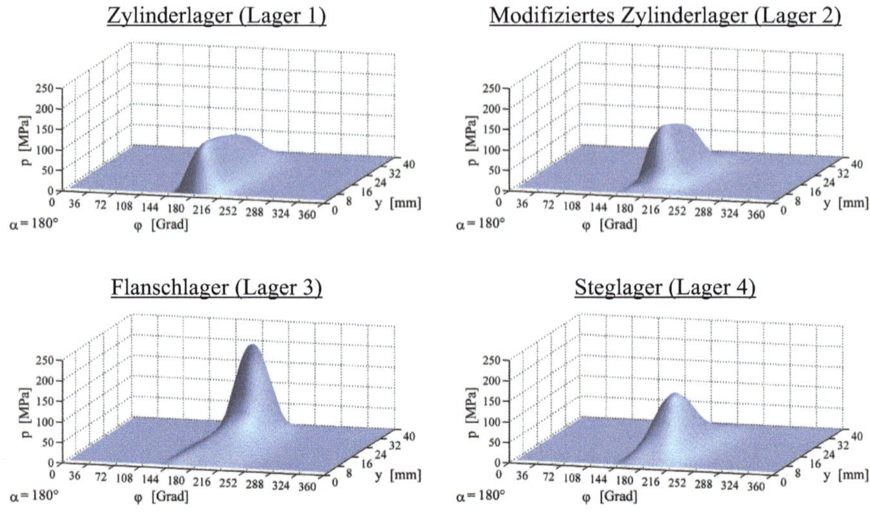

Bild 8-9: Druckverteilungen bei $\varphi = 180°$ für $\zeta = 0{,}01°$ (mit Schiefstellung)

Abschließend bleibt festzuhalten, dass das Steglager bei den gewählten Betriebsbedingungen sowohl mit und ohne Schiefstellung der Welle wegen seiner guten Anpassungsfähigkeit das günstigste Betriebsverhalten aufweist. Zu beachten ist aber, dass die im Lager erreichten Spitzendrücke hinsichtlich Lagerlebensdauer mit den maximal zulässigen Dauerfestigkeiten des eingesetzten Lagerwerkstoffes korrelieren müssen. Ist dies nicht der Fall, sind konstruktive, werkstoffseitige oder betriebsbedingte Änderungen notwendig.

8.3 Pleuellagerung eines Verbrennungsmotors

Pleuellagerungen in Verbrennungsmotoren sind stoßartig wirkenden Gas- und ungleichförmig wirkenden Massenkräften ausgesetzt. Im großen Pleuelauge bewirkt dies bei gleitgelagerter Ausführung einen zeitlich veränderlichen Verlauf des Schmierspaltes zwischen Hubzapfen und Lagerschale. Wenn die dynamische Belastung des Pleuellagers zyklisch ist, durchläuft der Mittelpunkt des Hubzapfens bei schalenfester Betrachtung eine geschlossene Bahnkurve, die sogenannte Wellenverlagerungsbahn. Nachfolgend sind ausgewählte Berechnungsergebnisse für die Gleitlagerung des großen Pleuelauges eines 1.9l PD TDI-Motors (96 kW, 310 Nm) für zwei Betriebspunkte aufgeführt. Die dargestellten Ergebnisse sind [20] und [21] entnommen.

Die Reynolds'sche Differenzialgleichung wurde unter Berücksichtigung von masseerhaltender Kavitation und Newton'schem Fluidverhalten gelöst. Mikrohydrodynamische Effekte wurden durch die Einbindung von Flussfaktoren berücksichtigt. Dichte sowie Viskosität waren druckabhängig (Gl. (6-4) und Gl. (6-16)). Mischreibungszustände wurden durch eine integrale Festkörperkontaktdruckkurve und eine fest vorgegebene Grenzreibungszahl beschrieben und die Kopplung von Hydrodynamik und Verformung der Lagerumgebung erfolgte quasistatisch. Die Rechnungen wurden für isotherme Bedingungen durchgeführt, da die Lagertemperaturen aus Motormessungen in guter Näherung bekannt waren. Die wichtigsten Daten des Pleuellagers sind in Tabelle 8-4 und Tabelle 8-5 zusammengefasst. Das angegebene Lagerspiel entspricht dem Einbaulagerspiel. Die Schmierstoffzufuhr erfolgt durch eine umlaufende Bohrung im Hubzapfen. Die angegebene Winkellage der Bohrung bezieht sich auf die Kurbelwellenstellung „oberer Totpunkt". Der im realen Motorbetrieb über einem Belastungszyklus (Arbeitsspiel) variierende Zuführdruck wird in Tabelle 8-4 durch einen gemittelten Zuführdruck repräsentiert.

Tabelle 8-4: Lagerdaten des großen Pleuelauges

Lagerdurchmesser	D	$=$	50.9 mm
Lagerbreite	B	$=$	20.4 mm
relative Lagerbreite	B/D	$=$	0.4
relatives Lagerspiel	ψ	$=$	1.04 ‰
Drehzahl des Hubzapfens	n	$=$	2000 min^{-1} und 4000 min^{-1}
Durchmesser der Ölzuführbohrung	d	$=$	7 mm
Winkellage der Ölzuführbohrung bei	φ	$=$	70° (siehe Bild 8-1)
Ölzuführdruck	$\overline{p}_{en}$	$=$	4 bar
Grenzreibungszahl	f_c	$\approx$	0.01 (aus Versuchen in [12])
Viskosität (5W30)	η_{118}	$=$	6.13 mPa·s ($\vartheta = 118°C$ bei 2000 min^{-1})
	η_{135}	$=$	4.22 mPa·s ($\vartheta = 135°C$ bei 4000 min^{-1})
Dichte (5W30)	ρ_{118}	$=$	794.4 kg/m^3 ($\vartheta = 118°C$ bei 2000 min^{-1})
	ρ_{135}	$=$	786.5 kg/m^3 ($\vartheta = 135°C$ bei 4000 min^{-1})

Das betrachtete Pleuellager besteht aus zwei Lagerhalbschalen mit unterschiedlichen Gleitschichten (siehe Tabelle 8-5 und Bild 8-10). Die höher belastete obere Lagerhalbschale ist als gesputterte und die weniger hoch belastete untere Lagerhalbschale als galvanische Gleitschicht ausgeführt. In den Berechnungen mussten daher winkelabhängig unterschiedliche Flussfaktoren und Festkörperkontaktdruckkurven für die Lagerhalbschalen berücksichtigt werden.

Tabelle 8-5: Werkstoffangaben

	Welle	Lagerhalbschale oben	Lagerhalbschale unten
Werkstoff	42CrMo4 geschliffen	Sputter	Galvanik
Elastizitätsmodul E	206 000 N/mm^2	156 800 N/mm^2	156 600 N/mm^2
Querkontraktionszahl ν	0.3	0.31	0.31
Fließdruck p_{lim}	–	1000 N/mm^2	450 N/mm^2
kritische Schmierspalthöhe h_{cr}	3.72 µm 3.48 µm		

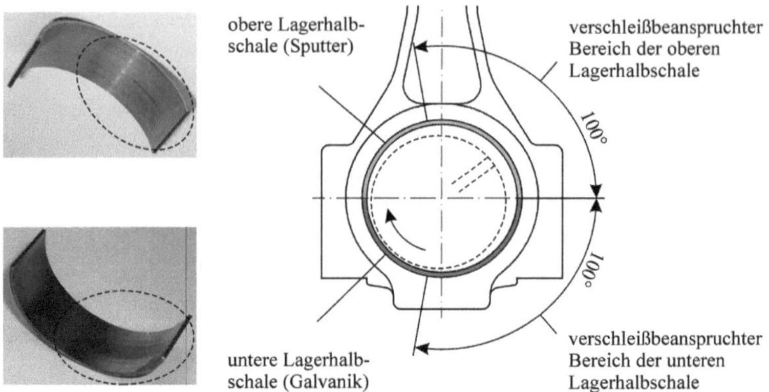

Bild 8-10:   Lage der Lagerhalbschalen und der verschleißbeanspruchten Bereiche

Zur Ermittlung des elastischen Verformungsverhaltens des Pleuels und zur Ableitung der für
die weiteren Berechnungen erforderlichen Nachgiebigkeitsmatrix, wurde das FE-Modell in
Bild 8-11, einschließlich der Lagerhalbschalen, mit einer festen Einspannung in der Pleuelschaftmitte erstellt. Ausführlichere Hinweise zur Bestimmung der wirksamen Lagerkontur-
verformungen können [20] entnommen werden.

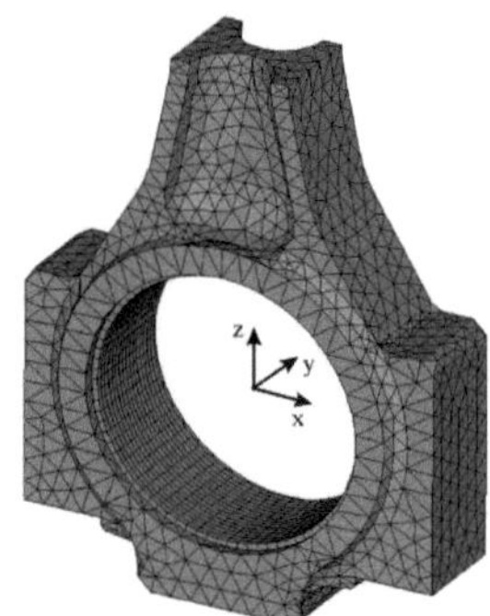

Bild 8-11:   Finite-Elemente-Modell des Pleuels (feste Einspannung in Pleuelschaftmitte)

Die Berechnungsergebnisse gelten für die Lagerhalbschalen im Neuzustand. Die den Berechnungen zugrunde liegenden Belastungsverläufe (Summe aus Gas- und Massenkräften) für
Drehzahlen der Kurbelwelle von 2000 min^{-1} und 4000 min^{-1} sind in kartesischen Koordinaten
Bild 8-12 rechts oder in Polarkoordinaten den unteren Bildern zu entnehmen. Die Gaskräfte
wurden aus am Motor gemessenen Gasdruckverläufen ermittelt – die Massenkräfte mittels
analytischer Gleichungen unter Berücksichtigung der Massen von Pleuel und Kolbengruppe
bestimmt. Im Belastungsverlauf für 4000 min^{-1} ist der deutlich höhere Massenkrafteinfluss
von Pleuel und Kolbengruppe, sowohl im Belastungsstoß als auch links und rechts davon, gut
zu erkennen.

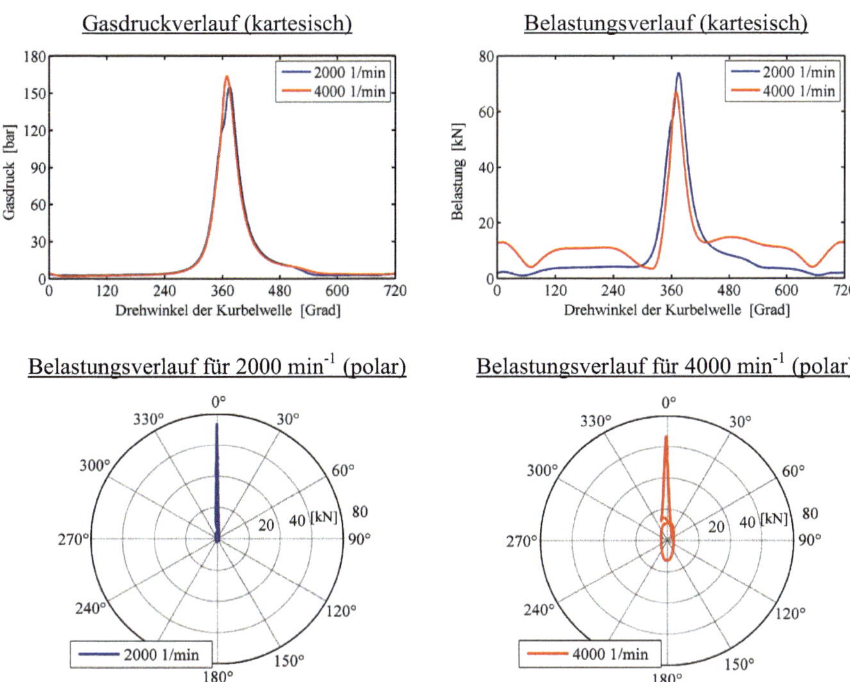

Bild 8-12: Gasdruck- und Belastungsverläufe für 2000 min^{-1} und 4000 min^{-1} unter Volllast-
bedingungen

Im Bild 8-13 sind einige Ergebnisse über einem Arbeitsspiel dargestellt. Beide Betriebspunkte sind durch größere zeitliche Mischreibungsanteile gekennzeichnet. Im Bereich des Zünd-stoßes treten die größten Werte der maximalen Gesamtdrücke auf. Ein Blick auf die Festkör-perkontaktdrücke zeigt, dass die maximalen Gesamtdrücke durch die hydrodynamischen Drücke dominiert sind. Bedingt durch eine geringere Hydrodynamik bei 2000 min^{-1} stellen sich im Bereich des Zündstoßes im Vergleich zu 4000 min^{-1} kleinere minimale Schmierspalt-höhen und größere maximale Festkörperkontaktdrücke ein. Außerhalb des Zündstoßes dage-gen haben die größeren Massenkräfte bei 4000 min^{-1} kleinere minimale Schmierspalthöhen und größere Festkörperkontaktdrücke zur Folge. Die Wellenverlagerungsbahnen beider Be-triebspunkte geben jeweils die relativen Bahnkurven des Zapfenmittelpunktes im Spielkreis des Pleuellagers wieder. Die radiale Koordinate entspricht der relativen Exzentrizität ε und die Winkelkoordinate der Winkellage δ des minimalen Schmierspaltes. Entsprechend der Definition, dass sich die relative Exzentrizität aus dem Verhältnis von Exzentrizität e und halben Lagerspiel ergibt, bedeuten Werte von $\varepsilon > 1$ eine lokale Vergrößerung des Lagerspiels infolge elastischer Verformungen der Lagerumgebung. Die Wellenverlagerungsbahnen vermitteln somit einen guten Eindruck über das ungleichmäßige elastische Verformungs-verhalten des großen Pleuelauges in Umfangsrichtung. Die größten elastischen Verformungen des Pleuelauges treten massenkraftbedingt im Bereich des Pleuellagerdeckels (unten) auf. So werden bei 4000 min^{-1} teilweise relative Exzentrizitäten größer als zwei erreicht. Die deutlich höhere Steifigkeit des Pleuelauges im Pleuelschaftbereich (oben) führt beim Zündstoß trotz der höheren Belastungen zu weitaus geringeren Verformungen.

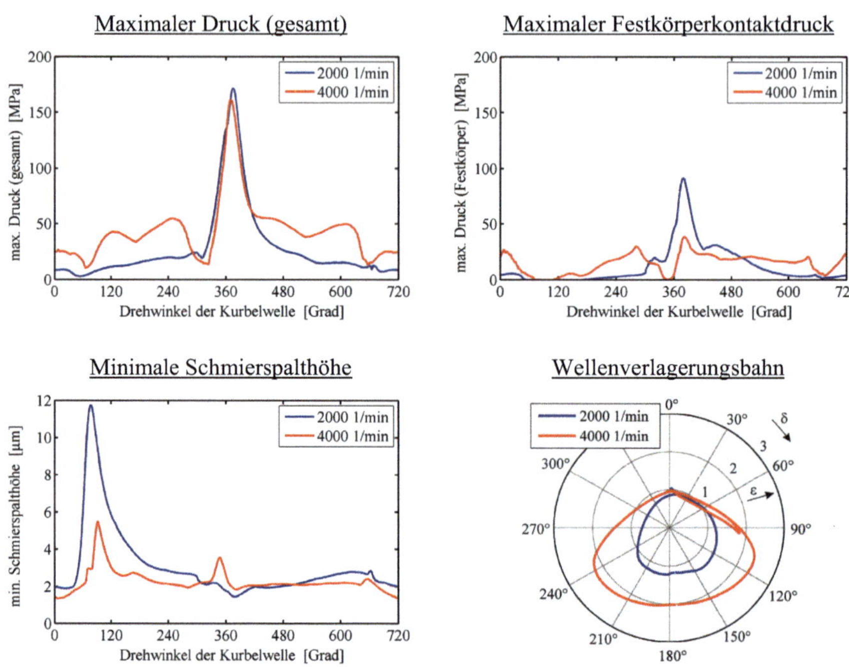

Bild 8-13:   Integrale Berechnungsergebnisse für 2000 min^{-1} und 4000 min^{-1} (Teil 1) [20]

Die Diagramme im Bild 8-14 geben einen Überblick über das Verhalten des Pleuellagers bezüglich Festkörpertraganteile, Reibungsdrehmomente, Schmierstoffflüsse und mittlere Spaltfüllungsgrade. Die prozentualen Festkörpertraganteile vermitteln einen Eindruck von der unterschiedlichen hydrodynamischen Tragfähigkeit des Pleuels in beiden Betriebspunkten. Es ist erkennbar, dass die Lagerbelastung bei 2000 min^{-1} kurz nach dem Laststoß zu mehr als 70% von den Festkörpern aufgenommen wird. Festkörpertraganteile von mehr als 70% bis 80% treten bei 4000 min^{-1} mehrmals im Bereich kleiner Lagerbelastungen auf. Die Verläufe der Reibungsdrehmomente verdeutlichen das unterschiedliche, betriebspunktabhängige Reibungsverhalten des Pleuellagers. Bedingt durch die hohen Festkörperkontaktdrücke zeigt das Reibungsdrehmoment bei 2000 min^{-1} ein ausgeprägtes Maximum kurz nach dem Zündstoß. Bei 4000 min^{-1} ist dagegen ein gleichmäßigeres Niveau innerhalb des Arbeitsspiels zu erkennen. Aufgrund der hohen Mischreibungsanteile sind beide Verläufe größtenteils durch Grenzreibung dominiert, wobei die Höhe der Grenzreibung durch die festgelegte Grenzreibungszahl bestimmt ist. Die zugeführten Schmierstoffflüsse spiegeln sehr gut den Einfluss der Drehzahl und damit der unterschiedlichen Fördergeschwindigkeiten wider. Weiterhin ist in den Verläufen auch der Einfluss der momentanen Lage der umlaufenden Schmierstoffzuführbohrung gut zu erkennen. Der Schmierstofffluss geht gegen Null, wenn sich die Zuführbohrung im Bereich des minimalen Schmierspaltes befindet. Die größten Schmierstoffflüsse werden beim Durchlaufen der Bohrung durch den Bereich des weitesten Schmierspaltes erreicht. Die mittleren Spaltfüllungsgrade verdeutlichen, dass der Schmierspalt zu keinem Zeitpunkt vollständig mit Schmierstoff gefüllt ist.

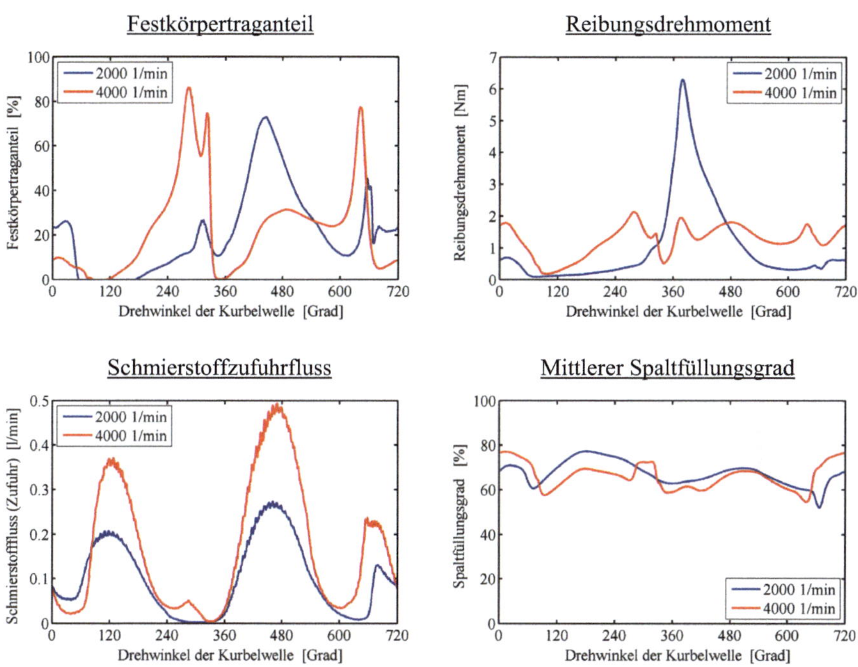

Bild 8-14:   Integrale Berechnungsergebnisse für 2000 min^{-1} und 4000 min^{-1} (Teil 2) [20]

Aus den im Bild 8-15 für den Bereich des Zündstoßes dargestellten lokalen Verteilungen der Gesamt- und Festkörperkontaktdrücke wird deutlich, dass die hydrodynamisch dominierten Gesamtdrücke durch ausgeprägte Maximalwerte im Bereich der Lagermitte gekennzeichnet sind und die maximalen Festkörperkontaktdrücke an den Lagerrändern auftreten. Dieses Verhalten ist auf lokale elastische Verformungen des Pleuels zurückzuführen, welche zu einem konkaven Verlauf der Lagerschalenkontur in Breitenrichtung führen. Die bei 4000 min^{-1} im Vergleich zu 2000 min^{-1} deutlich geringeren Festkörperkontaktdrücke resultieren aus der bei 4000 min^{-1} größeren hydrodynamischen Tragfähigkeit zum Zeitpunkt des Zündstoßes.

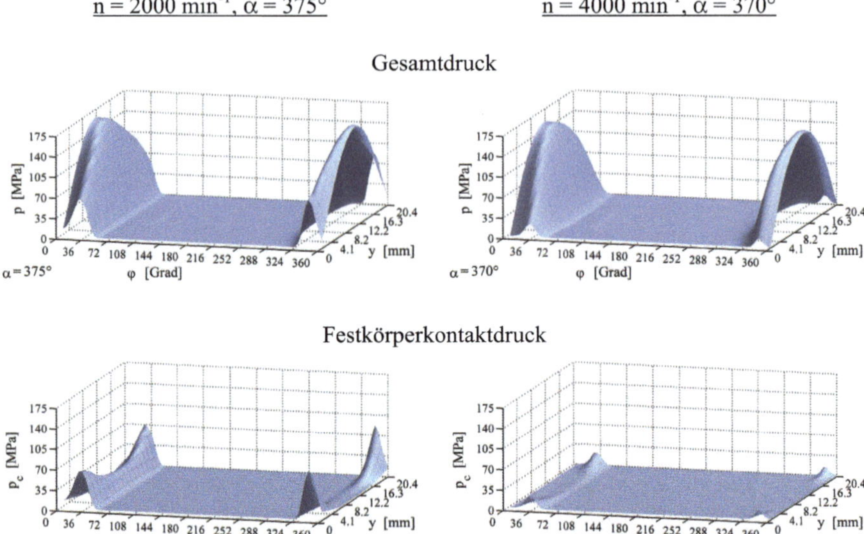

Bild 8-15:   Ausgewählte Druckverteilungen bei 2000 min^{-1} und 4000 min^{-1} [20]

Inwieweit eine quasistatische Kopplung von Hydrodynamik und Verformung der Lagerumgebung bei 2000 min^{-1} und 4000 min^{-1} wirklich sinnvoll ist, soll nachfolgend gezeigt werden. Dazu wurde dasselbe Beispiel nochmals mit einer dynamischen Kopplung von Hydrodynamik und Verformung der Lagerumgebung mittels einer elastischen Mehrkörpersimulation berechnet [36]. Der in diesen Berechnungen verwendete Belastungsverlauf ist allerdings nicht mit dem in Bild 8-12 identisch, da die wirksamen Massenkräfte nicht analytisch vorgegeben sondern aus der elastischen Mehrkörpersimulation direkt berechnet wurden. Als Reduktionsverfahren kam ein gemischt statisch-modales Verfahren zum Einsatz. Um die Ergebnisse der quasistatischen und dynamischen Kopplung direkt miteinander vergleichen zu können, wurden die Berechnungen bei quasistatischer Kopplung mit dem geänderten Belastungsverlauf wiederholt.

Im Bild 8-16 sind beispielhaft die Verläufe der minimalen Schmierspalthöhen bei 2000 min^{-1} und 4000 min^{-1} dargestellt. Während die Verläufe bei 2000 min^{-1} weitestgehend deckungsgleich sind, sind bei 4000 min^{-1} deutlich größere Abweichungen zwischen quasistatischer und dynamischer Kopplung erkennbar. Die größeren Abweichungen sind dabei auf den stärkeren Einfluss der Massenkräfte bei höheren Drehzahlen zurückzuführen. Diese haben bei dynamischer Kopplung mit beweglich gelagertem Pleuel ein verändertes elastisches Verformungsverhalten der Pleuelstruktur im Vergleich zur quasistatischen Kopplung mit fest eingespanntem Pleuel zur Folge. Die Notwendigkeit für den Einsatz der dynamischen Kopplung bei Systemen mit hoher Dynamik wird damit deutlich.

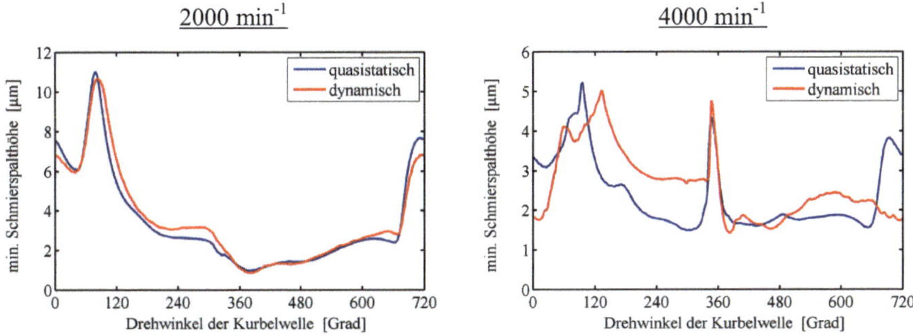

Bild 8-16:   Minimale Schmierspalthöhe bei quasistatischer und volldynamischer Kopplung von Hydrodynamik und Verformung der Lagerumgebung [36]

8.4   Oszillierendes Axialgleitlager in einer Einspritzpumpe

Tribosysteme in Einspritzpumpen sind vielfach mit niedrigviskosen Kraftstoffen, wie Diesel, Kerosin oder Benzin, geschmiert. Liegt im Tribosystem außerdem noch eine oszillierende Gleitbewegung vor, ist der Aufbau eines vollständig tragenden hydrodynamischen Schmierfilms über den gesamten Arbeitszyklus häufig nicht mehr gewährleistet. Vor allem an den Umkehrpunkten der Bewegung, an denen die hydrodynamisch wirksame Geschwindigkeit zu Null wird sowie bei hohen Belastungen treten Misch- bis hin zu Grenzreibungszuständen auf.

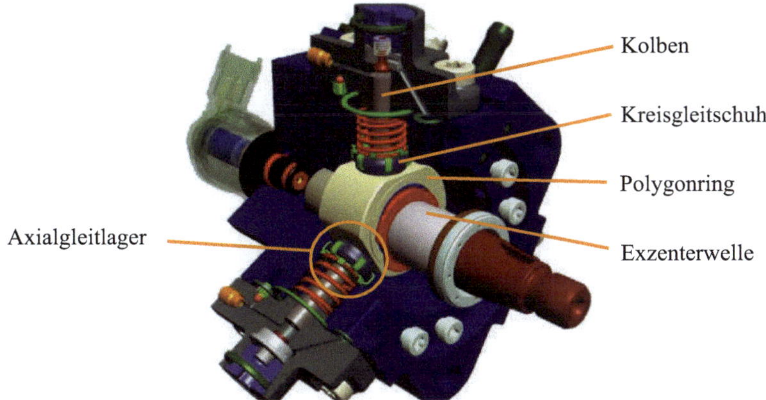

Bild 8-17:   Dieseleinspritzpumpe CP1 der Robert Bosch GmbH (Quelle Bosch)

In Bild 8-17 ist eine Radialkolben-Hochdruckpumpe mit drei um 120° zueinander versetzten Kolben dargestellt. Die zur Verdichtung des Kraftstoffs erforderlichen Kolbenhübe werden dadurch erreicht, dass ein auf einer Exzenterwelle sitzender Polygonring durch die Wellendrehung auf einer exzentrischen Bahnkurve bewegt wird. Auf drei Stirnflächen des Polygonrings sitzen Kreisgleitschuhe, auf deren Rückseite sich die Kolben abstützen. Je nach Position des Poygonrings führen die Kolben eine Auf- bzw. Abwärtsbewegung und die Kreisgleitschuhe relativ zur jeweiligen Polygonringlauffläche eine hin- und hergehende Bewegung (Oszillation) aus. Um die Kippbeweglichkeit der Gleitschuhe eines solchen Axialgleitlagers zu gewährleisten, sind diese auf der Rückseite mit einer Kugelkalotte versehen, in der sich die ballig ausgeführten Kolbenfüße abstützen (siehe auch Bild 8-19). Der Bereich, in dem die drei Axialgleitlager laufen, ist vollständig mit Kraftstoff geflutet.

Nachfolgend werden Berechnungsergebnisse für einen ausgewählten Betriebspunkt des Axialgleitlagers dargestellt. Die Ergebnisse sind [78] entnommen. Die Berechnungen wurden für eine konstante Lagertemperatur von 120 °C (isotherme Bedingungen) durchgeführt. Die Reynolds'sche Differenzialgleichung wurde unter Berücksichtigung von masseerhaltender Kavitation und Newton'schem Fluidverhalten gelöst. Mikrohydrodynamische Effekte wurden durch die Einbindung von Flussfaktoren berücksichtigt. Dichte sowie Viskosität waren druckabhängig (Gl. (6-4) und Gl. (6-16)). Mischreibungszustände wurden durch eine integrale Festkörperkontaktdruckkurve und eine fest vorgegebene Grenzreibungszahl beschrieben. Die Kopplung von Hydrodynamik und Verformung der Lagerumgebung erfolgte quasistatisch. Die wichtigsten Daten des Axialgleitlagers können Tabelle 8-6 und Tabelle 8-7 entnommen werden.

Tabelle 8-6: Daten des tauchgeschmierten Axialgleitlagers (siehe Bild 8-18)

Länge der Polygonringlauffläche	L	=	21 mm
Breite der Polygonringlauffläche	B	=	16 mm
Durchmesser des Kreisgleitschuhs	D	=	16 mm
Lage des Kipppunktes	x_p	=	8 mm
Balligkeit der Polygonringlauffläche in x-Richtung	R_{x1}	=	3424 mm
Balligkeit der Polygonringlauffläche in y-Richtung	R_{y1}	=	2735 mm
Balligkeit des Kreisgleitschuhs in x- und y-Richtung	$R_{x2} = R_{y2}$	=	61538 mm
Oszillationsfrequenz	f_{osz}	=	17 Hz
Oszillationsweg	s_{osz}	=	± 2.5 mm
Umgebungsdruck der tauchgeschmierten Paarung	p_{amb}	=	0.1 bar (Überdruck)
Grenzreibungszahl	f_c	≈	0.1 (aus Versuch)
Betriebstemperatur	ϑ	=	120 °C
Viskosität (Diesel EN 590)	η_{120}	=	0.854 mPa·s
Dichte (Diesel EN 590)	ρ_{120}	=	767.4 kg/m^3

Tabelle 8-7: Werkstoffangaben

	Polygonring	Kreisgleitschuh
Werkstoff	16MnCrS5	100Cr6
Elastizitätsmodul E	186 000 N/mm^2	237 000 N/mm^2
Querkontraktionszahl v	0.3	0.29
Fließdruck p_{lim}	3200 N/mm^2	–

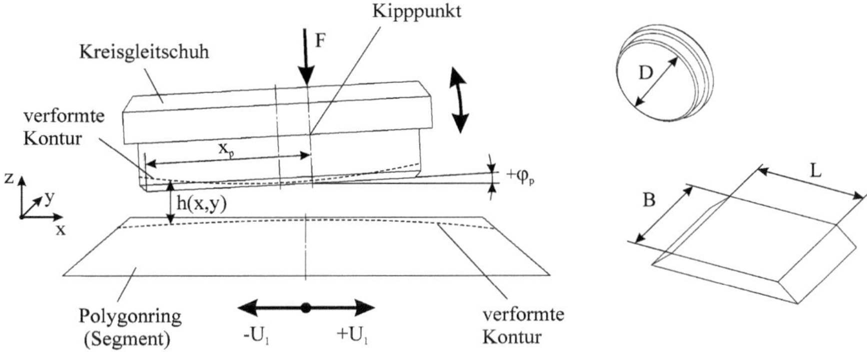

Bild 8-18:   Geometrische Größen am oszillierenden kippbeweglichen Axialgleitlager

Zur Ermittlung der Nachgiebigkeitsmatrizen der elastischen Körper wurden die in Bild 8-19 dargestellten Finite-Elemente-Modelle verwendet. Ein besonderes Augenmerk wurde auf die Festlegung der Einspannbedingung des kippbeweglich gelagerten Gleitschuhs gerichtet. Eine Auswertung von Prüfkörpern aus Versuchen ergab, dass sich die Kolben in den Kreisgleitschuhen mittig oder außermittig abstützen und sich entweder in einer kreisringförmigen oder aber halbkreisförmigen Fläche berühren. Die Einspannbedingung im Finite-Elemente-Modell des Gleitschuhs wurden für eine mittige Abstützung festgelegt und der Kipppunkt des Gleitschuhs in der Mitte angenommen.

Bild 8-19:   Finite-Elemente-Modelle vom Kreisgleitschuh (oben) und vom Polygonringsegment (unten)

In Bild 8-20 ist der der Berechnung zugrunde liegende Belastungs- und Geschwindigkeitsverlauf dargestellt. Beide Größen sind für einen Oszillationszyklus von $t_{osz} = 0.0588$ s aufgetragen.

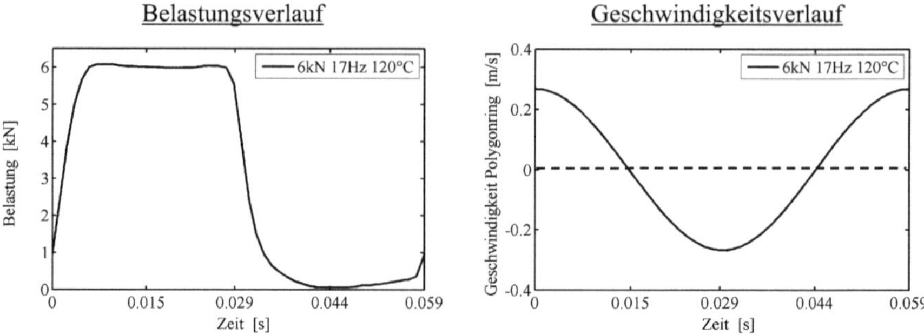

Bild 8-20:   Belastungs- und Geschwindigkeitsverlauf für 17 Hz (t_{osz} = 0.0588 s)

Bild 8-21 zeigt die für eine Oszillation berechneten integralen Ergebnisse. Die Verläufe der minimalen Schmierspalthöhe sowie der maximalen Gesamt- und Festkörperkontaktdrücke sind durch den rampenförmigen Verlauf der Lagerbelastung geprägt. Im Bereich der maximalen Belastung treten die kleinsten minimalen Schmierspalthöhen und die größten maximalen Drücke auf. Bei der niedrigsten Belastung werden dagegen die größten minimalen Schmierspalthöhen und die kleinsten maximalen Drücke erreicht. Der Einfluss der Gleitgeschwindigkeit kommt vor allem im Verlauf des Kippwinkels zum Tragen. Die Kippbewegung des Gleitschuhs verläuft annähernd sinusförmig, allerdings phasenverschoben im Vergleich zum ebenfalls sinusförmigen Verlauf der Gleitgeschwindigkeit. So werden die größten Kippwinkel an den Umkehrpunkten und die kleinsten Kippwinkel bei maximaler Gleitgeschwindigkeit erreicht.

Aus dem in Bild 8-21 dargestellten Verlauf der prozentualen Festkörpertraganteile wird nicht nur deutlich, dass sich der Gleitkontakt zu jedem Zeitpunkt im Gebiet der Mischreibung befindet. Es ist auch erkennbar, dass die Festkörperkontaktdrücke im Vergleich zu den hydrodynamischen Drücken dominieren. Größere hydrodynamische Drücke treten im Bereich der Belastungssteigerung auf. Diese Druckentwicklung ist auf hydrodynamische Verdrängungseffekte zurückzuführen. Mit der schnellen Belastungsabnahme beim Übergang in den Niederlastbereich bricht die hydrodynamische Druckentwicklung weitestgehend zusammen. Ursache hierfür sind die durch die hohen Festkörperkontaktdrücke bedingten elastischen Rückfederungen der Reibkörper, die zu einer sich schnell vergrößernden Schmierspalthöhe führen. Der schon im Spalt vorhandene und der an den Rändern einströmende Schmierstoff kann den entstehenden Raum nicht schnell genug wieder auffüllen. Es kommt zum Aufreißen des Schmierfilms mit der Folge einer großflächigen Ausbreitung des Kavitationsgebietes und damit zum Zusammenbrechen der hydrodynamischen Druckentwicklung. Deutlich erkennbar ist dieses Verhalten im Verlauf des mittleren Spaltfüllungsgrades, welcher durch einen starken Rückgang im Niederlastbereich gekennzeichnet ist.

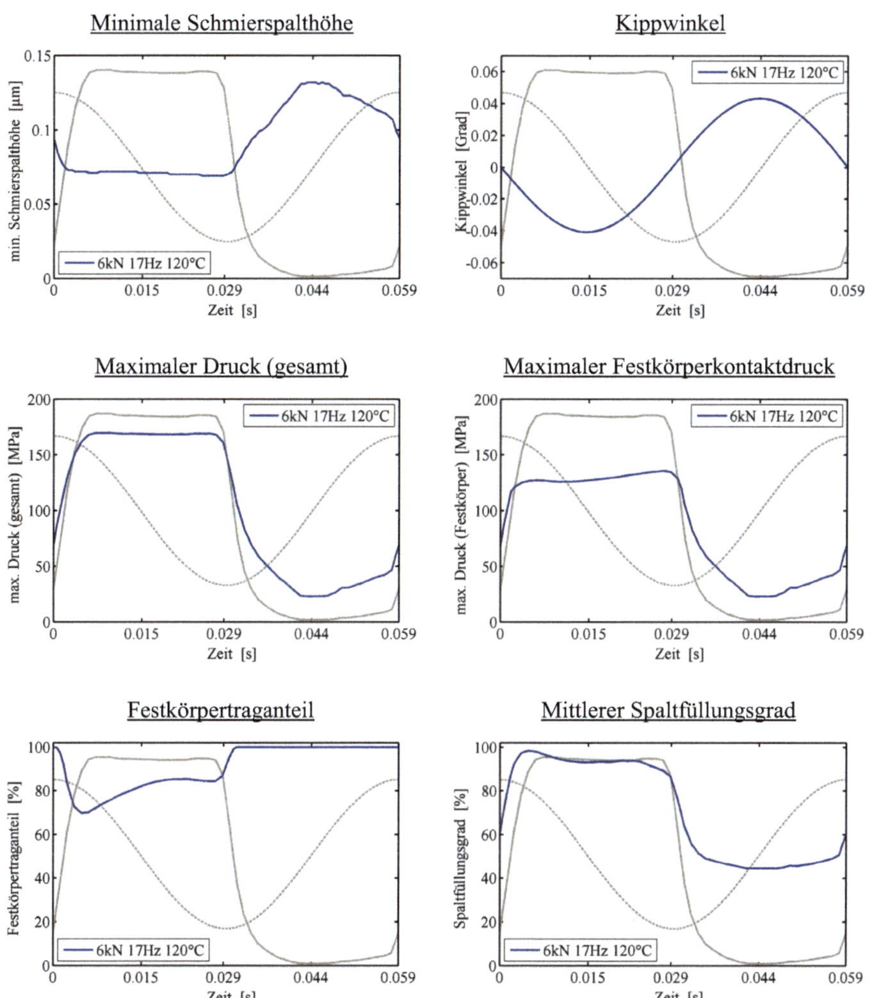

Bild 8-21:   Berechnungsergebnisse für 17 Hz und 120°C

Im Bild 8-22 sind beispielhaft für den Hochlastbereich bei t = 0.012 s und den Niederlastbereich bei t = 0.045 s Momentanaufnahmen des Gesamtdrucks und des Spaltfüllungsgrades
dargestellt.

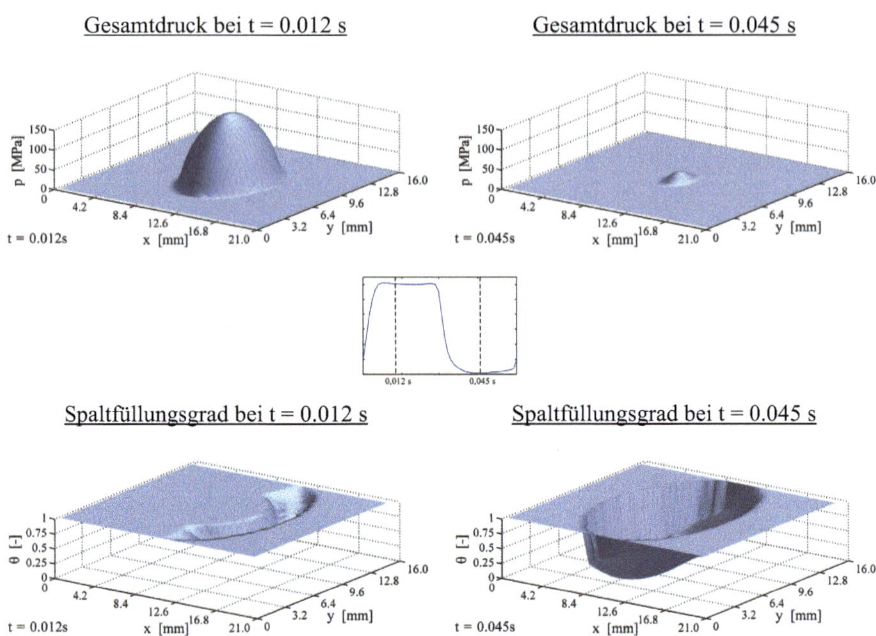

Bild 8-22:   Momentanaufnahmen von Gesamtdruck und Spaltfüllungsgrad aus dem Hochlastbereich (t = 0.012 s) und dem Niederlastbereich (t = 0.045 s)

Im Hochlastbereich ist erwartungsgemäß eine ausgeprägte Druckverteilung zu erkennen, die in erster Linie durch den Festkörperkontaktdruck dominiert ist. Das beim Spaltfüllungsgrad erkennbare Kavitationsgebiet ($\theta < 1$) resultiert aus der Kippbewegung des Gleitschuhs und dem aktuellen Schmierspaltverlauf, welcher in diesem Bereich aufgrund der Balligkeiten der Gleitflächen und der elastischen Verformungen der Körper einen divergenten Verlauf aufweist. Im Niederlastbereich stellt sich im Vergleich zum Hochlastbereich ein deutlich kleinerer Druck ein. Die Vergrößerung des Schmierspaltvolumens aufgrund elastischer Rückfederungen der Festkörper und das daraus resultierende großflächige Aufreißen des Schmierfilms, verbunden mit einem großen Kavitationsgebiet, ist deutlich in der zugehörigen Verteilung des Spaltfüllungsgrades zu erkennen.

Abschließend sind in Bild 8-23 für eine Oszillation die ermittelten Reibungskräfte aus Messung und Rechnung gegenübergestellt. Die Reibungskräfte beziehen sich jeweils auf die Gleitfläche des Polygonringsegments. Gut zu erkennen ist ein schneller Anstieg der Reibungskräfte im Hochlastbereich, der aus der rampenförmigen Belastungserhöhung resultiert. Sowohl in der Messung als auch in der Berechnung erfolgt der Reibungskraftanstieg jedoch nicht analog zur Belastungssteigerung. Als Ursache hierfür sind die beim Lastanstieg wirkenden hydrodynamischen Drücke zu sehen. Die Umkehrpunkte der Oszillation sind durch einen Vorzeichenwechsel in den Verläufen der Reibungskräfte gekennzeichnet. Während der berechnete Reibungskraftverlauf der Geschwindigkeitsumkehr unmittelbar folgt, reagiert der gemessene Verlauf aufgrund von Trägheitswirkungen der bewegten Teile und elastischen Verformungen der Prüfstandsstruktur verzögert. Im Niederlastbereich werden die Reibungskräfte wegen des Zusammenbrechens der hydrodynamischen Druckentwicklung nur noch durch die Wirkung der Grenzreibung bestimmt. Hier vorhandene Abweichungen zwischen Messung und Rechnung sind u.a. auch dadurch zu begründen, dass der Messbereich der eingesetzten Reibungskraftmessdose sehr weit gewählt werden musste, wodurch sich Messfehler der Dose bei kleinen Kräften stärker als bei großen Reibungskräften auswirken.

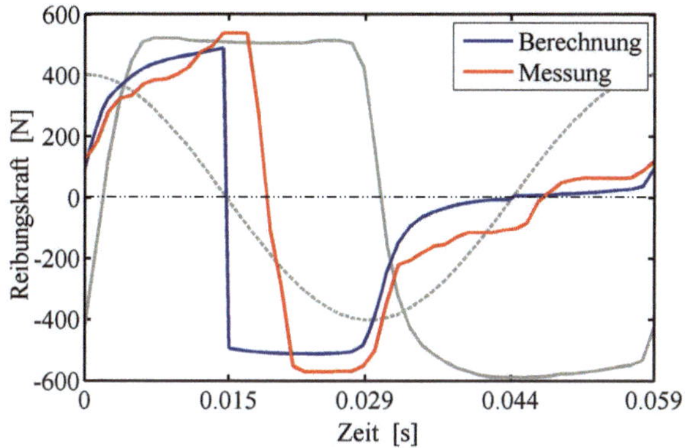

Bild 8-23:   Vergleich der Reibungskräfte aus Messung und Rechnung für 17 Hz und 120°C

8.5   Wälzbeanspruchter rauer Linienkontakt

Hochbelastete Wälzkontakte sind in vielen Maschinenelementen, wie z.B. Wälzlagern oder Zahnrad-, Reibrad- und Kettengetrieben, anzutreffen. Die hier zwischen den Körpern auftretenden konzentrierten EHD-Kontakte können in Punkt- und Linienkontakte unterschieden werden. Für das Grundverständnis der in diesen Kontakten ablaufenden tribologischen Prozesse ist es häufig sinnvoll, Grundlagenuntersuchungen an einfachen Modellpaarungen vorzunehmen, da hierfür geeignete Modell-Prüfstände zur Verfügung stehen, mit denen tribologische Größen der Modellpaarung messtechnisch erfasst werden können. Im Weiteren werden daher Berechnungsergebnisse für einen instationären thermoelastohydrodynamischen Zylinder/Scheibe-Kontakt auf der Grundlage von [127] und [129] dargestellt. Da der betrachtete Zylinder in Breitenrichtung keine Balligkeiten aufweist, wird der Kontakt zwischen Zylinder und Scheibe als 2D-Kontakt abgebildet. Der Zylinder dreht sich um seine ortsfeste Symmetrieachse und die Scheibe steht.

Die Reynolds'sche Differenzialgleichung wurde unter Berücksichtigung von nicht-masseerhaltender Kavitation in Verbindung mit der Energiegleichung für das Fluid und die Festkörper gelöst (nicht-isotherme Bedingungen). Mikrohydrodynamische Effekte wurden durch eine direkte Kopplung von Makro- und Mikrohydrodynamik berücksichtigt (keine Flussfaktoren). Die Betriebsparameter wurden so gewählt, dass sich direkte Festkörperkontakte nicht einstellten, sodass die Reibung allein aus der Flüssigkeitsreibung resultiert (keine Mischreibung). Die Kopplung von Hydrodynamik und Verformung der Körper erfolgte quasistatisch über die Einbindung eines Halbraummodells entsprechend Kapitel 3.1 . Weiterhin wurde ein nicht-Newton'sches Fluidverhalten nach Gl. (6-21) berücksichtigt (strukturviskoses Modell von EYRING). Als Schmierstoff kam ein FVA 3-Öl zur Anwendung, dessen Temperatur- und Druckabhängigkeit der Dichte nach Gl. (6-1) und Gl. (6-2), der Viskosität nach [105], der Wärmeleitfähigkeit nach [144] und der spezifischen Wärmekapazität nach Gl. (6-9) beschrieben wurde. Die der Berechnung zu Grunde liegenden Parameter können Tabelle 8-8 und Tabelle 8-9 entnommen werden.

Tabelle 8-8: Daten des Zylinder/Scheibe-Kontaktes (2D) und des Öls FVA 3 bei 20°C

Zylinderdurchmesser	D	=	4 mm
Linienlast	F/l	=	100 N/mm
Umfangsgeschwindigkeit der Scheibe	U_1	=	0 m/s
Umfangsgeschwindigkeit des Zylinders	U_2	=	2 m/s
Umgebungstemperatur	ϑ_{amb}	=	20°C
Viskosität	η	=	281 mPa·s
Dichte	ρ	=	875 kg/m^3
Wärmeleitfähigkeit	λ	=	0.14 W/(m·K)
spez. Wärmekapazität	c_p	=	2000 J/(kg·K)
Volumenausdehnungskoeffizient	β	=	$0.65 \cdot 10^{-3}$ 1/K
Eyring'sche Schubspannung	τ_0	=	11 N/mm^2

Tabelle 8-9: Werkstoffangaben

	Ebene	Zylinder
Rauheit Sz	0.27 µm	0.74 µm
Werkstoff	100Cr6	
Elastizitätsmodul E	212 000 N/mm^2	
Querkontraktionszahl ν	0.3	
Dichte ρ	7800 kg/m^3	
Wärmeleitfähigkeit λ	46.5 W/(m·K)	
spez. Wärmekapazität c_v	450 J/(kg·K)	

Die maximale Hertz'sche Pressung des ungeschmierten glatten Kontaktes beträgt 960 N/mm^2 bei einer Hertzsche Kontaktlänge von 132 µm. Zylinder und Scheibe sind jedoch mit realen Rauheiten versehen. Das Rauheitsprofil des Zylinders ist in Bild 8-24 links dargestellt. Es handelt sich hierbei um das Profil einer gedrehten Oberfläche, welches einer Filterung unterzogen und anschließend periodisiert wurde. Dieses periodisierte Profil wurde mehrfach aneinandergereiht der Makrogeometrie des Zylinders überlagert. Das Rauheitsprofil der polierten Scheibe zeigt Bild 8-24 rechts.

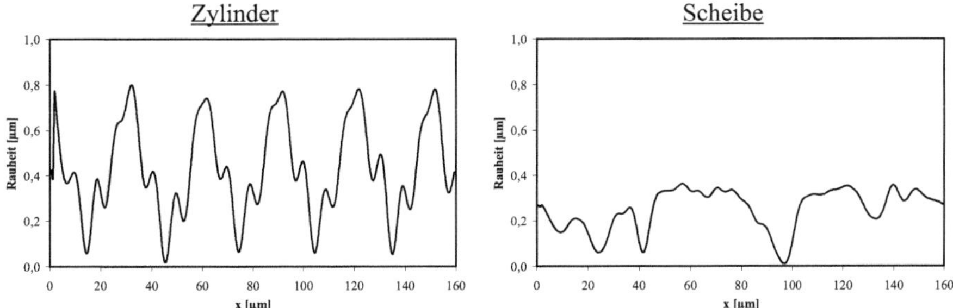

Bild 8-24:   Rauheitsprofil von Zylinder und Scheibe

In Bild 8-25 ist der Verlauf der maximalen Fluidtemperatur, des maximalen hydrodynami-schen Drucks, der minimalen Schmierfilmhöhe und der Flüssigkeitreibungszahl für einen Zeitraum von 0.08 ms aufgetragen. Dieser Zeitraum entspricht genau der Zeit, die das Rau-heitsprofil aus Bild 8-24 zum Durchlaufen des Kontaktes benötigt. Man erkennt, dass, obwohl Last und Geschwindigkeit konstant sind, bereits die rauen Oberflächen Änderungen von Temperatur, Druck, Schmierfilmhöhe und Reibung bewirken. So werden Temperaturen von ca. 150 °C bis 180 °C, maximale Drücke von ca. 1.42 GPa bis 1.7 GPa, minimale Schmier-filmhöhen von ca. 0.1 µm bis 0.3 µm und Reibungszahlen von 0.036 bis 0.041 berechnet.

Im Bild 8-26 sind 3 Momentaufnahmen des hydrodynamischen Drucks und der Fluidtempera-tur für die Zeitpunkte 1, 3 und 5 entsprechend den Positionen in Bild 8-25 zu sehen. Der Abstand zwischen den 3 Zeitpunkten entspricht in etwa 26 µs. Im rechten oberen Temperatur-bild zeigen die beiden Pfeile die Länge des Rauheitsprofils aus Bild 8-24 des gegen den Uhr-zeigersinn drehenden Zylinders an.

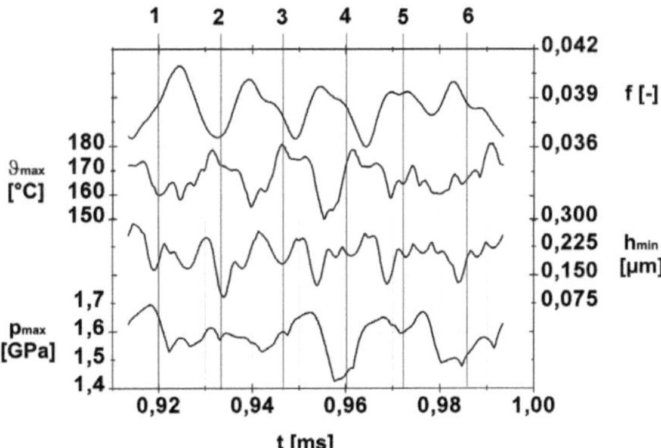

Bild 8-25:   Maximale Temperatur, maximaler Druck, minimale Spalthöhe und Flüssigkeits-reibungszahl über einen Zeitraum von 0.08 ms bzw. einem Gleitweg von 160 µm

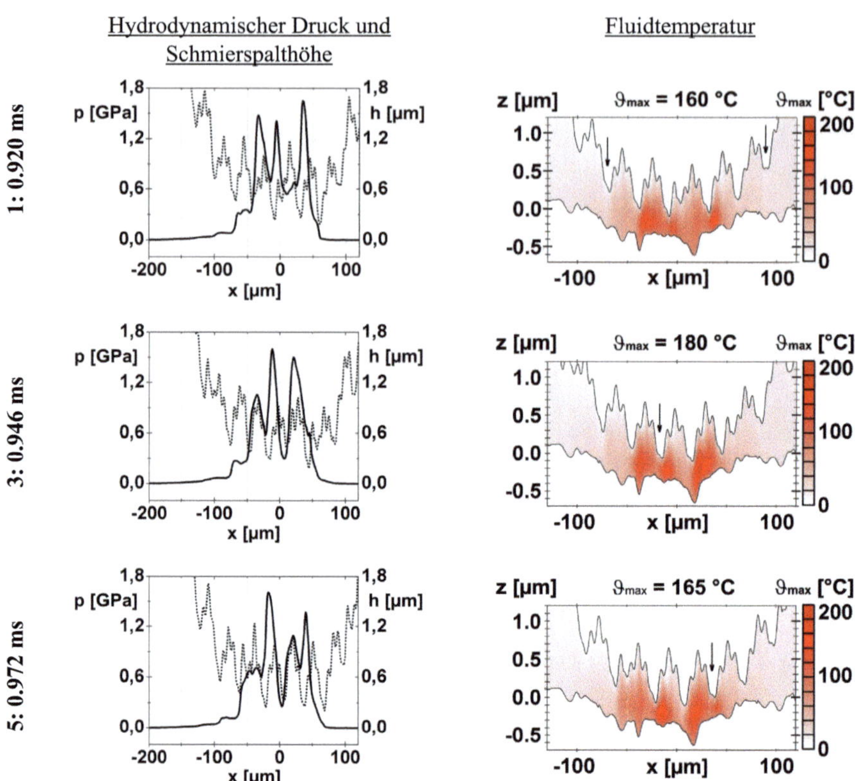

Bild 8-26:   Momentaufnahmen von hydrodynamischem Druck, der Schmierspalthöhe, der Fluidtemperatur und der Spaltkontur bei einem rauen Zylinder/Scheibe-Kontakt

9   Zusammenfassung und Ausblick

Ziel dieser Arbeit ist die ausführliche Darstellung wichtiger theoretischer Grundlagen zur Simulation von geschmierten und trockenlaufenden Tribosystemen. Besonderes Augenmerk wurde auf die Herleitung von Gleichungen gelegt. Diese Arbeit soll der Entwicklung Rechnung tragen, dass die Simulation von Tribosystemen in Zukunft einen immer höheren Stellenwert einnehmen wird, um Tribosysteme zeit- und kostengünstig auslegen zu können. Am Ende dieser Entwicklung könnte eines Tages das vollständig virtuell entwickelte Tribosystem stehen. Weiterhin bietet die Simulation die Möglichkeit, das Verständnis der im Reibkontakt ablaufenden Prozesse vertiefen zu können.

Die Berechnung der Spaltströmung in geschmierten Tribosystemen kann entweder sehr komplex mit den Navier-Stokes-Gleichungen und der Kontinuitätsgleichung oder einfacher mit der aus den Navier-Stokes-Gleichungen und der Kontinuitätsgleichung abgeleiteten verallgemeinerten Reynolds'schen Differenzialgleichung erfolgen. Wann welchem Weg der Vorzug zu geben ist, hängt vom Anwendungsfall und der benötigten Rechenzeit ab. Eine Berechnung mit den Navier-Stokes-Gleichungen wird aber mit steigender Rechenleistung immer häufiger möglich sein.

Oberflächen von Reibkörpern sind rau. Dadurch berühren sich diese nur in der realen Kontaktfläche in Form von diskreten Mikrokontakten, verbunden mit hohen lokalen Werkstoffbeanspruchungen. Die Berechnung der realen Kontaktfläche und der lokalen Werkstoffbeanspruchungen kann umfassend mit FEM-Programmen oder einfacher mit Halbraummodellen erfolgen. Für die Berechnung von mischreibungsbeanspruchten Kontakten ist eine Kopplung der FEM oder der Halbraummodelle mit den Strömungsgleichungen erforderlich. Aktuell fällt hier die Entscheidung fast immer zu Gunsten der ungenaueren aber wesentlich zeiteffizienteren Halbraummodelle aus. Weiterhin beeinflussen die Rauheiten in hochbelasteten geschmierten Tribosystemen die Schmierfilmbildung. Je nach Struktur und Orientierung der Rauheiten zur Strömungsrichtung kann die hydrodynamische Tragwirkung eines Tribosystems durch mikrohydrodynamische Effekte gesteigert oder gemindert werden. Die Berücksichtigung mikrohydrodynamischer Effekte kann grundsätzlich auf zwei Wegen erfolgen. Entweder durch die Beschreibung der Schmierspaltgeometrie bis in die Größenordnung der Rauheiten hinein (direkte Kopplung) oder durch die Einführung von integralen Flussfaktoren, die als Korrekturfaktoren in die makrohydrodynamische Berechnung einfließen (indirekte Kopplung). Den ungenaueren Flussfaktoren wird bei großflächigen Kontakten rechenzeitbedingt der Vorzug gegeben.

Die realitätsnahe Berechnung der Reibung in trockenlaufenden und geschmierten Tribosystemen ist eine zwingende Voraussetzung für die Vision des vollständig virtuell entwickelten Tribosystems. Während die Berechnung der Flüssigkeitsreibung heute schon sehr gut gelingt, ist dies für die Festkörperreibung so noch nicht gegeben. Hier wird häufig auf Grenzreibungszahlen zurückgegriffen, die für das betrachtete Tribosystem entweder abgeschätzt werden oder im Idealfall mittels Versuch bestimmt wurden. Modelle zur Vorausberechnung der Festkörperreibung, die aus einer Deformation der Rauheiten und adhäsiven Wechselwirkungen der kontaktierenden Oberflächen resultiert, sind in Ansätzen vorhanden. Eine Verbesserung der Modelle hat hohe Priorität.

Reibung erzeugt Wärme und hat die Ausbildung von Temperaturverteilungen zur Folge, die sowohl Eigenschaftsänderungen von Fluid und Festkörper bewirken als auch physikalische und chemische Grenzflächenprozesse beeinflussen können. Es ist daher von Vorteil, die Temperaturen im Fluid bzw. der Festkörper zu kennen. Grundlage hierfür bilden die Energiegleichung für das Fluid und die Fourier'sche Wärmeleitungsgleichung für die Festkörper. Die Energiegleichung für das Fluid kommt mit der vollständig formulierten Dissipationsfunktion bei einer Kopplung mit den Navier-Stokes-Gleichungen zur Anwendung. Bei einer Kopplung mit der Reynolds'schen Differenzialgleichung sind all die Terme aus der Dissipationsfunktion zu eliminieren, die auch bei der Herleitung der Reynolds'schen Differenzialgleichung aus den Navier-Stokes-Gleichungen vernachlässigt wurden. Die Lösung der Fourier'schen Wärmeleitungsgleichung kann entweder mit FEM-Programmen oder wieder einfacher mit einem Halbraummodell erfolgen. Ist die Temperaturverteilung im gesamten Reibkörper gesucht, sind FEM-Programme vorzuziehen. Sind die Temperaturverteilungen im Reibkontakt oder in den oberflächennahen Bereichen der Reibkörper von Interesse, ist aus Rechenzeitgründen das Halbraummodell zu favorisieren.

Für die Berechnung geschmierter Tribosysteme ist die Kenntnis wichtiger physikalischer Schmierstoffkennwerte, wie Viskosität, Dichte, Wärmeleitfähigkeit und spezifische Wärmekapazität erforderlich. Diese Kennwerte sind notwendige Eingangsgrößen für die die Schmierstoffeigenschaften beschreibenden Zustandsgleichungen und Fließmodelle, die wiederum Eingang in die Strömungsgleichungen finden. Diese Kennwerte sind nicht konstant, insbesondere dann nicht, wenn der Schmierstoff veränderlichen Temperaturen und Drücken oder hohen Schergefällen ausgesetzt ist. Für die betriebssichere Auslegung von geschmierten Tribosystemen ist die Berücksichtigung veränderlicher Schmierstoffkennwerte unumgänglich. Die zur Verfügung stehenden Zustandsgleichungen und Fließmodelle für Newton'sche und nicht-Newtonsch'sche Fluide weisen eine unterschiedliche Komplexität auf und basieren häufig auf Gleichungen, deren Koeffizienten aus Messungen zu bestimmen sind.

Die zunehmende Leistungsdichte von Bauteilen, verbunden mit einem konsequenten Streben nach Leichtbau, führt zwangsläufig zu immer höheren Bauteilbeanspruchungen. Damit verbunden sind durch hydrodynamische Drücke, Trägheitskräfte oder äußere Lasten (z.B. Gaskräfte, Zwangskräfte usw.) hervorgerufene Bauteilverformungen, die unmittelbaren Einfluss auf die Spaltgeometrie und die Druckentwicklung im Schmierspalt ausüben und so auf Reibung, Temperatur, Volumenströme und Verschleiß einwirken. Es erscheint daher sinnvoll, eine rückwirkungsbehaftete Kopplung von Hydrodynamik und Verformung zu realisieren. Die Kopplung kann quasistatisch oder dynamisch geschehen. Ausschlaggebend für die Art der Kopplung ist, ob Trägheitskräfte bewegter Bauteile hinsichtlich der Spaltverformungen vernachlässigt werden können (quasistatische Kopplung) oder nicht (dynamisch Kopplung).

Die Ergebnisse ausgewählter Simulationsbeispiele zeigen, dass die Simulation von Tribosystemen schon ein gutes Stück vorangeschritten ist. In Verbindung mit Versuchen, gelingt es immer besser, das Verhalten von Tribosystemen verstehen zu lernen. In dem Maße, wie die

Simulationsprogramme an Zuverlässigkeit gewinnen, können mit diesen bereits vor der Erstellung des ersten Prototypen Sensitivitätsanalysen zum Einfluss von Betriebsbedingungen, des Werk- und des Schmierstoffs und der Oberflächengeometrien durchgeführt werden, wodurch sich die Zahl kostenintensiver Prototypen reduzieren lässt.

Literatur

[1]   ABDEL-LATIF, L. A.; PEEKEN, H.; BENNER, J.: Thermohydrodynamic analysis of thrust-bearing with circular pads running on bubbly oil (BTHD-theory). Journal of Tribology 107 (1985) 4, 527-537

[2]   AHMADI, N.: Non-Hertzian normal and tangential loading of elastic bodies in contact. PhD thesis, Northwestern University, Evanston 1982

[3]   AHRSTRÖM, B.-O.; LINDQVIST, S.; HÖGLUND, E.; SUNDIN, K. G.: Modified split Hopkins pressure bar method for determination of the dilatation-pressure relationship of lubricants used in elastohydrodynamic lubrication. Journal of Engineering Tribology 216 (2002) 2, 63-73

[4]   ARCHARD, J. F.: Contact and rubbing of flat surfaces. Journal of Applied Physics 24 (1953) 8, 981-988

[5]   ARCOUMANIS, C.; OSTOVAR, P.; MORTIER, R: Mixed lubrication modeling of newtonian and shear thinning liquids in a piston-ring configuration. SAE-SP 1304 (1997) 10, 35-60

[6]   BAEHR, H. D.; STEPHAN, K.: Wärme- und Stoffübertragung. Springer Verlag, Berlin, Heidelberg 1994

[7]   BAIR, S.; WINER, W. O.: Shear strength measurements of lubricants at high pressure. Journal of Lubrication Technology 101 (1979) 3, 251-257

[8]   BAIR, S.; WINER, W. O.: A rheological model for elastohydrodynamic contacts based on primary laboratory data. Journal of Lubrication Technology 101 (1979) 3, 258-265

[9]   BAIR, S.; WINER, W. O.: The high pressure high shear stress rheology of liquid lubricants. Journal of Tribology 114 (1992) 1, 1-13

[10]   BAIR, S.; QUERESHI, F.: The generalized Newtonian fluid model and elastohydrodynamic film thickness. Journal of Tribology 125 (2003) 1, 70-75

[11]   BARTEL, D.: Berechnung von Festkörper- und Mischreibung bei Metallpaarungen. Diss., Universität Magdeburg, 2000 (Aachen: Shaker-Verlag, 2001)

[12]   BARTEL, D.; BOBACH, L.: Gleitlagerversagenskriterien - Versagenskriterien für Motorengleitlager bei transienter thermo-elasto-hydrodynamischer Beanspruchung. FVV-Forschungsberichte Verbrennungskraftmaschinen, Heft 769-2, 2003

[13]   BECKER, M.: Heat transfer. Plenum Press, New York, London, 1986

[14]   BEHNCKE, H.-H.: Bestimmung der Universalhärte und anderer Kennwerte an dünnen Schichten, insbesondere Hartstoffschichten. Härterei Technische Mitteilung HTM 48 (1993) 5, 304-311

[15]   BEILICKE, R.; BARTEL, D.; ELFRATH, T.; DETERS, L.: Experimentelle Untersuchung des Einflusses von Luft und Wasser auf konzentrierte EHD-Kontakte. GfT Tribologie-Fachtagung 2009, Göttingen, Bd. I, 15/1 - 15/15

[16]   BERCEA, M.; PALEU, V.; BERCEA, I.: Lubricant oils additivated with polymers in EHD contacts: Part 1 – Rheological behaviour. Lubrication Science 17 (2004) 1, 3-24

[17]   BINGHAM, E. C.: Fluidity and Plasticity. McGraw-Hill, Inc., New York, 1922

[18]   BLUME, J.: Druck- und Temperatureinfluß auf Viskosität und Kompressibilität von flüssigen Schmierstoffen. Diss., RWTH Aachen, 1987

[19] BOBACH, L.; BARTEL, D.; DETERS, L.: Das dynamisch belastete Radialgleitlager unter dem Einfluss elastischer Verformungen der Lagerumgebung. Tribologie und Schmierungstechnik 54 (2007) 1, 5-13

[20] BOBACH, L.: Simulation dynamisch belasteter Radialgleitlager unter Mischreibungsbedingungen. Diss., Universität Magdeburg, 2008 (Aachen: Shaker-Verlag, 2008)

[21] BOBACH, L.; BARTEL, D.; DETERS, L.: Simulation tribologischer Parameter von mischreibungsbeanspruchten Pleuellagerungen. Tribologie und Schmierungstechnik 55 (2008) 2, 11-20

[22] BOBACH, L.; BARTEL, D.; DETERS, L.: Simulation elasto-hydrodynamischer Kontakte in Rollenlagern. VDI-Tagung: Gleit- und Wälzlagerungen, 2009

[23] BODE, B.: Modell zur Beschreibung des Fließverhaltens von Flüssigkeiten unter hohem Druck. Tribologie + Schmierungstechnik 36 (1989) 4, 182-189

[24] BOUSSINESQ, J.: Application des potentiels a l'étude de l'équilibre et du mouvement des solides élastiques. Gauthier-Villars, Paris, 1885

[25] BOWDEN, F. P.; MOORE, A. J. W.; TABOR, D.: The ploughing and adhesion of sliding metals. Journal of Applied Physics 14 (1943) 3, 80-91

[26] BRENNER, G.; AL-ZOUBI, A.; MUKINOVIC, M.; SCHWARZE, H.; SWOBODA, S.: Numerical simulation of surface roughness effects in laminar lubrication using the Lattice Boltzmann method. Journal of Tribology 129 (2007), 603-610

[27] BRONSTEIN, I. N.; SEMENDJAJEW, K. A.; MUSIOL, G.; MÜHLIG, H.: Taschenbuch der Mathematik. Verlag Harri Deutsch, Frankfurt/Main, 1999

[28] BUKOVNIK, S.; CAIKA, V.; LOIBNEGGER, B.; BARTZ, W. J.: TEHD lubrication model for journal bearing including shear rate dependent viscosity. 15th International Colloquium Tribology 2006, 1-6

[29] BURTH, K.; BROCKS, W.: Plastizität - Grundlagen und Anwendungen für Ingenieure. Vieweg Verlag, Braunschweig, 1992

[30] BUTENSCHÖN, H. J.: Das hydrodynamische, zylindrische Gleitlager endlicher Breite unter instationärer Belastung. Diss., Universität Karlsruhe, 1976

[31] CARREAU, P. J.: Rheological equations from molecular network theories. Transactions of the Society of Rheology 16 (1972) 1, 99-127

[32] CARSLAW, H. S.; JAEGER, J. C.: Conduction of heat in solids. Oxford University Press, Oxford, 1996

[33] CHAMNIPRASART, K.; AL-SHARIF, A.; RAJAGOPAL, K. R.; SZERI, A. Z.: Lubrication with binary mixtures: bubbly oil. Journal of Tribology 115 (1993) 2, 253-260

[34] CHANG, L.: Deterministic modeling and numerical simulation of lubrication between roughness surfaces – a review of recent developments. Wear 184 (1995), 155-160

[35] CHANG, L.; FARNUM, C.: A thermal model for elastohydrodynamic lubrication of rough surfaces. Tribology Transactions 35 (1992) 2, 281-286

[36] COMO – Competence in Mobility, Sachstandsberichte 2007

[37] CROSS, M. M.: Rheology of non-Newtonian fluids: A new flow equation for pseudo plastic systems. Journal of Colloid Science 20 (1965), 417-437

[38] DICKE, H.: Messung und Berechnung von Hochdruck-Viskositätskennwerten synthetischer, mineralischer und vegetabiler Schmierstoffgruppen. Diss., RWTH Aachen, 2006

[39] DIN 1342-3: Viskosität: Nicht-newtonsche Flüssigkeiten. 2003

[40]   DIN EN ISO 13565-2: Geometrische Produktspezifikationen (GPS) – Oberflächenbe-
        schaffenheit: Tastschnittverfahren - Oberflächen mit plateauartigen funktionsrele-
        vanten Eigenschaften - Teil 2: Beschreibung der Höhe mittels linearer Darstellung der
        Materialanteilkurve. 1998

[41]   DIN EN ISO 14577: Instrumentierte Eindringprüfung zur Bestimmung der Härte und
        anderer Werkstoffparameter. 2003

[42]   DOWSON, D.: Generalized Reynolds equation for fluid film lubrication. International
        Journal Mechanical Science Pergamon Press Ltd. 4 (1962), 159-170

[43]   DOWSON, D.; HIGGINSON, G. R.: Elasto-Hydrodynamik Lubrication. Pergamon Press
        Ltd., Oxford, 1977

[44]   DOWSON, D.; TAYLOR, C. M.: Cavitation in bearings. Annual Review of Fluid
        Mechanics 11 (1979), 35-66

[45]   DOWSON, D.: History of Tribology. Professional Engineering Publishing Limited,
        London and Bury St Edmunds, 1998

[46]   DURST, F.: Grundlagen der Strömungsmechanik. Springer Verlag, Berlin, Heidelberg
        2006

[47]   EFFENDI, J.: Die numerische Lösung der elastohydrodynamischen Kontaktprobleme
        unter Berücksichtigung der Oberflächenrauheiten. Diss.; RWTH Aachen, 1987

[48]   ELROD, H. G.; ADAMS, M. L.: A computer program for cavitation and starvation
        problems. 1st Leeds-Lyon Symposium on Tribology 1974, 1 (1974) 2, 37-41

[49]   ELROD, H. G.: A general theory for laminar lubrication with Reynolds roughness.
        Journal of Lubrication Technology 101 (1979), 8-14

[50]   ELROD, H. G.: A cavitation algorithm. Journal of Lubrication Technology, 103 (1981),
        350-354

[51]   ELSHARKAWY, A. A.; HAMROCK, B. J.: Subsurface stresses in micro-EHL line contacts.
        Journal of Tribology 113 (1991) 3, 645-656

[52]   EYRING, H. J.: Viscosity, plasticity and diffusion as examples of absolute reaction
        rates. Journal of Chemical Physics 4 (1936), 283-291

[53]   FLEISCHER, G.: Energiebilanzierung der Festkörperreibung als Grundlage zur energe-
        tischen Verschleißberechnung Teil I-III. Schmierungstechnik 7 (1976) 8, 225-230;
        7 (1976) 9, 271-279; 8 (1977) 2, 49-58

[54]   FUCHS, A.: Schnelllaufende Radialgleitlagerungen im instationären Betrieb. Diss., TU
        Braunschweig, 2002

[55]   GASCH, R.; KNOTHE, K.: Strukturdynamik: Kontinua und ihre Diskretisierung.
        2. Band, Berlin: Springer-Verlag, 1989

[56]   GECIM, B.; WINER, W. O.: Lubricant limiting shear stress effect on EHD film
        thickness. Journal of Lubrication Technology 102 (1980) 2, 213-221

[57]   GfT ARBEITSBLATT 7: Tribologie – Definitionen, Begriffe, Prüfung. 2002

[58]   GIESEKUS, H.: Phänomenologische Rheologie. Springer Verlag, Berlin, Heidelberg,
        1994

[59]   GLEß, M.; FAFOUTIS, V.; REPPHUN, G.; PROVATIDIS, C.; BARTEL, D.; DETERS, L.:
        Fatigue life in rolling contacts with rough surfaces. DGM 2008

[60]   GOENKA, P. K.: Dynamically loaded journal bearings: Finite element method analysis.
        Journal of Tribology 106 (1984), 429 – 439

[61] GOODWIN, M. J.; DONG, D.; YU, H.; NIKOLAJSEN, J. L.: Theoretical and experimental investigation of the effect of oil aeration on the load-carrying capacity of a hydro-dynamic journal bearing. Journal of Engineering Tribology 221 (2007) 7, 779-786

[62] GREENWOOD, J. A.; WILLIAMSON, J. B. P.: Contact of nominally flat surfaces. Proc. of the Royal Soc. of London A 295 (1966), 300-319

[63] GREENWOOD, J. A.; TRIPP, J. H.: The elastic contact of rough spheres. Journal of Applied Mechanics 89 (1967) 3, 153-159

[64] GUANGTENG, G.; SPIKES, H. A.: Elastohydrodynamic film thickness in mixed lubri-cation. First World Tribology Congress, London 1997, 649

[65] HAMILTON, G. M.; GOODMAN, L. E.: The stress field created by a sliding circular contact. Journal of Applied Mechanics 33 (1966) 2, 371-376

[66] HAMROCK, B. J., JACOBSON, B.-O.; BERGSTRÖM, S. I.: Measurement of the density of base fluids at pressures to 2.20 GPa. ASLE Transactions 30 (1987) 2, 196-202

[67] HAMROCK, B. J.: Fundamentals of fluid film lubrication. McGraw-Hill, Inc., New York, 1994

[68] HARP, S.: A computational method for evaluating cavitating flow between rough surfaces. PhD Thesis, Georgia Institute of Technology, 2000

[69] HARP, S.; SALANT, R. F.: An average flow model of rough surface lubrication with inter-asperity cavitation. Journal of Tribology 123 (2001), 134-143

[70] HÄFNER, F.; SAMES, D.; VOIGT, H.-D.: Wärme- und Stofftransport: Mathematische Methoden. Springer-Verlag, Berlin, Heidelberg, New York, 1992

[71] HEERMANT, C.; DENGEL, D.: Klassische Werkstoffkennwerte abschätzen. Material-prüfung 38 (1996) 9, 374-378

[72] HERWIG, H.: Strömungsmechanik. Springer-Verlag, Berlin, Heidelberg 2006

[73] HERTZ, H. R.: Über die Berührung fester elastischer Körper. Journal für die reine und angewandte Mathematik 92 (1881), 156-171

[74] HILLS, D. A.; NOWELL, D.; SACKFIELD, A.: Mechanics of elastic contacts. Butterworth-Heinemann Ltd., Oxford, 1993

[75] HU, Y. Z.; ZHU, D.: A full numerical solution to the mixed lubrication in point contacts. Journal of Tribology 122 (2000), 1-9

[76] HUTTER, K.: Fluid- und Thermodynamik. Springer-Verlag, Berlin, Heidelberg 2003

[77] IIVONEN, H. T.; HAMROCK, B. J.: A non-Newtonian fluid model for elastohydro-dynamic lubrication of rectangular contacts. Proceedings of the 5th International Congress on Tribology 1989, 178-183

[78] ILLNER, T.; BOBACH, D.; BARTEL, D.; DETERS: Untersuchung von mischreibungsbean-spruchten Axialgleitlagern bei oszillierender Bewegung. GfT/DGMK Tribologie-Fachtagung 2008, Göttingen, Bd. II, 65/1-65/14

[79] ILLNER, T.; BOBACH, D.; BARTEL, D.; DETERS, L.: Einfluss von Randbedingungen und Mikrokavitation auf die Flussfaktorenberechnung. Tribologie und Schmierungstechnik 55 (2008) 5, 36-42

[80] JAEGER, J. C.: Moving sources of heat and the temperature at sliding contacts. Journal Proceedings of the Royal Society of New South Wales 76 (1942), 203-224

[81] JAKOBSSON, B; FLOBERG, L.: The finite journal bearing considering vaporization. Transactions of Chalmers University of Technology 190, Gothenburg 1957

[82] JIANG, X.; HUA, D. Y.; CHENG, H. S.; AI, X.; LEE, S. C.: A mixed elastohydrodynamic lubrication model with asperity contact. Journal of Tribology 121 (1999), 481-491

[83]   JOHNSON, K. L.: Contact mechanics. Cambridge University Press, Cambridge 1985

[84]   JOHNSON, K. L.; TEVAARWERK, J. L.: Shear behaviour of elastohydrodynamic oil film. Proceedings of Royal Society, London, Series A, Vol. 356 (1977), 215-236

[85]   KALKER, J. J.: Numerical calculation of the elastic field in a half-space. Communications in Applied Numerical Methods 2 (1986) 4, 401-410

[86]   KARAS, F.: Die äußere Reibung beim Walzendruck. Forschung im Ingenieurwesen 12 (1941) 6, 266-274

[87]   KRAGELSKIJ, I. V.; DOBYČIN, M. N.; KOMBALOV, V. S.: Grundlagen der Berechnung von Reibung und Verschleiß. VEB Verlag Technik, Berlin, 1982

[88]   KRAKER, A.; VAN OSTAYEN, R. A. J.; VAN BEEK, A.; RIXEN, D. J.: A multiscale method modeling surface texture effect. Journal of Tribology 129 (2007), 221-230

[89]   KROLL, J.; NOACK, G.: Zur Bestimmung der Viskosität von binären Ölmischungen unter hohe Drücken. DGMK-Forschungsbericht 451, 1993

[90]   KUMAR, A.; BOOKER, J. F.: A finite element cavitation algorithm. Journal of Tribology 113 (1991), 276-286

[91]   KUMAR, A.; BOOKER, J. F.: A finite element cavitation algorithm: application/ validation. Journal of Tribology 113 (1991), 255-261

[92]   LAZAN, B. J.: Damping of materials and members in structural mechanics. Pergamon Press, Oxford, 1968

[93]   LAGEMANN, V.: Numerische Verfahren zur tribologischen Charakterisierung bearbeitungsbedingter rauer Oberflächen bei Mikrohydrodynamik und Mischreibung. Diss., Universität Kassel, 2000

[94]   LARSSON, R.; ANDERSSON, O.: Lubricant thermal conductivity and heat capacity under high pressure. Journal of Engineering Tribology 214 (2000) 4, 337-342

[95]   LAUKOTKA, E. M.: Datensammlung „Referenzöle" (1984-2003). Forschungsvereinigung Antriebstechnik, Heft 660, 2003

[96]   LEE, R. T.; HAMROCK, B. J.: A circular non-Newtonian fluid model: Part I – used in elastohydrodynamic lubrication / Part II – used in microelastohydrodynamic lubrication. Journal of Tribology 112 (1990) 3, 486-505

[97]   LEEUWEN VAN, H. J.; SCHOUTEN, M. J. W.: Die Elastohydrodynamik: Geschichte und Neuentwicklungen. VDI-Berichte Nr. 1207, Düsseldorf: VDI-Verlag, 1995, 1-47

[98]   LIU, S.; WANG, Q.: Studying contact stress fields caused by surface tractions with a discrete convolution and fast fourier transform algorithm. Journal of Tribology 124 (2002) 1, 36-45

[99]   LIU, S.; WANG, Q.: Transient thermoelastic stress fields in a half-space. Journal of Tribology 125 (2003) 1, 33-43

[100]   LIU, S.; WANG, Q.; HARRIS, S. J.: Surface normal thermoelastic displacement in moving rough contacts. Journal of Tribology 125 (2003) 4, 862-868

[101]   LOVE, A. E. H.: The stress produced in a semi-infinite solid by pressure on part of the boundary. Philosophical Transaction Royal Society A 228 (1929), 377-420

[102]   LUDEMA, K. C.: A review of scuffing and running-in of lubricated surfaces, with asperities and oxides in perspective. Wear 100 (1984), 315-331

[103]   LUNDE, L.; TØNDER, K.: Pressure and shear flow in a rough hydrodynamic bearing: Flow factor calculation. Journal of Tribology 119 (1997), 549-555

[104]   MERMERTAS, Ü.: Nichtlinearer Einfluss von Radialgleitlagern auf die Dynamik schnelllaufender Rotoren. Diss.; TU Clausthal, 2007

[105] MIHAILIDIS, A.; RETZEPIS, J.; SALPISTIS, C.; PANAGIOTIDIS, K.: Calculation of friction coefficient and temperature field of line contacts lubricated with a non-Newtonian fluid. Wear 232 (1999) 2, 213-220

[106] MINDLIN, R. D.: Force at a point in the interior of a semi-infinite solid. Physics 7 (1936) 5, 195-202

[107] MITTWOLLEN, N.: Betriebsverhalten von Radialgleitlagern bei hohen Umfangsge-schwindigkeiten und hohen thermischen Belastungen – Theoretische Untersuchungen. VDI-Berichte Nr. 187, Düsseldorf: VDI Verlag, 1990

[108] MYLLERUP, C. M.; ELSHARKAWY, A. A.; HAMROCK, B. J.: Couette dominance used for non-newtonian elastohydrodynamic lubrication. Journal of Tribology 116 (1994) 1, 47-55

[109] OERTEL JR., H.; BÖHLE, M.: Strömungsmechanik. Vieweg Verlag, Braunschweig, Wiesbaden 2002

[110] OLSSON, K. O.: Cavitation in dynamically loaded bearings. Transactions of Chalmers University of Technology 308, Gothenburg 1965

[111] PATIR, N.: Effects of surface roughness on partial film lubrication using an average flow model based on numerical simulation. PhD thesis, Northwestern University, 1978

[112] PATIR, N.; CHENG, H. S.: An average flow model for determining effects of three dimensional roughness on partial hydrodynamic lubrication. Journal of Lubrication Technology 100 (1978), 12-17

[113] PATIR, N.; CHENG, H. S.: Application of average flow model to lubrication between rough sliding surfaces. Journal of Lubrication Technology 101 (1979), 220-230

[114] PEEKEN, H.; BENNER, J.: Beeinträchtigung des Druckaufbaus in Gleitlagern durch Schmierstoffverschäuming. VDI-Berichte Nr. 549, Düsseldorf: VDI Verlag, 1985, 371-397

[115] PRANDTL, L.: Ein Gedankenmodell zur kinetischen Theorie der festen Körper. Zeit-schrift für Angewandte Mathematik und Mechanik 8 (1928) 2, 85-106

[116] QIU, L.; CHENG, H. S.: Temperature rise simulation of three-dimensional rough surfaces in mixed lubricated contact. Journal of Tribology 120 (1998), 310-318

[117] RAMESH, K. T.: The short-time compressibility of elastohydrodynamic lubricants. Journal of Tribology 113 (1991) 4, 361-371

[118] REDLICH, A.: Simulation von Punktkontakten unter Mischreibungsbedingungen. Diss., Universität Magdeburg, 2002 (Aachen: Shaker-Verlag, 2002)

[119] REYNOLDS, O.: On the theory of lubrication and its application to Mr. Beauchamp Tower's experiments. In Experimental Determination of the Viscosity of Olive Oil. Phil. Trans. Roy. Soc., 177 (1886), 157-234, Deutsch: Ostwalds Klassiker der exakten Wissenschaften Nr. 218, Akademische Verlagsgesellschaft, Leipzig, 1927

[120] RIENÄCKER, A.: Instationäre Elastohydrodynamik von Gleitlagern mit rauhen Ober-flächen und inverse Bestimmung der Warmkontur. Diss., RWTH Aachen, 1995

[121] ROCKE, A. H.; SALANT, R. F.: Elastohydrodynamic analysis of a rotary lip seal using flow factors. Tribology Transactions 48 (2005), 308-316

[122] RODERMUND, H.: Berechnung der Temperaturabhängigkeit von Mineralölen aus dem Viskositätsgrad. Schmiertechnik + Tribologie 25 (1978) 2, 56-57

[123] ROELANDS, C. J. A.: Correlational aspects of the viscosity-temperature-pressure relationship of lubricating Oil. PhD Thesis, Technische Hogeschool Delft, 1966

[124] ROST, U.: Das Viskositäts-Temperaturverhalten von Ölen. Erdöl & Kohle 8 (1955) 9, 650-651

[125] SCHLICHTING, H.; GERSTEN, K.: Grenzschicht-Theorie. Springer Verlag, Berlin, Heidelberg, 1997

[126] SCHOLZ, U.; BARTEL, D.; DETERS, L.: Berechnung elastischer Spannungen unterhalb der Oberfläche kontraformer Kontakte. GfT/DGMK Tribologie-Fachtagung 2006, Göttingen, Bd. I, 20/1 - 20/13

[127] SCHOLZ, U.; BARTEL, D.; DETERS, L.: Instationäre Thermoelastohydrodynamik in Wälzkontakten. GfT/DGMK Tribologie-Fachtagung 2007, Göttingen, Bd. I, 1/1-1/19

[128] SCHOLZ, U.; BARTEL, D.; DETERS, L.: A rough surface contact model for anisotropically elastic materials. Journal of Engineering Tribology, 222 (2008) 3, 261-270

[129] SCHOLZ, U.: Instationäre Berechnung geschmierter Reibkontakte. Diss., Universität Magdeburg, 2008 (Aachen: Shaker-Verlag, 2008)

[130] SCHÖNEN, R.: Strukturdynamische Mehrkörpersimulation des Verbrennungsmotors mit elastohydrodynamischer Grundlagerkopplung. Diss., Universität Kassel, 2001

[131] SIMO, J. C.; WRIGGERS, P.; TAYLOR, R. L.: A perturbed Langrangian formulation fort the finite element solution of contact problems. Computer Methods in Applied Mechanics and Engineering 50 (1985), 163-180

[132] SOLOVYEV, S.; REDLICH, A.; BARTEL, D.; DETERS, L.: Temperaturberechnung mischreibungsbeanspruchter EHD-Kontakte. GfT/DGMK Tribologie-Fachtagung 2005, Göttingen, Bd. I, 7/1 – 7/14

[133] SOLOVYEV, S.: Reibungs- und Temperaturberechnung an Festkörper- und Mischreibungskontakten. Diss., Universität Magdeburg, 2006 (Aachen: Shaker-Verlag, 2007)

[134] SPRAFKE, P.: Numerische und experimentelle Untersuchung des dynamischen Verhaltens hydraulischer Systeme unter Berücksichtigung von Kavitation und Luftausgasung. Diss., Universität Karlsruhe, 1999

[135] STANGE, K.: Angewandte Statistik. Springer-Verlag, Berlin, Heidelberg, New York, 1970

[136] STROH, A. N.: Steady-state problems in anisotropic elasticity. Journal of Mathematical Physics 41 (1962), 77-103

[137] TAYLOR, G. I.: Cavitation of a viscous fluid in narrow passages. Journal of Fluid Mechanics 16 (1963), 595-619

[138] TING, T. C. T.: Anisotropic elasticity. Theory and application. Oxford University Press, New York / Oxford, 1996

[139] TRIPP, J. H.: Surface roughness effects in hydrodynamic lubrication: The flow factor method. Journal of Lubrication Technology 105 (1983), 458-465

[140] VENNER, C. H.; LUBRECHT, A. A.: Multilevel methods in lubrication. Elsevier Verlag, Amsterdam, 2000

[141] VORTMANN, C.: Untersuchungen zur Thermodynamik des Phasenübergangs bei der numerischen Berechnung kavitierender Düsenströmungen. Diss., Universität Karlsruhe, 2001

[142] WAHLBECK, T.: Das Viskositätsverhalten und die Schmierfilmbildung von Schmierstoffen in Abhängigkeit von Druck und Temperatur. Diss., RWTH Aachen, 2004

[143] WALTERS, K.; BATES, T. W.; COY, R. C.; WILLIAMSON, B. P.: On the importance of non-newtonian effects in journal bearing lubrication: a numerical approach. SAE-SP 1303 (1997) 10, 67-73

[144] WANG, S.; CUSANO, C.; CONRY, T. F.: Thermal analysis of elastohydrodynamic lubrication of line contacts using the Ree-Eyring fluid model. Journal of Tribology 113 (1991), 232-244

[145] WEIßBACH, W.: Werkstoffkunde. Vieweg Verlag, Düsseldorf, 2007

[146] WEST, M.; SAYLES, R. S.: A 3-dimensional method of studying 3-body contact geometry and stress on real rough surfaces. Interface Dynamics, Elsevier, Amsterdam 1988, 195-200

[147] WILLIS, J. R.: Hertzian contact of anisotropic bodies. Journal of the Mechanics and Physics of Solids 14 (1966), 163-176

[148] WILLNER, K.: Kontinuums- und Kontaktmechanik. Springer-Verlag, Berlin, 2003

[149] WIJNANT, Y. H.: Contact dynamics in the field of elastohydrodynamic lubrication. PhD thesis, University of Twente, 1998

[150] WOODS, C. M.; BREWE, D. E.: The solution of the Elrod algorithm for a dynamically loaded journal bearing using multigrid techniques. Journal of Tribology 111 (1989), 302-308

[151] XU, G.; SADEGHI, F.: Thermal EHL analysis of circular contacts with measured surface roughness. Journal of Tribology 118 (1995) 3, 473-483

[152] YANG, P., WEN, S.: A generalized Reynolds equation for non-newtonian thermal elastohydrodynamic lubrication. Journal of Tribology 112 (1990) 4, 631-636

[153] YASUDA, K.: Investigation of the analogies between viscometric and linear viscoelastic properties of polystyrene fluids. PhD Thesis, Massachusetts Institute of Technology, Cambridge, 1979

[154] YASUDA, K.; ARMSTRONG, R. C.; COHEN, R. E.: Shear flow properties of concentrated solutions of linear and star branched polystyrenes. Rheological Acta 20 (1981) 2, 163-178

[155] ZHAO, J.; SADEGHI, F.; HOEPRICH, M. H.: Analysis of EHL circular contact start up: Part II – surface temperature rise model and results. Journal of Tribology 123 (2001), 75-82

VIEWEG+
TEUBNER

MIX
Papier aus verantwortungsvollen Quellen
Paper from responsible sources
FSC® C105338

If you have any concerns about our products,
you can contact us on
ProductSafety@springernature.com

In case Publisher is established outside the EU,
the EU authorized representative is:
**Springer Nature Customer Service Center GmbH
Europaplatz 3, 69115 Heidelberg, Germany**

Printed by Libri Plureos GmbH
in Hamburg, Germany